住房城乡建设部土建类学科专业『十三五』规划教材
全国住房和城乡建设职业教育教学指导委员会
建筑与规划类专业指导委员会规划推荐教材

植物配置与造景设计

（环境艺术设计专业适用）

本教材编审委员会组织编写

张松尔　张婷婷　主　编

季　翔　主　审

十三五
住房城乡建设部

U0294604

中国建筑工业出版社

图书在版编目（CIP）数据

植物配置与造景设计 ／ 张松尔,张婷婷主编. —北京:中国建筑
工业出版社,2017.8（2022.1重印）
全国住房和城乡建设职业教育教学指导委员会建筑与规划类专业
指导委员会规划推荐教材（环境艺术设计专业适用）
ISBN 978-7-112-21109-8

Ⅰ.①植… Ⅱ.①张…②张… Ⅲ.①园林植物-景观设计-
高等职业教育-教材 Ⅳ.①TU986.2

中国版本图书馆CIP数据核字（2017）第198879号

本书是依据我国住房和城乡建设职业教育教学指导委员会对高等职业教育"环境艺术设计专业"的教学基本要求、专业教育内容体系框架以及当前高等职业教育中有关职业院校课程开设的实际情况、社会对本行业领域的岗位知识技能需求而编写的。以知识能力、核心内容为主线，强调植物配置与造景设计课程中基本原理、构图技法、案例剖析、常见设计手法以及注意事项等知识单元（点）的应用方法论。

本书可作为高等职业教育环境艺术设计、园林工程技术、风景园林设计、建筑室内设计、建筑设计等专业教材，也可作为相关部门专业技术人员自学和参考用书。

为更好地支持本课程的教学，我们向使用本书的教师免费提供教学课件，有需要者请与出版社联系，邮箱：jckj@cabp.com.cn，电话：（010）58337285，建工书院：http://edu.cabplink.com。

责任编辑：杨 虹 尤凯曦
责任校对：焦 乐 党 蕾

住房城乡建设部土建类学科专业"十三五"规划教材
全国住房和城乡建设职业教育教学指导委员会建筑与规划类专业指导委员会规划推荐教材
植物配置与造景设计
（环境艺术设计专业适用）
本教材编审委员会组织编写
张松尔 张婷婷 主 编
季 翔 主 审
*
中国建筑工业出版社出版、发行（北京海淀三里河路9号）
各地新华书店、建筑书店经销
北京嘉泰利德公司制版
北京建筑工业印刷厂印刷
*
开本：787×1092毫米 1/16 印张：16¾ 字数：400千字
2017年11月第一版 2022年1月第二次印刷
定价：46.00元（赠教师课件）
ISBN 978-7-112-21109-8
（30766）

编审委员会名单

前　言

现代城市的迅猛建设不断地改变着"人与自然"的原有共生关系。一方面，钢筋混凝土"森林"鳞次栉比，如雨后春笋般正不断地侵袭着生态环境，各种棕地、热辐射、光污染、三废、热岛效应等城市系列问题与日俱增，使人们面临窘迫甚至无处可逃；另一方面，人们向往自然、追求野性和返璞归真并期许植物多样性艺术配置能够改变这一切。相比之下，植物空间量化比例的调整是人类生存质量探讨的首要话题，被誉为"软黄金"的绿色植物为人类承载了许许多多，空气、氧气、甘露和心情。其次，植物自然多样，依然而存的"软质景观"设计方式在改善城市环境的同时，给人们带来了愉悦、美感、文化和内涵。

本书以植物景观艺术配置设计和建造技术为导向，结合传统造园手法，推陈出新，与时俱进。在全书章节编排、内容筛选和要点综述方面，坚持由浅入深、由表及里、理论联系实际等原则。基本做到了知识点、重点、节点等"三点"突出，图文并茂，以点概面，深化意趣。本书具有以下特色：

1. 单元驱动，项目支撑：全书按照植物配置及造景设计的基本程序和内容有机地划分为四个单元，即植物造景基础、植物配置及造景设计基础、自然式植物配置及造景设计、规则式植物配置及造景设计。在知识架构上，力求"模块"体系的完美建立，通俗易懂、易掌握。美国景观设计约翰·O. 西蒙兹认为："形式并不是规划的本质，它只不过是承载规划功能的外壳或躯体……我们应探索的并不是借用的形式，而是一种有创造性的规划哲理。"

2. 图文并茂，推陈出新：全书紧紧围绕"自然式"和"规则式"两大常见植物配置设计类型进行了归类详细化剖析，如自然式植物配置及设计类型中的"孤植、丛植、群植、斑块植、道路植、滨水植、假山植、岛屿植、屋顶花园植、功能植、庭院植、抗性植、风水植、草坪植、田园风光植"等十五种；规则式植物配置及设计类型中的"对称植、行列植、绿篱植、花坛植"等四种。在每一个知识节点处，均图说为要，图文并茂。并在插图中加以主观评述、客观分析和案例应用等，力求抛砖引玉，推陈出新。

3. 技术设计，主线引领：全书在植物配置与造景设计"常见设计手法"中，分别采取了"A、B、C……（A）、（B）、（C）……"等艺术编排方式，逐层剖析该项目所涉及的一些技术内容以及核心话题，力求通过植物配置"个性化"设计这条"主线"引领植物的造景方向。

4. 边缘话题，注意事项：植物配置及造景设计在具体应用中，有许多看似简单，实则困难的"边缘话题"，需要格外注意。如艺术构图、规格选用、量化配置、定点放线、设计控制、节点内涵、施工要领、景观成形、成本计价、后期维护等。本书从实际经验出发，针对一些设计敏感话题恰当地提出注意事项，想必有益。

5.加强实训，巩固知识：本书按高职高专教育"环境艺术设计专业实训导则"要求，于每个单元均设置了相应配套实习实训作业，共六个。其方式以调研实操为主。目的在于：植物造景认知、配置、制图等"三种能力"的有效提高。

本书是高等职业教育环境艺术设计、园林工程技术、风景园林设计、建筑设计等专业的必备教材，也可作为相关专业自学和参考辅助用书。

本书由重庆建筑工程职业学院张松尔副教授、张婷婷讲师共同主编。在教材编写过程中参阅、借鉴并引用了大量相关资料，在此谨向各位作者表示由衷谢意！

由于本书编写内容具有范围广、艺术性、特殊性、边缘性、无定式等特点，加之作者编写水平有限，书中难免有疏漏和错误。不妥之处，恳请专家、同行和广大读者批评指正。

编　者

目 录

1

教学单元 1　植物造景基础

教学目标：

1. 了解植物造景历史及基本定义，通过植物景效应用初步掌握植物造景内涵；
2. 了解园林景观植物类型及造景基本形式。

在人类生存环境中，植物始终与我们为伴。随着人类文明的不断进步，这种原始相依俨然成为一种人类生命精神支柱。凡是人类聚居之地，都留下了植物种植的足迹；凡是环境品质提升之处，都留下了植物造景活动的痕迹。中国园林始于 3000 多年前商周时期的"囿"。据《造园史纲》载："那时园囿是栽种果蔬、捕猎禽兽有关生活的生产单位。"植物栽培仅为人们初始需求和贵族生活情趣之满足。进入汉朝，皇廷开始有目的地引（栽）种园艺植物。《三辅黄图》："武帝初修上林苑，群臣远方，各献名果异卉三千余种植其中。"汉武帝刘彻（公元前 140～公元 87 年）为修筑上林苑遣使张骞远赴西域波斯引种名果异卉三千余种，其目的：一是圣果筑仙境；二是射鹿赏卉景；三是天人为合一。以后，历代随着植物多用途的不断发现和文人墨客诗词绘画的推波助澜，到了清朝植物造景应用达到巅峰。据明末清初造园家李渔（字笠翁）粗略统计：此时常见园林植物种类已有木本、草本、藤本之分，共计 70 余种。清乾隆五十八年（1793 年），以搜集我国皇家宫廷花木为目的的英国大使马戛尔尼（George Macartney，1737～1806 年）来华，从深层次上全面调研了中国部分原产地品种如垂柳、银杏、辛夷、紫藤、牡丹、菊、玫瑰等的宫廷栽植情况并建起了"英华园庭"关系。他回去后，将从中国引进的所有植物品种栽植于被誉为"世界植物造园中心"的英国邱园（Kew Gardens）之中。据 1789 年统计，邱园内共有植物 6000 余种。2004 年，据张天麟《园林树木 1200 种》统计："我国各主要城市及风景区的栽培和习见野生木本植物 1200 种，加上亚种（ssp.）、变种（var.）、变型（f.）、栽培变种（cv.）和附加的种，总数为 2142 种，隶属于 118 科，481 属。" [1] 目前，全世界共有种子植物约 24 万种，其中，木本植物占 1/3，草本植物占 2/3。我国共有高等植物约 3 万余种，仅次于巴西（5 万余种）、马来西亚（4 万余种），位居世界第三位。在我国植物分布中，云南约 1.7 万种，广西约 1 万种，广东、贵州约 0.8 万种，此外，我国还是木兰科、毛茛科、樟科、山茶科、菊花（近 0.3 万余种）、茶花（500 余种）等的原始分布中心。在全世界种子植物三大科（菊科、兰科、豆科）中，菊科共有 1000 属近 3 万种，我国占有 230 属 2300 余种；兰科共有 750 属近 2 万种，我国占有 166 属 1000 余种；豆科共有 700 属 1.8 万种，我国占有 160 属 1300 余种。

我国植物造景运动大致可划分为以下四个阶段：

（1）园囿植阶段（商周～秦）：野性植物栽培、狩猎寻乐、果蔬初识。《三辅黄图》："文王作灵台，而知人之归附；作灵沼灵囿，而知鸟兽之得其所。"

典型案例：辟雍、泮宫、灵囿、灵台、灵沼、梧桐园、鹿园、姑苏台、漆园、兽圈、蔡相园、阿房宫、咸阳故城等。

（2）风水林植阶段（东汉～隋朝）：寄境于思、种植附庸、悟道于仙。《葬经翼·望气篇》："凡山紫气如盖，苍烟若浮，云蒸雾霭，四时弥留，皮无崩蚀，色泽油油，草木茂盛，流泉甘冽，土香而腻，石润而明，如是者气方钟也未休。"典型案例：长乐宫、未央宫、建章宫、太液池、影蛾池、唐中池、甘泉宫、上林苑、昆明池、御宿苑、思贤苑、三十六苑、平乐苑、邺都、芳林园、华林苑、洛阳宫、金谷园、芙蓉池、长安城、大兴苑、潭柘寺、青城山、楼观台、龙虎山、罗浮山等。

（3）风水林与庭院植交融阶段（唐朝～清朝）：树堪天地、物舆阴阳、草木毛发、美伦山庄。《阳宅会心集》："村乡之有树木，犹如人之有衣服，稀薄则怯寒，过厚则苦热。"典型案例：大明宫、鱼藻宫、洁绿池、流杯亭、定昆池、苏氏别业、王维别墅、上阳宫、神都苑、富春园、万岁艮岳寿山、宜春苑、金明池、莲花池、玉津园、琼林苑、独乐园、熙春园、虎丘、南沈尚书园、万春园、廉相泉园、狮子林、瞻园、莫愁湖、市隐园、武定侯园、勺园、留园、拙政园、寄畅园、影园、御花园、景山、圆明园、颐和园、静宜园、避暑山庄、西湖、十三陵、清盛京三陵、峨眉山、普陀山、九华山、鼎湖山、天目山、武当山等。

（4）城市庭园植阶段（民国至今）：临摹自然、目寄心期、配置为要、景效合一。乐嘉藻《中国建筑史》："庭院之内有老树，此难遇而可至贵者也……盖纯以树为主体矣，此古人之所以因树有名也。在庭园者自可配置他物，但须注意不可使老树之佳胜受妨害之影响。在园及园林者则有数法，因其过于高大而与环境不太相称，则于附近配植较小之树多株，以渐为小，使与四围之花石互相融洽，此一法也。或于其下配置奇石，或作茅亭，或构平屋两三间，此又一法也。总之，既有此树，即须善为配置，使其佳胜处完全呈露吾人心目之前。若在别业或别庄，则区域之狭者适用庭及庭园之法，广者可适用园及园林之法。"

由此可见，源于我国"道法自然"的核心载体就是植物。在城市这一特殊境域中，植物自然式造景观念永恒。美国景观设计师西蒙兹（John Ormsbes Simonds）认为："人愈接近自然，生活就愈愉快，如果忘记这一点，你的规划就要失败，你所建成的风景将是灾难的根源。"[2]

1.1 植物造景概念

（1）园林（garden and park）

按照《园林基本术语标准》CJJ/T 91—2002，园林指在一定地域内运用工程技术和艺术手段，通过因地制宜地改造地形、整治水系、栽种植物、营造建筑和布置园路等方法创作而成的优美的游憩境域。长期以来，因具体词意含混不清而在造园界一直争论不休。如以陈植为主的"植物衬托建筑造景论"，陈植在《长物志校注》中指出，"园林，在建筑物周围，布置景物，配置花木，所构成的优美环境，谓之'园林'"；以孙筱祥为主的"植物多功能环境建造论"，孙筱祥在《园林艺术及园林设计》中指出，"园林是由地形地貌与水体、建筑构筑物和道路、植物和动物等素材，根据功能要求，经济技术条件和布局等方面综合组成的统一体"；以杨鸿勋为主的"自然植物谐趣造景论"，杨鸿勋在《中国古典园林结构原理》中指出，"在一个地段范围之内，按照富有诗意的主题思想精雕细刻地塑造地表（包括堆土山、叠石、理水的竖向设计），配置花木，经营建筑，点缀驯兽、鱼、鸟、昆虫之类，从而创作一个理想的自然趣味的境界"。

（2）园林植物

按照《园林基本术语标准》CJJ/T 91—2002，园林植物指适于园林中栽种的植物。包括乔木、灌木、地被、花卉、草坪、湿地植物、岩生植物、藤本植物等。

（3）园林植物造景

指以植物学、生态学、物候学、土壤学、植物遗传学、植物栽培学、植物观赏学、植物病虫害防治、植物工程学等为基础，科学地进行艺术配置从而创造出人文植物结构造景技术的总称。按照西蒙兹《景园建筑学》的解释，园林植物景观应是"在大自然中计划的一个结构"，一种"既是含有雅趣的形色，当是可供观赏的事物"以及一个"既是有花木果蔬的地方，当是可供玩乐的所在。"

它的内涵是植物"造园"与"造景"。前者，目的与国际风景园林师联盟（International Federation of Landscape Architects，简称"IFLA"）总章程："以研究世界各国造园世界艺术（The Arts of Landscape Design）"相一致。美国造园家劳伦斯·哈尔普林（Lawrence·Halplin）在荷兰阿姆斯特丹举行的第七届"IFLA"会议指出："造园家应当负起自然的构成以及有步骤地进行规划的责任。因之必须充分掌握以生态学的理解为基础的独特技术"；后者，则为这种"独特技术"所涉及的各种植物景观建造技法和手段。

（4）园林植物造景技术

按照《园林基本术语标准》CJJ/T 91—2002解释，园林植物造景技术共包含了以下内容：绿化（greening, planting）、城市绿化（urban greening, urban planting）、立体绿化（vertical planting）、造景（landscaping）、种植设计（planting design）、基础种植（foundation planting）、孤植（specimen planting, isolated planting）、对植（opposite planting, coupled planting）、群植（group planting, mass planting）、列植（linear planting）、大树移植（big tree transplanting）、花境（flower border）、攀缘植（climbing plant, climber）、造型修剪（topiary）、绿篱植（hedge）、草坪植（lawn）、插花（flower arrangement）、人工植物群落（man—made planting habitat）、假植（heeling in, temporary planting）、植物园（botanica1 garden）等。此外，还包括：屋顶花园植、抗性植、湿地植、花坛植、田园风光植、斑块植、岛屿植、假山植、庭院（园）植、风水植、功能植、滨

水植等内容。每一种植物造景技术，都各具相应理论支撑体系、设计理念和常规做法。

1.2 园林植物造景应用

（1）作为公园主景：北京北海公园植物簇拥与环抱之下的白塔主景。

（2）构成季相景观特征：美国纽约中央公园漆树科色叶植物一瞥（图1—1）。

（3）组成景观空间层次：重庆金科十年城中桂花、春羽、黄金叶、夏鹃等园林植物艺术配置，组成该居住小区路侧景观联系空间层次。

（4）构成道路景观节点：重庆市永川区植物景观大道设计方案（图1—2）。

（5）构成海岸景观型"绿带"：海南省三亚滨海椰林。

（6）构成水域视野圈：重庆华生园梦幻城堡梦狮桥香樟、桂花、棕竹、小叶榕、迎春等自然林相所构成的水域景观视野圈（图1—3）。

（7）柔和青条石堡坎生硬线条：重庆建筑工程职业学院白马凼老校区桂花、紫荆、迎春等垂直绿化（图1—4）。

（8）路隅丛植造景：海南省三亚市南山寺滴水观音丛植（图1—5）。

（9）竹林群植景观：重庆市永川区"茶山竹海"毛竹林。

（10）构成步行街林荫坐憩点：上海南京路步行街紫藤花架坐憩点。

（11）衬托山势意境：自然松林、杉树林、杜英以及杂松林衬托下的四川省剑门雄关（图1—6）。

（12）庭院林荫树造景：四川省阆中市贡院法国梧桐、桂花配置（图1—7）。

（13）街景行道树造景：四川省阆中市法国梧桐行道树。

图1—1 （左）
图1—2 （右）

图1—3 （左）
图1—4 （右）

图1—5 （左）
图1—6 （右）

图1—7

图1—8 （左）
图1—9 （右）

（14）岛屿植物造景：太原市长风文化广场汾河柳树岛（图1—8）。

（15）城市湿地植物造景：太原市汾河湿地公园荷花池。

（16）强化建筑广场艺术构图：太原市长风文化街山西省图书馆前庭广场植物造景艺术配置。

（17）构成园林小品文化氛围：太原市文瀛公园雕塑小品槐树、柳林"鼓舞"园林小品（图1—9）。

（18）2.18作为植物框景：苏州留园红枫框景。

1.3 园林景观植物类型

园林植物种类繁多，按分类学有界、门、纲、目、科、属、种、亚种、变种、变异之分；按植物栽培学有乔木、灌木、地被、花卉、草坪之分；按功能配置有生态防护类、观赏植物类、湿地植物类、岩生植物类、攀缘植物类、风水植物类、屋顶花园类之分；按株形有尖塔形、圆柱形、圆球形、垂枝形、披散形、藤蔓形、棕榈形、风致形之分；按分枝习性有单轴式分枝、假二叉分枝、合轴式分枝之分；按树冠有稀疏型、疏松型、紧密型之分等。

1.3.1 乔木类

（1）阔叶乔木类

1）常绿阔叶乔木类：指叶片较宽且四季常绿或交替落叶或半落叶种类。如黄桷树、桂花、香樟等。

①圆形、椭圆形单叶类：指叶片略呈圆形或椭圆形且单叶着生的四季常绿或交替落叶或半落叶种类。如天竺桂、广玉兰、榕树、菩提树、鸡蛋花、小叶榕、黄桷兰等。

②异形单叶类：指叶片除了圆形或椭圆形以外且单叶着生的四季常绿或交替落叶或半落叶种类。如羊蹄甲、珙桐等。

③异形复叶类：指叶片聚集小枝且四季常绿或交替落叶或半落叶种类。如七叶树等。

2）落叶阔叶乔木类：指叶片较宽且秋季或冬季落叶种类。如法国梧桐、泡桐、紫荆等。

①圆形、椭圆形单叶类：指叶片略呈圆形或椭圆形且单叶着生的秋季或冬季落叶种类。如碧桃、柿树、国槐等。

②异形单叶类：指叶片除了圆形或椭圆形以外且单叶着生的秋季或冬季落叶种类。如毛白杨、乌桕、五角枫等。

3）色叶阔叶乔木类：指叶片较宽且秋季或冬季呈明显变色种类。如银杏、枫香、槭树、香樟、红枫、鸡爪槭、麻栎、悬铃木等。大多数树叶变色规律是：绿色→黄色→红色→褐色→落叶；少数树叶变色规律是：绿色→黄色→落叶；绿色→红色→褐色→落叶；黄色→褐色→落叶。

（2）针叶乔木类

1）常绿类

①常绿针叶形乔木类：指叶片较细尖端略呈针状且四季常绿或交替落叶或半落叶种类。如针葵、五针松、伊拉克海枣、加拿利海枣等。

②常绿披针叶形乔木类：指叶片较细渐尖且四季常绿或交替落叶或半落叶种类。如雪松、侧柏、龙柏等。

2）落叶类

①落叶针叶形乔木类：指叶片较细尖端略呈针状且秋季或冬季落叶种类。如日本落叶松、水杉等。

②落叶披针叶形乔木类：指叶片较细渐尖且秋季或冬季落叶种类。如垂柳、落羽松等。

1.3.2 灌木类

（1）按叶相划分

叶相，指叶片着生在树冠上的整体相貌。

1）常绿灌木类：指叶片四季常绿或交替落叶或半落叶的花灌木种类。如蚊母、小叶女贞、毛叶丁香、大叶黄杨、鸭脚木等。

2）落叶灌木类：指叶片秋季或冬季落叶的花灌木种类。如蜡梅、珍珠梅、榆叶梅等。

（2）按花相划分

花相，指花或花序着生在树冠上的整体相貌。

1）独立花相类：指花或花序独立存在的小乔木或花灌木类型。如苏铁、茶梅等。

2）条线花相类：指小花排列于花枝上呈长条形的类型。如连翘、金钟花、蜀葵、凤尾兰。

3）星散花相类：指花或花序呈星散状分布于全树冠的花灌木类型。如珍珠梅、鹅掌楸、海栀子等。

4）团簇花相类：指多枚小型花朵聚集成较大花序的花灌木类型。如绣球花。

5）覆被花相类：指花或花序着生于树冠的表层且呈覆伞状的小乔木或花灌木类型。如紫玉兰。

6）干生花相类：指花着生于茎干上的小乔木或花灌木类型。如贴梗海棠等。

（3）按花形划分

花形，指单朵花的形状。

1）筒状花类：指花冠大部分合成一束管状或圆筒状的花灌木类型。如醉鱼草、紫丁香等。

2）漏斗状花类：指花冠下部为筒状，向上逐渐扩大成漏斗状的花灌木类型。如美国凌霄、牵牛花等。

3）钟状花类：指花冠筒宽而短，雄蕊外伸成吊钟状的小乔木或花灌木类型。如吊钟花、吊钟扶桑等。

4）高脚碟状花类：指花冠下部为窄筒状，上部花冠列片突出且呈水平开展的花灌木类型。如迎春等。

5）坛状花类：指花冠筒状膨大为坛形的小乔木或花灌木类型。如柿树花。

6）唇形花类：指花冠呈二唇形的花灌木类型。如丹参、象牙红等。

7）舌状花类：指花冠基部略呈短筒状，而花瓣顶部则向外开张呈舌状的花灌木类型。如菊花等。

8）蝶形花类：其上最大的一片花瓣叫旗瓣，两侧较小花瓣叫翼瓣，最下面两片下缘稍合生的叫龙骨瓣。如刺槐、槐树花。

1.3.3 地被类

常划分为野生地被类、栽培地被类两大类。如红柳为野生地被类植物；锦带花为栽培地被类植物。

1.3.4 草坪类

（1）按功能特性划分，有观赏草坪、游憩草坪、运动场草坪、护坡草坪、野花草坪等五大类型。

1）观赏草坪：指以观赏特性为主的园林绿地草坪类型。特点：草质柔软、覆盖性强、生长较慢、不耐践踏、平整度较高、耐修剪、抗性中等、适应性强、对环境具有特殊要求等。如天鹅绒草（*Zoysia tenuifola willd*）、野牛草（*Buchloe dactyloides* Chnlt Engelm）、羊胡子草（*Carex rigescens* (Fr) . Kveez）、结缕草（*Zoysia japonica*）、斑叶燕麦草（*Arrhent atherum bulbosum* var . variehatum.）、白三叶（*Trifolium repens* L.）、玉带草（*Pratia nummularia*）等。

2）游憩草坪：指用于人们休闲、游憩为主的园林绿地草坪类型。特点：草茎柔软、耐修剪、无浆汁渗出、较耐践踏、适应性强、管理粗放等。如狗牙根（*Cynodon dactylon* L.）、假俭草（*Eremochloa ophiuroides* (Munro) Hack.）、马蹄金（*Dichondra repens* Farst.）、弯叶画眉草（*Eragrostis* sp.s）、草地早熟禾（*Poa pratensis* L.）等。

3）运动场草坪：指用于体育运动项目为主的园林绿地草坪类型。特点：适应性强、耐践踏、耐修剪、管理粗放、自行繁殖力强等。如本特草（*Agrostis nebulosa*）、海滨雀稗草（*Salam*）、匍匐剪股颖（*Agrostis tenuis*）、草地早熟禾、多年生黑麦草（*Lolium perenne* L.）、百喜草（*Paspalum natatum*）、高羊茅（*Festuca arundinacea* Schreb）、小糠草（*Agrostis alba* L.）、结缕草（*Zoysia japonica*）等。

4）护坡草坪（Slope Protection of Lawn）：指用于水土保持、工程护坡以及植物造景的园林绿地草坪类型。特点：野性十足、根系发达、抗性强、管理粗放、适应性强等。如野牛草等。

5）野花草坪：指以一至几种野花片植造景为主的园林绿地草坪类型。特点：野花烂漫、覆盖面广、花期长、适应性强、景象自然、管理粗放。我国云南大理地区顺口溜"苍山雪，洱海月。上关花，下关茶"中的"上关花"，就是指的高山草甸之中漫山遍野的野花草坪自然壮观景象。1888 年美国景观设计师 Jens Jensen 在修建 American Garden 时发现"采用直接从乡间移来的普通野花和灌木进行植物造景"将雅趣无穷。目前，常见野花草坪有两大类型：一种是单品种野花草坪，如紫云英野花草坪、波斯菊野花草坪、二月兰野花草坪、苜蓿野花草坪、旱金莲野花草坪、虞美人野花草坪、美人蕉野花草坪、鼠尾草野花草坪、花葵草野花草坪、薰衣草野花草坪、婆婆纳野花草坪、紫花地丁野花草坪、蛇莓花野花草坪、三色堇野花草坪、百里香野花草坪、杂交矮牵牛野花草坪、毛地黄野花草坪、万寿菊野花草坪、报春花野花草坪、观赏谷子野花草坪、岩生庭芥野花草坪、小角堇野花草坪、向日葵野花草坪、麦仙翁野花草坪、格桑花野花草坪、扁竹根草坪等；另一种是多品种野花草坪，如苜蓿＋二月兰＋虞美人野花草坪、紫云英＋波斯菊＋旱金莲＋蛇莓花野花草坪等。两种做法，景效各异。

（2）按最适生长温度划分

1）暖季型草坪

指最适生长温度为 25 ～ 32℃的园林草坪类型。主要分布在我国热带和亚热带地区。特点：耐热性强、绿色期较短、叶色淡绿、夏季长势旺盛、抗性强、管理粗放以及低于10℃便进入休眠状态等。常见品种有：结缕草属、狗牙根属、百喜草属、画眉草属、野牛草属等近百个品种。

2）冷季型草坪

指最适生长温度为 15 ～ 25℃的园林草坪类型。主要分布在我国亚热带、温带、寒带以及高海拔冷凉地区。特点：耐热性差、绿色期长、叶色浓绿、抗性中等、管理精细以及当气温高于 25℃或干旱持续时间较长时生长便进入休眠状态等。常见品种有：早熟禾属、羊茅属、黑麦草属、剪股颖属、碱茅属等数百个品种。

（3）按草坪建造配方划分

1）单一型草坪

指由单一品种建造的园林草坪类型。如结缕草坪、勾叶草坪、野牛草坪、马蹄金草坪、海滨雀稗草坪等。特点：品种单一、个性优势、容易退化、管理较难、施工容易等。

2）混播型草坪

指由于草坪建造用途、土壤性质、工程地质以及自然因素等，使用两种以上草种配方建造的园林草坪类型。如剪股颖（*Agrostis*）＋红狐茅（*Festuca*）；韧叶红狐茅（*Festuca rubrc* ssp fallax thuill）＋欧剪股颖（*Agrostis tenuis sibth*）；剪股颖（*Agrostis*）＋红狐茅（*Festuca*）＋冠尾草（*Cynosurus cristatus*）；牧场早熟禾（*Poa pratensis*）＋宿根黑麦草（*Lolium pernne*）。特点：优势互补、抗性增强、观赏期延长、实用性广、施工容易等。

（4）按草坪组景性质划分

1）空旷草坪

指几无乔木、灌木以及地被等植物的纯草坪类型。如高山草甸、牧草地、草原等。特点：自然生态、野性十足、面积大、郁闭度小于 20%、通透性强等。

2）稀树草坪

指零星分布极少量乔木或灌木以及地被等植物的园林草坪类型。如旷野草坪、高尔夫草坪等。特点：林相自然、郁闭度 20% ～ 30%、通透性较强等。

3）疏林草坪

指稀疏分布乔木或灌木以及地被等植物的园林草坪类型。如疏林草坪、坐憩草坪等。特点：林相自然、郁闭度 30% ～ 60%、通透性中等。

4）密林草坪

指密布乔木或灌木以及地被等植物的园林草坪类型。如原始森林、防护林草坪、背景林草坪等。特点：林相自然、郁闭度大于 60%、通透性差等。

1.3.5 观赏竹类

指用于园林绿地景观建造中的竹（亚）科植物种类。一般划分为地下茎单轴型、地下茎合轴型、地下茎复轴型、秆节单分枝型、秆节二分枝型、秆节三分枝型、秆节多分枝型等七种类型。

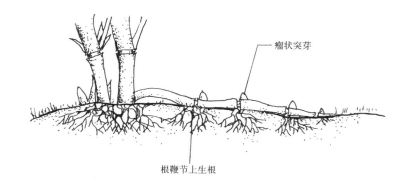

瘤状突芽

根鞭节上生根

图 1-10 地下茎单轴
型竹类

（1）地下茎单轴型竹类：指地下茎具有横向萌生的竹鞭，且节上生根或具有瘤状突芽，如刚竹属（图1-10）。

（2）地下茎合轴型竹类：指由秆基的芽直接萌芽成竹类。其中包括①秆柄极短且密集丛生呈合轴状，如孝顺竹、凤尾竹等；②秆柄匍地生长一段距离后再在地面散生为合轴状，如箭竹属。

（3）地下茎复轴型竹类：指同时具有以上两种地下茎的混生类型，如茶秆竹。

（4）秆节单分枝型竹类：指每一秆节仅有一个分枝，如箬竹属、矢竹属。

（5）秆节二分枝型竹类：指每一秆节有二个分枝，其中粗枝与细枝各一，如刚竹属。

（6）秆节三分枝型竹类：指每一秆节有三个分枝，如青篱竹属。

（7）秆节多分枝型竹类：指每一秆节有多个分枝，其中各分枝等粗者，称"无主枝型"，如黄金间碧玉竹（*Bambusa vulgaris* Schrad. et Wendl. 'Vitata'）；有1～2个分枝较粗者，称为"有主枝型"，如慈竹。

1.3.6 湿地植物类

指生长于水际环境的园林植物类型。特点：耐湿、适应性强、水深一般不大于1.0m、自然群植成景等（表1-1）。

（1）按照生长最适水深划分

1）沿生类

指生长最适水深不大于0.1m且茎秆挺立的植物种类。特点：土中固定栽植。如千屈菜（*Lythrum salicaria*）、唐菖蒲（*Gladiolus hybridus*）、黄菖蒲（*Iris pseudacorus*）等。

2）挺水类

指生长最适水深为0.1～1.0m且茎秆挺立的植物种类。特点：土中固定栽植。如水生美人蕉（*Canna generalis*）、荷花（*Nelumbo nucifera*）、花叶香蒲（*Typha latifolia* L. var. variegates）等。

3）浮水类

指生长最适水深为0.5～3.0m且茎叶漂浮的植物种类。特点：土中固定栽植。如睡莲（*Nymphaea tetragona*）、王莲（*Victoria amazonica*）、芡实（*Euryale ferox*）等。

4）漂浮类

指漂浮于水面生长的植物种类。特点：随波逐流、随风漂浮。如大薸（*Pistia stratiotes*）、满江红（*Azolla imbricata*）、荇菜（*Nymphoides peltata*）等。

5）沉水类

指漂浮于水中生长的植物种类。特点：随波逐流、随风漂浮。如金鱼藻（*Ceratophyllum demersum*）、黑藻（*Hydrilla verticillata Royle*）等。

常见湿地植物（部分）   表1-1

序号	中名	拉丁学名	科属	类型
1	荷花	*Nelumbo nucifera*	睡莲科 莲属	多年生挺水植物
2	睡莲	*Nymphaea tetragona*	睡莲科睡莲属	多年生浮水植物
3	千屈菜	*Lythrum salicaria*	千屈菜科 千屈菜属	多年生、挺水植物
4	水生美人蕉	*Canna generalis*	美人蕉科 美人蕉属	多年生挺水植物
5	菖蒲	*Acorus calamus Linn*	天南星科 菖蒲属	多年生、挺水植物
6	石菖蒲	*Acorus gramineus*	天南星科 天南星属	多年生、挺水植物
7	水葱	*Scirpus validus*	莎草科藨草属	多年生挺水植物
8	花叶水葱	*Scirpus validus* cv．Zebrinus	莎草科藨草属	多年生挺水植物
9	香蒲	*Trapa bicornis*	香蒲科香蒲属	多年生挺水植物
10	小香蒲	*Typha minima Funk*．	香蒲科香蒲属	多年生挺水植物
11	花叶香蒲	*Typha latifolia* L．var．variegates	香蒲科香蒲属	多年生挺水植物
12	黄菖蒲	*Iris pseudacorus*	鸢尾科鸢尾属	多年生挺水植物
13	花菖蒲	*Iris kaempferi*	鸢尾科鸢尾属	多年生挺水植物
14	梭鱼草	*Pontederis cordata*	雨久花科 梭鱼草属	多年生挺水植物
15	雨久花	*Monochoria korsakowii*	雨久花科雨久花属	多年生挺水植物
16	泽芹	*Sium suave*	伞形科泽芹属	多年生挺水植物
17	欧洲大慈姑	*Sagittaria sagittifolia*	泽泻科 慈姑属	多年生浮水植物
18	泽泻	*Alisma piantago-aquatica*	泽泻科 泽泻属	多年生挺水植物
19	红蓼	*Polygonum orientale*	蓼科蓼属	一年生挺水植物
20	水蓼	*Polygonum hydropiper*	蓼科蓼属	一年生挺水植物
21	芦苇	*Phragmites communis Tein*	禾本科芦苇属	多年生挺水植物
22	芦竹	*Arundo donax*	禾本科芦竹属	多年生挺水植物
23	花叶芦竹	*Arundo donax* var．versicolor	禾本科芦竹属	多年生挺水植物
24	芦荻	*Triarrhema saccharifolora*	禾本科芒属	多年生挺水植物
25	菰草	*Zizania latifolia*	禾本科菰属	多年生挺水植物
26	蒲苇	*Cortaderia selloana*（schult.）*Aschers et Graebn*	禾本科蒲苇属	多年生挺水植物
27	狼尾草	*Pennisetum alopecuroides*（*Linn.*）*Spreng*	禾本科狼尾草属	多年生挺水植物

序号	中名	拉丁学名	科属	类型
28	再力花	*Thalia dealbata*	竹芋科再力花属	多年生挺水植物
29	藨草	*Scirpus triqueter*	莎草科藨草属	多年生挺水植物
30	旱伞草	*Cyperus alternifolius*	莎草科旱伞草属	多年生挺水植物
31	荸荠	*Eleocharis dulcis（Burm-f.）Trin*	莎草科荸荠属	多年生挺水植物
32	三白草	*Saururus chinensis*	三白草科 三白草属	多年生挺水植物
33	灯芯草	*Juncus effusus Linni*	灯芯草科 灯芯草属	多年生挺水植物
34	水花生	*Alternanthera philoxeroides*	苋科莲子草属	多年生挺水植物
35	杂交落羽杉	*Taxodium distichum* ssp .	落羽杉与水杉的杂交种	乔木
36	凤眼莲	*Eichornia crassipes*	雨久花科 凤眼莲属	多年生漂浮植物
37	大藻	*Pistia stratiotes*	天南星科 大藻属	多年生漂浮植物
38	萍蓬草	*Nuphar pumilum*	睡莲科萍蓬草属	多年生浮水植物
39	王莲	*Victoria amazonica*	睡莲科王莲属	一年生浮水植物
40	芡实	*Euryale ferox*	睡莲科芡属	一年生浮水植物
41	荇菜	*Nymphoides peltata*	龙胆科荇菜属	多年生浮水植物
42	水鳖	*Hydrocharis dubia*	水鳖科水鳖属	多年生浮水植物
43	红菱	*Trapa bicornis*	菱科菱属	一年生浮水植物
44	蓼叶眼子菜	*Potamogeton polygonifolius*	眼子菜科 眼子菜属	多年生浮水植物
45	满江红	*Azolla imbricata*	满江红科 满江红属	多年生漂浮植物
46	浮萍	*Lemna minor Linn*	浮萍科浮萍属	多年生漂浮植物
47	金鱼藻	*Ceratophyllum demersum*	金鱼藻科 金鱼藻属	多年生沉水植物
48	黑藻	*Hydrilla verticillata Royle*	水鳖科黑藻属	多年生沉水植物

（2）按规划形式划分

1）自然式漫滩湿地类

指滨水自然滩涂湿地类。特点：湿地植被呈野生状态、面积巨大、单种自我繁殖等。如武汉汉口江滩芦苇荡（图1—11）、海滩红树林等。

图 1—11

2）自然式溪流湿地类

指因河床浅滩自然"收—张—开—合"变化而呈组团式布置的湿地类。特点：滨水而置、自然团状、单种片植、随意成形、面积不定等（图1-12）。

3）规则式漫滩湿地类

指利用滨水道路几何线形构图关系呈组团式布置的湿地类。特点：滨水而置、规则式单种片植、面积不定等（图1-13）。

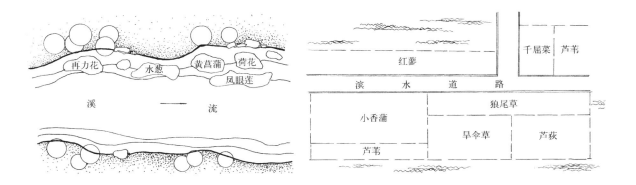

图1-12 （左）
图1-13 （右）

1.3.7 攀缘植物类

按照《园林基本术语标准》CJJ/T 91-2002："指以某种方式攀附于其他物体上生长，主干茎不能直立的植物"。

（1）主茎缠绕类

指依靠自身主茎缠绕于其他物体向上生长的攀缘植物种类。特点：柔软缠绕茎、茎缠绕方向感强、攀附物主要是架、柱、绳、梁等。根据缠绕方向不同划分为：右旋缠绕茎、左旋缠绕茎、左右混旋缠绕茎等三种类型。

1）主茎右旋缠绕类：指向右方（顺时针方向）旋转缠绕向上生长的攀缘植物类。如紫藤（*Wisteria sinensis*）、鸡血藤（*Millettia*）、油麻藤（*Mucuna Sempervirens*）、葎草（*Humulus Scanpurea*）、薯蓣（*Dioscorea Japonica*）、崖豆藤（*Millettia nitida*）等（图1-14）。

图1-14 右旋缠绕茎
鸡血藤

2）主茎左旋缠绕类：指向左方（逆时针方向）旋转缠绕向上生长的攀缘植物类。如猕猴桃（*Actinidia chinensis*）、金银花（*Lonicera japonica*）、使君子（*Quisqualis indica*）、文竹（*Asaraqus plumosus*）等。

3）主茎左右混旋缠绕类：指左右旋转缠绕方向不断变化并向上生长的攀缘植物类。如何首乌（*Polygonum mult iflorum*）。

（2）卷须缠绕类

指依靠明显特化的攀缘器官（卷须）缠绕于其他物体向上生长的攀缘植物类。特点：柔软缠绕须、缠绕方向任意、攀附物主要是架、柱、绳、梁等。根据形成卷须的器官不同划分为：茎卷须缠绕类、叶卷须缠绕类两种类型。

1）茎卷须缠绕类：指由茎枝先端变态特化成卷曲细长须向上生长的攀缘植物类。如葡萄。

2）叶卷须缠绕类：指由叶、托叶或叶柄等器官变态特化成卷曲细长须向上生长的攀缘植物类。如铁线莲、豌豆等。

（3）吸盘攀缘类

指茎枝先端特化形成一种直径约为2mm的圆盘状变态器官，当其接触攀附物后便分泌出一种高强粘胶物质，以此向上攀缘。特点：吸盘呈簇状丛生、粘接性强、攀附物主要是墙体、梁、柱、板等。如爬山虎（*Parthenocissus tricuspidata .*）、薜荔（*Ficus pumila*）。

（4）吸附根攀缘类

指由茎节上长出一种能分泌出胶状物的气生根（乳白色、不定根），以此将株体粘附在攀附物上并向上生长的攀缘植物类。特点：吸附根强壮、粘接性强、攀附物主要是墙体、梁、柱、板等。如常春藤（*Hedera nepalensis* var. *sinica*）、硬骨凌霄（*Tecomaria capensis*）等（图1—15）。

吸附根

图1—15 吸附根攀缘
类硬骨凌霄

（5）倒钩刺攀缘类

指利用植株体表皮呈镰刀状的倒钩刺（枝刺、皮刺），将其钩附于攀附物上的攀缘植物种类。特点：向下弯曲的倒钩刺极易抓牢攀附物、倒钩刺多少因品种而异（如蔷薇多、月季少）、倒钩刺大小因品种而异（如九重葛大、蔷薇小）、攀附物主要是墙体、梁、柱、板、假山、架等。如九重葛（*Bougainvillea spectabilis*）、多花蔷薇（*Rosa multiflora*）等。

1.3.8 阴生植物类

指对光照度、辐射量等条件都要求较低的植物种类。特点：植株低矮、自然生长于树荫下、较耐湿、抗性强、野生种类多等。如石松（*Lycopodium japonicum* Thunb.）、翠云草（*Selaginella* (Desv.) Spring）等（表1—2）。

常划分为木本阴生类（如龙须树）、草本阴生类（如肾蕨）两种类型。

常见耐阴植物表（部分）   表1—2

序号	植物名称	科、属	学 名	备 注
1	石松	石松科石松属	*Lycopodium japonicum* Thunb.	匍匐蔓生
2	翠云草	卷柏科卷柏属	*Selaginella* (Desv.) Spring	匍匐蔓生
3	福建观音座莲	观音座莲科观音座莲属	*Angiopteris fokiensis* Hieron	多年生草本
4	紫萁	紫萁科紫萁属	*Osmunda japonica* Thunb.	多年生草本
5	桫椤	桫椤科桫椤属	*Alsophila spinulosa* (Wall.ex Hook.) Tryon	树形蕨类
6	野雉尾（日本金粉蕨）	中国蕨科金粉蕨属	*Onychium japonicum* (Thunb.) Kze.	多年生草本，可室内栽植
7	北京铁角蕨	铁角蕨科铁角蕨属	*Asplenium pekinense* Hance	多年生草本
8	铁角蕨	铁角蕨科铁角蕨属	*Asplenium trichomanes* L.	宜室内盆植
9	狗脊蕨	乌毛蕨科狗脊蕨属	*Woodwardia japonica* (L.f.) Sm.	多年生草本
10	贯众	鳞毛蕨科贯众属	*Cyrtomiuin fortunei* j. Sm.	多年生草本
11	红盖鳞毛蕨	鳞毛蕨科鳞毛蕨属	*Dryopteris erythrosora* (Eaton) O.Kuntze	多年生草本
12	石韦	水龙骨科石韦属	*Pyrrosia gralla* (Gies.) Ching	多年生草本
13	崖姜	槲蕨科姜崖蕨属	*Drynaria fortunei* (Kunze) j.Sm.	多年生草本
14	竹柏	罗汉松科竹柏属	*Nageia nagi* (Thunb.) Zoll.et Mor.ex Zoll.	常绿乔木
15	南方红豆杉	红豆杉科红豆杉属	*Taxus wallichiana* Zucc.var. Mairei L.K.Fu et N.Li.	常绿乔木
16	毛叶木姜子	樟科木姜子属	*Listea mollifolia* Chun	落叶灌木或小乔木
17	峨眉紫楠	樟科楠木属	*Phoebe sheareri* var. omeiensis (Yang) N.Chao	常绿乔木
18	紫楠	樟科楠木属	*Phoebe sheareri* (Hemsl.) Gamble	常绿乔木
19	蕺菜	三白草科蕺菜属	*Houttuynia cordata* Hunb.	多年生草本
20	三色豆瓣绿	胡椒科草胡椒属	*Peperomia obtusifolia* (L.) A. Dietr 'Green Gold'	多年生常绿草本
21	蔓生豆瓣绿	胡椒科草胡椒属	*Peperomia serpens* (Swartz) Loud. 'ariegataa'	多年生常绿草本
22	斑叶垂椒草	胡椒科草胡椒属	*Peperomia serpens* (Swartz) Loud. 'Verschaffeltii'	多年生常绿草本
23	豆瓣绿	胡椒科草胡椒属	*Peperomia tetraphylla* (Forst.f.) Hook.et Miq.	多年生肉质丛生草本
24	小叶八角莲	小檗科八角莲属	*Dysosma difformis* (Hemsl.et Wils (T.H.Wang ex Ying	多年生草本
25	六角莲	小檗科八角莲属	*Dysosma pleiantha* (Hance) Woods.	多年生草本
26	八角莲	小檗科八角莲属	*Dysosma versipellis* (Hance) M.Cheng ex YING	多年生草本
27	阔叶十大功劳	小檗科十大功劳属	*Mahonia bealei* (Fort.) Carr.	常绿灌木
28	小果十大功劳	小檗科十大功劳属	*Mahonia bodinieri* Gagnep.	常绿灌木
29	宽苞十大功劳	小檗科十大功劳属	*Mahonia eurybracteata* Fedde (syn.；M.confusa Sprague)	常绿灌木
30	刺黄柏	小檗科十大功劳属	*Mahonia gracilipes* (Oliv.) Fadde	常绿小灌木

序号	植物名称	科、属	学名	备注
31	白木通	木通科木通属	*Akebia trifoliata* subsp. *Australis* (Diels) T. Shimizu	常绿藤本
32	牛姆瓜	木通科八月瓜属	*Holboellia grandiflora* Reaub.	常绿藤本
33	小叶蚊母	金缕梅科蚊母属	*Distylium buxifolium* (Hance.) Merr.	常绿小灌木
34	无花果	桑科榕属	*Ficus carica* L.	落叶乔木
35	长叶水麻	荨麻科水麻属	*Debregeasia longifolia* (Burm. f.) Wedd.	落叶灌木
36	紫麻	荨麻科紫麻属	*Oreocnide frutescens* (Thunb.) Miq.	灌木
37	花叶吐烟花	荨麻科赤车属	*Pellionia repens* (Lour.) Merr.	一年生草本
38	花叶冷水花	荨麻科冷水花属	*Pilea cadierei* Gagnep. et Guill	多年生草本
39	小叶冷水花	荨麻科冷水花属	*Pilea microphylla* (L.) Leibm.	多年生草本
40	栲（丝栗栲）	壳斗科栲属	*Castanopsis fargesii* Franch.	常绿乔木
41	水东哥	猕猴桃科水东哥属	*Saurauia tristyla* DC.	灌木或小乔木
42	杜英	杜英科杜英属	*Elaeocarpus decipiens* Hemsl.	常绿乔木
43	绞股蓝	葫芦科绞股蓝属	*Gynostemma pentaphyllum* (Thunb.) Makino	多年生攀缘草本
44	江南越橘	杜鹃花科杜鹃花属	*Vaccinium mandarinorum* Diels	常绿灌木
45	朱砂根	紫金牛科紫金牛属	*Ardisia crenata* Sims	常绿灌木
46	紫金牛	紫金牛科紫金牛属	*Ardisia japonica* (Thunb.) Bl.	常绿草本状小灌木
47	虎舌红	紫金牛科紫金牛属	*Ardisia mamillata* Hance	矮小灌木
48	金珠柳	紫金牛科杜茎山属	*Maesa montana* A. DC.	灌木或小乔木
49	卵叶报春	报春花科报春花属	*Primula obconica* Hance	多年生草本
50	岩生报春	报春花科报春花属	*Primula saxatilis* Kom.	多年生草本
51	八仙花	绣球花科绣球属	*Hydrangea macrophylla* (Thunb.) Seringe	落叶灌木
52	峨眉鼠刺	茶藨子科鼠刺属	*Itea omeiensis* Schneid. (syn.：I. *oblonga* Fand.—Mazz.)	常绿灌木或小乔木
53	红雀珊瑚（龙凤木）	大戟科红雀珊瑚属	*Pedilanthus* Nech. ex Poit.	多年生草本
54	尖叶清风藤	清风藤科清风藤属	*Sabia swinhoei* Hemsl. exForb. etHemsl.	常绿攀缘木质藤本
55	马蹄金	旋花科马蹄金属	*Dichondra micrantha* Urban	多年生小草本
56	海仙花	忍冬科锦带花属	*Weigela coraeensis* Thunb.	落叶灌木
57	广东万年青	天南星科广东万年青属	*Aglaonema modestum* Schott ex Engl.	多年生植物
58	红鹤芋（火鹤芋）	天南星科花烛属	*Anthurium scherzerianum* Schott	多年生附生常绿草本
59	独脚莲	天南星科犁头尖属	*Typhonium giganteum* Engl.	多年生草本
60	鸭跖草	鸭跖草科鸭跖草属	*Commelina communis* L.	一年生草本
61	孝顺竹（凤凰竹）	禾本科簕竹属	*Bambusa multiplex* (Lour.) Raeusch. ExJ. A. et J. H. Schult.	丛生竹类
62	菲白竹	禾本科赤竹属	*Sasa fortunei* (Van Houtte) Fiori	矮小竹类
63	皱叶狗尾草	禾本科狗尾草属	*Setaria plicata* (Lam.) T. Cooke	多年生草本
64	中华结缕草	禾本科结缕草属	*Zoysia sinica* Hance	多年生草本
65	山麦冬	百合科山麦冬属	*Liriope spicata* Lour.	多年生常绿草本
66	沿阶草	百合科沿阶草属	*Ophiopogon bodinieri* L.	多年生常绿草本
67	忽地笑	石蒜科石蒜属	*Lycoris aurea* (L'Her.) Herb.	多年生草本
68	长筒石蒜	石蒜科石蒜属	*Lycoris longituba* Y. Hsu et Q. J. Fan	多年生草本

1.3.9 岩生野花类

指自然着生于石崖缝隙中的植物种类。如岩生庭芥、石槲等。

1.4 园林植物造景形式

园林植物按自然美学特征及造景应用特点等，常可划分为树姿造景、树冠造景、叶色造景、花色造景、果实造景、植物艺术造型造景等六种基本造景形式。

1.4.1 树姿造景

指干枝结构、分枝角度、冠姿形态、叶形叶色、果形果色等，基本满足人们功用需求的独特植物造景形式。常划分为天然树姿造景、整形树姿造景、组合树姿造景等三种类型。

（1）天然树姿造景

自然界中植物的生物美学特征在顺应环境生长的同时，常以其特有的生存方式构建出自己外在"美的系统"。在这个系统中，干枝结构、分枝角度、冠姿形态、叶形叶色、果形果色等基本性状都相对稳定。如海南省三亚市旅人蕉。

（2）整形树姿造景

顾名思义。指整个植株通过人工技术塑造景观的植物类型。此法溯源：其一，源于15世纪意大利文艺复兴"刻意修剪、任意造型"的植物活体雕刻艺术。在"人定胜天"画家造园人文思潮的严重影响下，将园林中的树木刻意修剪成人们理想中的圆柱状、宝塔状、杯状、棱柱状、圆球状、几何形、建筑形等，甚至几乎达到了"凡园必有树木整形"的境地。如意大利迦兆尼别墅（Villa Garzoni）在围绕着台地轴线的两侧对称布置了大叶黄杨球、侧柏圆柱、整形绿篱等，形成了规则整洁及强大的轴线统治地位特征。法国贵族吉拉丹（R ene de Girarin，1735～1808年）认为："凡不能入画的园林，都不值一顾。"他在厄米维农（Erminoville）所建的别墅，就是请画家起稿，充满自然和浪漫。其二，源于东南亚盆景造型艺术，其中以中国"些子景"（盆景）为最。清刘銮《五石瓠》："今人以盆盎间树石为玩，长者屈而短之，大者削而约之，或肤寸而结果实，或咫尺而蓄虫鱼，概称盆景，元人谓之些子景。"[3] "意匠"们将古桩、古树、名木甚至一般树木按照"诗情画意、传统遗趣、歌曲辞赋、民间小雅"等意境通过刻意整形、修剪、蟠扎、提根等技术，构成树姿景观。据统计，当时树木整形技艺已有几何形、拟态形、仿生形、提根形、自然干变形、规则干变形、自然枝变形、规则枝变形等八种之多（图1-16，武汉黄鹤楼紫薇古桩干变整形）。

由此可见，树姿整形是"人文"、"绘画"、"诗词"、"玩趣"、"艺术"等共同作用下的境界产物。

图 1-16 （左）
图 1-17 （右）

（3）组合树姿造景

在设计师眼中，与自然地形紧密结合的树姿群体造型，是一种大地"结构艺术"。浓郁绿荫、色叶装点、枝叶填充、绿意缝合……所表现出的自然林相无与伦比。正面如此，侧面如此，仰视如此，俯瞰如此，近观如此，远眺如此……群体造型"美轮美奂"。如重庆洪崖洞黄桷树群竖向组景画面（图 1-17）。

1.4.2 树冠造景

树冠，指植物枝叶顶部冠面整体造型。论其形状有圆球形、宝塔形、尖塔形、广圆形、宽圆形、广圆锥形、塔圆锥形、开展形、伞形、聚合形、广伞形、馒头形、宽阔形、圆柱形、垂枝形、礼花形、广卵形、倒卵形、扁球形、半球形、椭圆形、披散形、聚散形、匍地形、人工整形等；论其属性有常绿形、落叶形等两种；论其造型特征有自然形、规则形等两种；论其浓密程度有浓密形、中密度形、松散形等三种；论其造型有全树冠造型、蟠扎树冠造型、组合树冠造型等三种；论其色叶观赏性有绿叶形、红叶形、黄叶形、其他叶色形等四种。

1.4.2.1 树冠形态

自然界中的植物树冠形状与遗传育种、技术处理、环境条件、人工干预等四因素有关。一般来说，通过技术栽培可以获得相对稳定的基本性状遗传特征，如萌芽、分枝角度、开花、结果、落叶等；通过引种驯化和育种培育可以获得新品种、变种、变型等新型冠幅的差异性变化；通过改善环境条件、增肥保墒以及病虫害防治等，可以促使冠幅有效增大、浓密、形美等。常见树冠形状有：圆球形、宝塔形、尖塔形、广圆形、宽圆形、广圆锥形、塔圆锥形、窄锥形、开展形、伞形、聚合形、广伞形、馒头形、宽阔形、圆柱形、窄柱形、垂枝形、窄垂枝形、礼花形、广卵形、倒卵形、扁球形、半球形、椭圆形、披散形、聚散形、匍地形、独特形以及人工整形等。

1.4.2.2 树冠浓密程度

通常指枝叶自然着生状态下的覆盖密度（包括平、立面）。常划分为浓密形（不小于75%）、中密度形（25% ～ 74.99%）、松散形（小于24.99%）三种。自然界中所有乔木都有其各自独特的树枝结构系统，一般来说，锐角分枝的树种顶端生长优势明显，树冠在生长轴上相对集中而呈椭圆形、圆锥形、圆柱形、宝塔形等，故树冠表现较密，属大多数乔木种类，如重阳木、洋白蜡等；钝角分枝的树种顶端生长优势较弱，树冠向四周扩散而呈馒头形、垂枝形、宽阔形或披散形等，故树冠表现较稀，属少数乔木种类，如垂柳、黄楝树等。此外，树冠浓密程度还与环境条件、土地性质、土壤肥料、栽培技术、管理水平等有关。

1.4.2.3 树冠造型

景观设计师利用植物造景的重点在于树冠造型设计。即树冠形态造型、蟠扎技术造型以及配置技术造型等三方面。当树冠形态十分优美时，孤赏性增强，则宜配置成孤赏点；当树冠形态一般时，则蟠扎技术造型与配置技术造型任务几乎等同。前者为主时，则多表现出"个体造型美"前提下的植物造景；后者为主时，即为"群体艺术美"前提下的植物配置艺术。

（1）树冠形态造型

1）全树冠造景利用

千百年自然界演变早已形成了各种植物所固有的生长习性和形态特征。同在一片蓝天下生物链中的人类，自然对此十分认可。全树冠形态给人的印象是：原始、野性、粗犷、生态和自然。人们对其首先是依赖，风水典籍《阳宅十书》："卜其兆宅者，卜其地之美恶也，地之美者，则神灵安，子孙昌盛，若培植其根而枝叶茂"。其次，才是因借和利用。"园林巧于因借"。[5]造景中利用全树冠，可以在"野性"基础上获得"自然雅构"[5]、"归林得志"[5]、"足征大观"[5]、"格式随宜"[5]、"栽培得致"[5]之景。所以，造园中首选全树冠造景，如三亚市狐尾葵全树冠造景。

2）蟠扎树冠造景

又称盘扎，整形、造型。指按造景要求对植株施以人工整形的技法总称。《园林基本术语》CJJ/T91-2002："指将乔木或灌木做修剪造型的一种技艺"。蟠扎的结果是：干变、枝变、根变、冠变。具体方法可参考《盆景学》[3]中的"规则型干变亚型、规则型枝变亚型、自然型干变亚型、自然型枝变亚型、自然型根变亚型"等五种基本技法。

① 规则型干变亚型

六台三托一顶式：系苏派传统蟠扎树型。特点：六台（主干左右弯曲共呈六曲）、三托（每一曲各托三片）、一顶（顶端托一片），常用于罗汉松、黑塔子等（图1-18）。

游龙式：系传统徽派蟠扎树型。特点：主干双向弯曲似游龙，常用于梅花、碧桃、罗汉松等（图1-19）。

扭旋式：又称为磨盘弯。特点：主干向上扭曲，常用于紫薇、圆柏、罗汉松等（图1-20）。

一弯半式：主干从基部先弯成一个弯，再扎半个弯做顶。特点：云片略呈左右对称（图1-21）。

图1-18　六台三托一顶式

图1-19　游龙式

图1-20　扭旋式

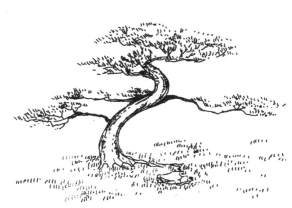

图1-21　一弯半式

图1-22　二弯半式

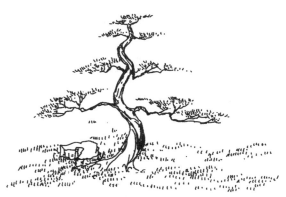

图1-23　对拐式

二弯半式：又称为鞠躬式。系传统通派蟠扎树型。特点：从树基起连续蟠扎成一个"S"弯，再扎半个弯收顶，常用于罗汉松、垂丝海棠、五针松等（图1-22）。

对拐式：系传统川派蟠扎树型。特点：主干在同一平面上来回弯曲造型，常用于罗汉松、黑塔子等（图1-23）。

掉拐式：系传统川派蟠扎树型。特点：主干"一弯、二拐、三出、四回、五镇顶"，即基部头道弯，然后横向呈螺旋状拐第二道弯，构成"掉拐"。接着连做第三、四道拐，最后随弯做顶盘（图1—24）。

三弯九道拐式：系传统川派蟠扎树型。特点：主干在同一平面上来回做三道弯，然后在每一层上做三层云片（图1—25）。

② 规则型枝变亚型

屏风式：系传统徽派蟠扎树型。特点：主干编成形如屏风的一个平面，常用于紫薇、海棠、梅花等。

云片式：系传统扬派蟠扎树型。特点：冠顶蟠扎成薄云状圆形顶盘，常用于罗汉松（图1—26）。

③ 自然型干变亚型

卧干式：系传统川派蟠扎树型。特点：主干苍老横卧，云片蓬勃向上，常用于铺地柏、紫薇、榆树、九里香、雀梅等（图1—27）。

三曲式：又称曲干式。传统川派、徽派、扬派、苏派等蟠扎树型。特点：主干形如"之"字，分布有序，常用于罗汉松、紫薇、柏、梅花、黄杨等（图1—28）。

图1—24　掉拐式

图1—25　三弯九道拐式

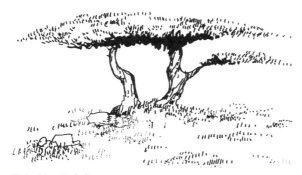

图1—26　云片式

图1—27　卧干式

图 1-28　三曲式（左）
图 1-29　连根式（右）

　　悬崖式：系传统川派蟠扎树型。特点：主干向下弯曲呈瀑布状，常用于五针松、榆树、桧柏、黑松、铺地柏等。一般划分为小悬崖、中悬崖、大悬崖三种。

　　④　自然型枝变亚型

　　垂枝式：系传统川派蟠扎树型。特点：利用某些树种枝条下垂优势经蟠扎而成景，常用于垂枝梅、龙爪槐、垂枝碧桃、垂丝海棠等。

　　枯梢式：模拟自然界枯树或雷击损枝造型。特点：顶枝枯萎或破损，下枝自然，常用于雪松、火棘等。

　　⑤　自然型根变亚型

　　提根式：又称为露根式，系传统川派、海派蟠扎树型。特点：利用某些植物不定根、气生根等特殊性，采取深埋逐年提根用以造景，常用于小叶榕、黄桷树、榔榆等。

　　连根式：系传统川派、海派蟠扎树型。特点：利用某些植物不定芽萌芽旺盛特殊性，采取"过桥式"、"提篮式"连接用以造景，常用于小叶榕、桧柏等（图 1-29）。

　　3）组合树冠造景

　　将自然界中乔木、灌木、地被、花卉、草坪等按照一定艺术构图规律组合在一起，可以构成一种植物群"冠"美。这种组合是一种结构性与观赏性"合二为一"的有机组合。其技法造园界谓之：植物配置设计、植物造景设计、种植设计等。《园林基本术语标准》CJJ/T　91-2002："指按植物生态习性和园林规划设计的要求，合理配置各种植物，以发挥它们的园林功能和观赏特性的设计活动。"如苏州留园中部湖畔朴树、柳树、迎春、红枫、紫藤、天竺桂、杜英等艺术组合树冠造景。

　　（2）树冠色叶造景

　　植物原生叶色几乎涵盖了"三原色"中所有色相，由于这些色相纯度、亮度等各不相同所造成的色温感，直接影响着人们大脑皮层、肾上腺激素水平变化以及心理活动，故导致着人们"喜怒哀乐"表现的产生。

植物色叶产生机理：因受遗传、病理、化学、环境、气温、季相、光照以及酸碱度等因素的影响，致使叶片中叶绿素水解，花青素、胡萝卜素和类胡萝卜素等增加。在性状上表现出由绿变黄、变红或变褐，最终脱落。一般来说，色叶树共分为原生色叶树、季相色叶树两大类。

1）原生色叶树造景

指植物遗传性色叶树种。通常包括绿色系（品种最多）、橙色系（品种较少）、红色系（品种最少）、双色系（品种极少）、相嵌色系（品种极少）等五大系列。特点：色相相对稳定、外界影响不大。常年绿色系树种有：天竺桂、小叶榕、水杉、雪松、桧柏等；常年橙色系树种有：金叶桧。常年红色系树种有：红枫（*Atropurpureum*）、红羽毛枫（*Disectum Ornatum*）、紫玉兰（*Magnolia liliflora* Desr.）、红叶李等；常年双色系树种有：红背桂（叶面绿色，叶被浅褐色）；银白杨（叶面绿色，叶背粉白色）；常年相嵌色系树种有变叶木（叶片呈绿、黄、红、褐等相嵌色）。在"五大色系"树冠造型组景中，人们普遍关注的是：量化对比应用、色相对比应用以及冠形对比应用。如苏州留园红枫树丛景观属于色相对比应用。

2）季相色叶树造景

指植物因外界环境的改变而导致叶片中叶绿素水解，花青素、胡萝卜素和类胡萝卜素等增加。在性状上表现出由绿变黄、变红或变褐，最终脱落。外界因素包括：病理、化学、环境、气温、季相、光照以及酸碱度等七个。其中，季相因素尤为突出。在季相色叶树种中，绝大多数都是在秋季落叶前由绿色变成金黄色（如银杏、洋白蜡、金叶复叶槭、小叶白蜡等），由绿色变成淡黄色（如皂荚、无患子等），由绿色变成黄红色（如黄栌），由绿色变成黄褐色（如丛生蒙古栎、法国梧桐等），由绿色变成红黄色（如枫香、三角枫等），由绿色变成棕黄色（麻栎），由绿色变成红色（如乌桕（*Sapium sebiferum* Roxb.）、鸡爪槭（*Acer palmatum* Thunb.）、平基槭、羽扇槭等），由浅红色变成深红色（如红叶李），由深红色变成暗红色（如红枫）等品种。少有春季由红变绿（如红叶石楠）品种。

图1-30

常见季相色叶树造景方法：景点色叶层次配置（图1-30，武汉黄鹤楼景点枫香、法国梧桐、槭树、红枫等色叶层次配置）、景观大道行道树配置（如重庆海峡路银杏大道）、孤赏树配置（如武汉中央公园枫香孤赏树）、滨水配置（如重庆永川卫星湖畔对植银杏树）、主题式草坪配置（如杭州灵隐寺飞来峰下大草坪对植枫香树）、基调树配置（如北京香山红叶黄栌遍植）、色叶岛配置（如重庆白

云湖红叶桃花岛群植）、景墙艺术配置（如营口市河海龙湾别墅区 A 区景墙拧筋械配置）等。

1.4.3 花色造景

植物自然花色丰富多彩，是植物配置及造景设计的主要内容之一。"花间隐树，水际安亭，斯园林而得致者。"[5] 花色几乎涵盖了所有自然色彩。属于橙色系有红色、黄色、橙色、金黄色等；属于青色系有蓝色、紫色、白色、绿色等。并且，在同一色彩中还有渐变色、亮度、饱和度等的变化，故姹紫嫣红。人们赏花有"六观"：花海编竹篱，赏花殊不谢——观其量；浮绿千日情，一朵万般形——观其形；挠首蝶绀宇，合曲翩翩舞——观其姿；素裹青蓝紫，红云闹彩霞——观其色；天然小图画，合志环碧莎——观其韵；莳花笑春风，遁捕几箩香——观其香。

（1）花色调节心情

橙色系花卉因色光波较长而具有一定"升温"效应，当人们观花后普遍能产生一种"温暖、喜悦、欢快、向上"的心理活动。如寒冬红山茶、踏雪赏蜡梅等，调节心情功效明显。相反，青色系则因色光波较短而具有一定"降温"效应，当人们观花后普遍能产生一种"沉稳、安静、凝思、收缩"的心理活动。如"花虽有别于四时不落，而景偏在乎挹取新奇。因地借景，并无一定来由，触景生情，都能任意选取。"[5]

（2）花色季相游

我国各民族均有季相赏花习俗。春季赏牡丹、芍药、桃花、海棠、玉兰、梨花等；夏季赏荷花、蔷薇等；秋季赏桂花、菊花、芙蓉花等；冬季赏山茶、蜡梅等。

春季花朵初绽，花色品种较多。主要有白花系列的梨花、李花、桃花、含笑、三色堇、珙桐、绣线菊、春鹃、瓜叶菊、刺槐、白兰等；红花系列的樱花、贴梗海棠、桃花、春鹃、红玉兰、红檵木、紫荆、火棘、木棉、蒲桃、牡丹、芍药、山茱萸等；黄花系列的报春花、油菜花、黄心夜合、迎春、鸢尾、黄刺玫、郁金香、三色堇等；青紫花系列的矢车菊、紫藤、郁金香、三色堇等，可谓五彩缤纷，春意盎然（表1-3）。

夏季进入一年中盛花期，花色品种最多。主要有白花系列的海南木莲、山玉兰、皂荚、昙花、白鹃梅、银合欢、国槐、海桐、银桦、香港四照花等；红花系列的蔷薇、海棠、凤凰木、夏鹃、台湾相思、马缨花、秋枫、八角枫、槭叶鸟萝等；黄花系列的黄花槐、夏鹃、萱草、波斯菊、蔷薇、一枝黄花等；青紫花系列的千屈菜、薰衣草、紫鸭跖草、瓜叶菊、藿香蓟、蝴蝶豆等，可谓花繁似锦，姹紫嫣红。

秋季花色品种较少。主要有白花系列的菊花、月季、桂花、猴欢喜等；红花系列的一串红、木芙蓉、金桂、美人蕉等；黄花系列的美人蕉、黄花槐等，可谓秋意花信，秀色可餐。

赏花地区	地点	观花品种
万州区	西山公园	山茶花
涪陵区	白鹤森林公园	兰花
黔江区	河滨公园、跑马山公园	梨花
南川区	花山公园、工业大道	红梅、樱花、红叶李、贴梗海棠、白玉兰、紫玉兰、油菜花（3月初）
荣昌区	香国公园、滨河路	海棠花
酉阳区	桃花源	桃花
巫溪区	柏杨河公园、植物园	红梅、樱花
双桥经济开发区	花样龙水湖景区荷花广场	郁金香
潼南区	崇龛镇	油菜花
大足区	宏声文化广场、五星大道北段、二环南路东段、海棠公园（水峰公园）、南山公园、北山公园	樱花、垂丝海棠、贴梗海棠、红叶李、白玉兰、紫玉兰、红梅等
云阳区	双井寨、云顶、滨江公园、栖霞	海棠、梨花、樱花、油菜花
垫江区	太平镇、沙坪镇、五洞镇	牡丹花、油菜花、李子花

注：此表引自重庆市园林局 2013.03.01

冬季花色品种最少，主要有白花系列的山茶、山蜡梅、黑荆树等；红花系列的梅花和黄花系列的蜡梅、山茶、黄花槐等。

（3）花色造景

花卉集中绽放、色彩艳丽、争芳斗艳，为人们提供了观赏雅致。公元5世纪，强大的意大利罗马帝国将古西亚、古希腊和西班牙等地奇花异卉搜集并植于"床"中，名曰：罗马园魔。从此，为花卉造景开辟出一条集"展示、装饰、象征、权势"为一体的"花坛"新途径。此后，随着罗马铁骑的外侵和新文化的不断介入，"花坛"配色景观产生了新的内涵和形式，如对称式、英国式、几何式、图案式、纹样式、刺绣式、模纹式、浪漫式等。现代花坛作为一种绿地景观设计类型，已拓展到了暖色调配花、冷色调配花、对比色配花、补色配花、邻补色配花、花柱组合等"主题式花坛、毛毡式花坛、彩结式花坛、浮雕式花坛、字纹式花坛、象征式花坛、景物式花坛、刺绣式花坛、肖像式花坛、饰物式花坛、时钟式花坛、日历式花坛、饰瓶式花坛、小品式花坛、花丛式花坛、盛花式花坛、立体花坛"等多种艺术形式。如重庆园博园香港园"主题式花坛"中"邻补色配花"：金鱼草（粉红色）＋雏菊（金黄色）＋孔雀草（黄色）。

1.4.4 果实造景

每值秋冬季节，植物经过一至几年的养分积累和花芽授粉、受精、分化等自然过程，终成正果。1753年，瑞典生物学家林奈（Linnaeus）在"林氏系统分类法"中，将这种"正果"有机地划分为"裸子植物"和"被子植物"两大类。裸子植物亚门共划分为苏铁纲（*Cycadopsida*）、银杏纲（*Ginkgopsida*）、松柏纲（球果纲，*Coniferopsida*）、红豆杉纲（紫杉纲，*Taxopsida*）、买麻藤纲（盖子植物纲，*Chlamydospermatopsida*）等5个纲13科800余种。目前，我国仅有其中11科，236种。其种子最典型特征就是"裸子"无种皮或具假种皮；而被子植物亚门中的所有种类则都具有种皮（果皮）。2005年《国际植物命名法规》对此加以肯定并沿用至今。

从观赏特性上看，裸子植物"种形"简单、木质化程度深，适用于几案摆放、沙盘组景、枯山水点景等（表1—4）。被子植物"果形"复杂、奇形怪状、色彩斑斓，适用于鲜果拼盘、鲜切花配景、花架干果（壳）悬置观赏、干果雕刻与绘画等（图1—31，某住宅入户花架悬置干椰壳、干葫芦等造景；表1—5）。

此外，植物果实在幼果、果熟、果落这三个典型阶段中，都兼有"富贵、颖实、自然、艺术"四大自然属性特征。

裸子植物亚门种子造景一览表　　　　　　　　　　　　　　表1—4

编号	科名	裸子形状	色泽	景观用途
1	松科	有翅球形	褐色	观果、几案摆放、沙盘组景、枯山水点景等
2	杉科	有翅卵圆形至球形	棕黄色	
3	柏科	有翅或无翅球形	黄绿色	观果、种子绘画
4	苏铁科	孢子叶形或卵形球果	红褐色或橘红色	观果、盆景配景、干果点缀
5	罗汉松科	核果或坚果，假种皮	未熟时绿色，熟时紫黑色，外被白粉	观果、种子绘画
6	银杏科	扁球形	外种皮黄色、中种皮白色、内种皮红色膜质	观果、几案摆放、种子绘画、沙盘摆放等
7	红豆杉科	核果或坚果，假种皮	红色	观果、沙盘摆放、药用

图1—31

被子植物亚门果实造景一览表 表1-5

编号	科名	种名	果实形状	果实色泽	景观用途
1	桑科	无花果	球形聚花核果	灰黑色	观果、标本、食用
2		薜荔			观果、标本
3	豆科	合欢	荚果	绿色	观果
4		紫荆		红褐色	
5	金缕梅科	蚊母	卵形蒴果	红褐色	
6		金缕梅	卵球形蒴果		
7		枫香	球形蒴果	黄绿色	
8	壳斗科	青冈栎	卵形坚果	黄褐色	干果插花、观果
9	木兰科	鹅掌楸	聚合骨突果或翅果	黄色	观果
10	蔷薇科	棣棠	瘦果	黑褐色	
11		垂丝海棠	倒卵形核果	紫色	
12		梅花	球形核果	红黄色	观果、食用
13		日本晚樱		紫褐色	
14	榆科	朴树		橙色	观果
15		青檀	翅果	绿色	
16		榔榆	椭圆形翅果		
17	紫茉莉科	紫茉莉	地雷果	黑色	

实训 1-1

（1）实训名称：常见园林植物认知实习实训

（2）能力目标：具备辨识环境设计中常见园林植物品种的能力

（3）实训方式：调查研究

（4）教学课时：4 学时

（5）实训内容

1）调查本市常见园林植物种类、典型景观用途；

2）通过调查，填写《×市（县、区、镇）常见园林植物造景用途一览表》
（表1-6）；

3）根据调查表内容进行该地区常见园林植物造景前景分析与评定。

×市（县、区、镇）常见园林植物造景用途一览表 表1-6

序号	园林植物基本信息			典型造景用途	备注
	品名	学名	科、属		
1					

说明：1. 表中内容可按该地区绿地类型分别进行调查与统计，如公园、居住小区、游园等。

2. 本表中"典型造景用途"，指该地区成活率较高且能安全越冬的园林植物品种

2

教学单元 2 植物配置及造景设计基础

教学目的：

1. 了解植物造景设计原则，初步掌握园林植物在绿地造景实践中需遵循的各项事宜；

2. 了解园林植物设计图例，初步掌握园林植物配置设计图表现技法。

植物"美"艺术，是与生俱有的原始美、结构美和自然美"三位一体"的综合性艺术。人类在享受这一切的同时，还在不断积极地探索、挖掘和创造更多植物"美"的艺术形式。如通过孤植塑造个体"美"；丛（群）植塑造群体"美"；草坪林缘植塑造端景"美"；滨水防护植塑造绿带"美"；花坛模纹植塑造境界"美"……景观设计师通过植物"美"抒发情怀，分享快乐。

2.1 设计原则

2.1.1 总则

（1）植物配置及造景设计，应因借地理环境、民俗风情、工程地质条件以及地形地貌特征等，充分结合生态学、物候学、植物学、花卉学、观赏树木学、植物栽培学、植物遗传学、植物病理学、土壤肥料学等综合知识，进行绿地系统设计及艺术构图。

（2）植物配置及造景设计，应严格按照行业规范、技术要求以及操作规程等，实施栽培技术科学管理。

（3）植物配置及造景设计，应在继承和发扬我国传统植物造园技法的基础上，与时俱进，勇于创新。

2.1.2 细则

（1）植物配置及造景设计,应结合立地条件充分绿化,并满足以下"三原则"。

1）黄土不见天原则

《公园设计规范》CJJ 48—1992 第6.1.1条："公园的绿化用地应全部用绿色植物覆盖"。 第3.2.8条："全园的植物组群类型及分布，应根据当地的气候状况、园外的环境特征、园内的立地条件，结合景观构想、防护功能要求和当地居民游赏习惯确定，应做到充分绿化和满足多种游憩及审美的要求"《公园设计规范》GB 51192—2016 第3.3.3条："2. 没有地被植物覆盖的游人活动场地应计入公园内园路及铺装场地用地。"《园林植物养护质量标准》（试行）："特级养护质量标准，绿化养护技术措施完善，管理得当，植物配置科学合理，达到黄土不露天；……一级养护质量标准，绿化养护技术措施比较完善，管理基本得当，植物配置合理，基本达到黄土不露天；……绿化养护技术措施基本完善，植物配置基本合理，裸露土地不明显。"

2）可视绿率原则

泛指在三维空间中可视绿化覆盖率。《公园设计规范》CJJ 48—1992第6.1.1条："建筑物的墙体、构筑物可布置垂直绿化"；《国家园林城市标准》（试行）"第七条：①积极推广建筑物、屋顶、墙面、立交桥等立体绿化，取得良好的效果；②立体绿化具有一定规模和较高水平的城市，其立体绿化可按一定比例折算成城市绿化面积"。《公园设计规范》GB 51192-2016第7.2.3条："3.垂直绿化用的园林植物其附着器官的性状各不相同，应选择适应既定墙体或构筑物饰面的种类如：墙体饰面光滑，选用吸附力强的攀缘植物种类。攀缘植物不应对被攀爬对象造成损坏。"

3）绿化覆盖率原则

根据《城市园林绿化评价标准》GB/T 50563—2010，绿地建设评价应包括以下内容：①建成区绿化覆盖率；②建成区绿地率；③城市人均公园绿地面积；④建成区绿化覆盖面积中乔、灌木所占比率；⑤城市各城区绿地率最低值；⑥城市各城区人均公园绿地面积最低值；⑦公园绿地服务半径覆盖率；⑧万人拥有综合公园指数；⑨城市道路绿化普及率；⑩城市新建、改建居住区绿地达标率。《国家园林城市标准》：公园设计符合《公园设计规范》的要求，突出植物景观，绿化面积应占陆地总面积的70%以上，植物配置合理，富有特色，规划建设管理具有较高水平。《国家园林城市标准》：城市道路绿化符合《城市道路绿化规划与设计规范》CJJ 75—1997，道路绿化普及率、达标率分别在95%和80%以上，市区干道绿化带面积不少于道路总用地面积的25%。《国家园林城市标准》：新建居住小区绿化面积占总用地面积的30%以上，辟有休息活动园地，旧居住区改造，绿化面积不少于总用地面积的25%。《重庆市城市园林绿化条例》第13条规定：城市绿化面积占建设用地总面积的规划指标为：

A. 旧城区改造不低于25%。

B. 新区开发建设不低于30%，其中居住区人均公共绿地面积不低于1.2m²。

C. 新建公路、铁路，应按规划和技术规范种植植物。

D. 城市道路的绿化覆盖率不低于25%；新建（扩建）城市主干道的绿地面积不低于20%。

E. 占地80hm²以上的单位不低于40%；污染严重的新建单位不低于40%，并按规定设立防护林带，学校、医院、疗养院（所）、机关团体、公共文化体育场地、部队等单位不低于35%；其他单位不低于30%。

F. 城市绿化专业苗圃面积不低于城市建成区面积的2%。

（2）植物配置及造景设计，应符合适地适树基本要求。

《城市绿化条例》第12条规定："城市公共绿地和居住区绿地的建设，应当以植物造景为主，选用适合当地自然条件的树木花草，并适当配置泉、石、雕塑等景物"。

（3）植物配置及造景设计，应结合民俗风情及公园特色等进行树种选择和种植设计。

《城市绿化条例》第12条规定："城市绿化工程的设计，应当借鉴国内外先进经验，体现民族风格和地方特色"。《公园设计规范》GB 51192—2016第4.2.17条："在总体设计阶段，应确定各景区植物景观上的效果和功能作用，包括：植物组群类型、色彩、季相要求等。对植物组群的结构也应提出要求，例如常绿落叶比、乔灌比、草地树丛比等。我国地区差别很大，种植规划应充分考虑地域环境差别。"《公园设计规范》CJJ 48—1992第6.1.2条："种植设计，应以公园总体设计对植物群类型及分布的要求为依据"；《城市园林绿化评价标准》GB/T 50563—2010第2.0.6条："本地木本植物为原有天然分布或长期生长于本地，适应本地自然条件并融入本地自然生态系统，对本地区原生生物物种和生物环境不产生威胁的木本植物。"《公园设计规范》第6.1.3条："植物种类的选择，应符合下列规定：一．适应栽植地段立地条件的当地适生种类；二．林下植物应具有耐阴性，其根系发展不得影响乔木根系的生长；三．垂直绿化的攀缘植物依照墙体附着情况而定；四．具有相应抗性的种类；五．适应栽植地养护管理条件；六．改善栽植地条件后可以正常生长的，具有特殊意义的种类"。此外，还应充分利用植物季相变化进行特色配置。

（4）植物配置及造景设计，应按照园林绿地规划形式进行艺术构图设计。常见绿地设计形式划分为：自然式植物配置设计、规则式植物配置设计、混合式植物配置设计。

1）自然式植物配置设计。系我国传统植配技法，包括孤植、丛植、群植、斑块植、道路植、滨水植、假山植、岛屿植、屋顶花园植、功能植、庭院植、抗性植、风水植、草坪植、田园风光植等十五种。

设计特点：

A．植物配置形式为自然式，树种之间多为不等边三角形、自然曲线等艺术规律构图。

B．植物配置技术要求在数量、株形、株相、层次、林缘线以及林冠线等方面与自然环境紧密结合。

C．植物配置设计风格表现：自然、生态、含蓄、内敛、古朴、写意、随意、诗意、入画等。

2）规则式植物配置设计。系欧洲传统植配技法，包括对称植、行列植、绿篱植、花坛植等四种。

设计特点：

A．植物配置形式为规则式，树种之间多为几何状、直线条、放射状、圆（弧）形等艺术规律构图。讲究平面构成、立体构成、色彩构成等"三大构成"关系。

B．植物配置技术要求在数量、株形、株相、层次、林缘线以及林冠线等方面与人文需求紧密结合。

C．植物配置设计风格表现：规则、严谨、构图、夸张、整形、写意、入画等。

3）混合式植物配置设计。系现代植配技法，兼具上述规则式与自然式两种设计特点。

（5）植物配置及造景设计，应与城市蓝线、绿线以及绿道等大型空间景观形态的系统配套建设。

《城市蓝线管理办法》："城市蓝线指城市规划确定的江、河、湖、库、渠和湿地等城市地表水体保护和控制的地域界线。"维护城市蓝带绿地系统，是人类一直所面临的共同话题。母亲河"圣水"所到之处，与我们生息共存。重庆市政府为了打造长江三峡库区"蓝带景观"项目，特聘德、法两国水域景观建设集团共同出谋划策，其核心任务就是"蓝带绿化建设"。以植物涵养水系，构建水域。根据《城市园林绿化评价标准》GB/T 50563—2010，"对生态系统、生物物种和遗传多样性的保护"应该直接"纳入城市蓝线范围内，具有生态功能的天然或人工、长久或暂时性的沼泽地、泥炭地或水域地带，以及低潮时水深不超过6m的水域"。简言之，"城市蓝带"一词，应涵盖地球表面所有天然水系的绿地系统，从源头到滩涂、到溪流、到沙漠、到江河、到湖海。"城市蓝带"任务：一是保护；二是建造；三是加强。别无选择。

至于"绿带"与"绿线"两个名词，按照《园林基本术语标准》CJJ/T91—2002："绿带（green belt），指在城市组团之间、城市周围或相邻城市之间设置的用以控制城市扩展的绿色开敞空间；城市绿线（Boundary Line of Urban Green Space）指在城市规划建设中确定的各种城市绿地的边界线。"两者都同时指向了"绿道（Greenway）"一词，从属性上看，它已远远超出了"城市"形态范畴。美国查理斯·莱托（Charles Litte）在所著的《美国的绿道》中定义道："绿道就是沿着诸如河滨、溪谷、山脊线等自然走廊，或是沿着诸如用作游憩活动的废弃铁路线、沟渠、风景道路等人工走廊所建立的线型开敞空间，包括所有可供行人和骑车者进入的自然景观线路和人工景观线路。"它代表的是整个生物界（包括人类、动物、植物、水等）可移动的通道。

绿道模型的建立，最早源于1898年英国人霍华德（Ebenezer Howard）的著作《明天——一条引向真正改革的和平道路》（Tomorrow：a Peaceful Path towards Real Reform）。他提出：城市绿地最理想的模式是同心圆向外辐射方式，构成"绿道"、"绿楔"并与田园相结合的"田园城市"模型。美国公园管理局（National Park Service）就是以此理论建立了48座国家公园系统，从根本上完善了美国整个国家绿地系统建设。目前，我国一些省市也开始关注"绿道"设计。如《广东省绿道网建设总体规划（2011—2015年）》："结合自身实际情况，争取到2015年绿道总里程达到3000km"；深圳采取城市组团之间"划出基本生态控制线"的绿道建设模式等；无锡市2002年开始加大力度对蠡湖及太湖流域的1000余条溪河进行综合整治，涵盖了环蠡湖38km长、宽80～250m的湖岸生态防护林体系以及渔父岛、鸥鹭岛、渤公岛、中央公园、水居苑、西施庄、蠡湖大桥公园、长广溪湿地公园、管社山庄、宝界公园等生态环境工程，总计整治绿地面积达464.5hm²（6967亩）。2009年被无锡市命名为"全球绿色城市"。

图2-1

(6) 植物配置及造景设计，应具有新意和时代特征。

城市绿地景观设计常与时代同步，一种创意、一种做法、一种植物配置形式等，都有可能为时代留下精彩。如重庆园博园上海越剧五色草小品组合景观（图2-1）、西安世博园五色草大象拟态景观。

2.2 植物设计图例

英国亚历山大·蒲柏（Alexander Pope，1688～1744年）的"一切造园皆景观绘画"道出：造园者，由手绘心也。我国明末清初计成《园冶》中的"自然雅构"、"格式随宜，栽培得致"[5]，则道出：园中植物雅构即是"景到随机，图以自然"的锦囊妙计。

按照《风景园林图例图示标准》CJJ 67—1995规定，植物图例包括：植物平面图例、植物立面图例、植物透视图例等三种。

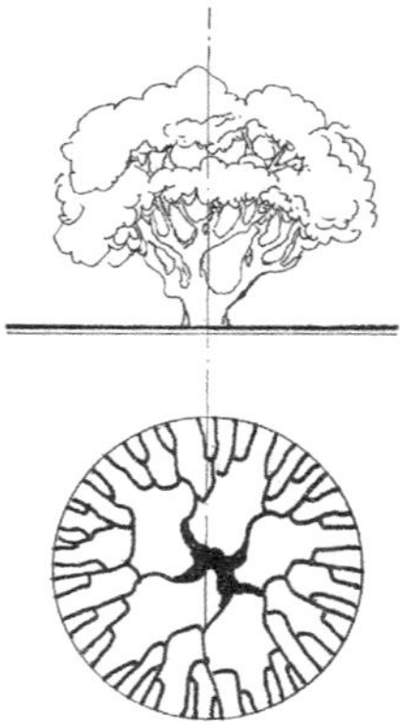

2.2.1 植物平面图例

以树木垂直投影圆形平面为基础，按比例画圆（图2-2）。圆心，即树木定植中心；圆心点，即树木定植位置。一般来说，有圆心而无"中心点"者为灌木；有"中心点"者为乔木。除了基本图例外，植物艺术图例还划分为植物具象图例和抽象图例两种（图2-3～图2-5）。

在具体植物配置设计图中，手工图与计算机辅助制图两者有着很大的区别，各具优缺点。前者，植物图例效果精细、清晰，比例准确，但不易改图（图2-6，重庆明翠日月山庄植物配置设计方案）；后者，植物图例效果生硬、刻板、机械、但易改图（图2-7，重庆盐业公司屋顶花园设计方案）。

图2-2

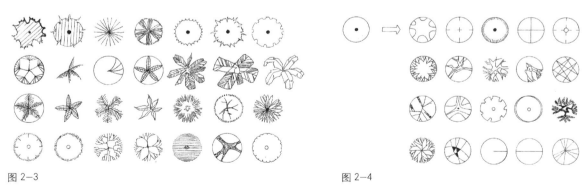

图2-3   图2-4

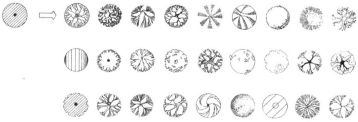

图2-5

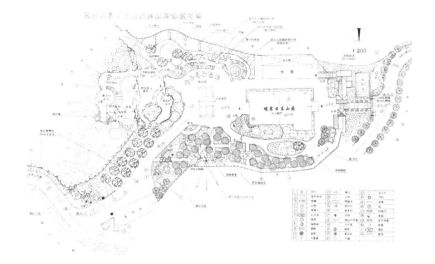

图 2—6

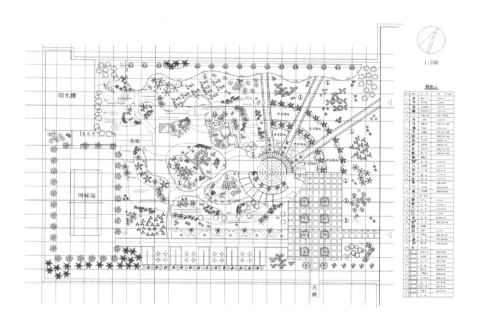

图 2—7

2.2.2 植物立面图例

在景观绿地规划设计中，有时为了进一步表述景点立面构成关系，会按比例将园林建筑小品与植物进行艺术整合（图 2—8）。植物立面图例一般分为具象图例和抽象图例两种（图 2—9、图 2—10）。

植物立面图例使用注意事项：

A. 按比例慎选植物立面图例，忌比例失调和乔、灌木图例混用。

图 2—8

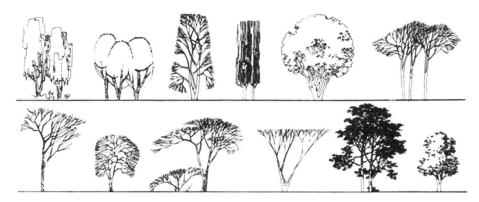

图 2-9

图 2-10

B. 通过植物立面配图控制景观总体空间效果。

C. 一幅画面配图宜选用相对统一的植物立面图例。

2.2.3 植物透视图例

在方案设计阶段，对于一些重要三维场景"节点"的技术配图是至关重要的。决策者通过场景画面的技术分析，可以直接进行内容取舍。此节内容可参阅《景观制图学》、《园林制图与识图》、《工程制图学》、《计算机景观绿地辅助设计》等教材。

2.3 其他图例

(1) 三种景观建筑平面图例画法

景观绿地规划设计中的建筑平面设计图例，通常划分为：顶平面图例、底平面图例、剖切平面图例等三种（图 2-11，自左至右为：方亭顶平面图、方亭底平面图、方亭剖切平面图）。

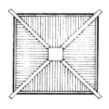 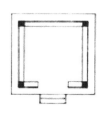 

图 2-11

1）方亭顶平面图：指从空中俯瞰方亭平面图，即方亭垂直投影平面图。其外轮廓大小，即为方亭顶平面实际尺寸大小。

2）方亭底平面图：指从地平面以上1.2m处水平剖切后的方亭垂直投影平面图。其轮廓形态和大小，即为台明、亭柱、踏步以及美人靠等的实际尺寸大小。

3）方亭剖切平面图：是一种方亭顶、底二平面图"合二为一"的技术画法。

（2）景观地形地貌图例

在景观绿地规划设计中，常将地形地貌中的各种坡地、山崖、滩涂、堡坎、护坡、挡墙等进行艺术刻画或描述（图2-12）。

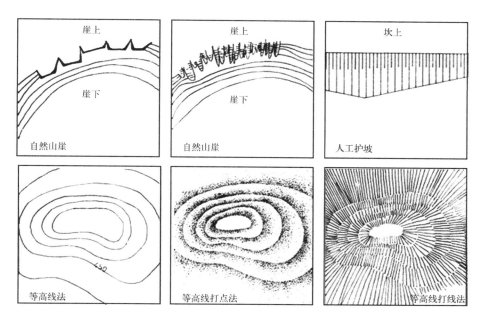

图 2-12

（3）景观水体图例

在景观绿地规划设计中，常将水体进行整体艺术刻画，通过水线、驳岸石和景等的艺术描述构成设计图面效果。具体方法有：贴纸表现法、深度表现法、涟漪表现法、景物表现法、静水表现法、动水表现法等六种（图2-13）。

实训 2-1

（1）实例名称：景观植物配置设计基础训练 I（描、制图）

（2）能力目标

1）通过描（制）图过程训练，初步掌握景观植物配置设计制图技巧和基本组景手法。

2）强化学生对植物造景设计内容与深度控制的正确理解和把握。

贴纸表现法

深度表现法

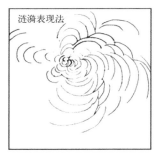

涟漪表现法

景物表现法

静水表现法

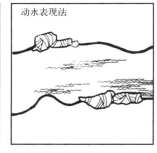

动水表现法

图 2—13

（3）实训方式：实际操作。

（4）教学课时：6～8学时。

（5）实训内容

1）由《景观植物配置与造景设计》主课教师提供1～2张"景观植物配置设计方案"图纸，经复印（或晒图）后分发给每一位学生。图纸幅面大小待定。

2）每个学生在规定时间内严格按照要求，保质保量完成描（制）图任务。

3）作业评定标准：按A（±）、B（±）、C（±）、D（±）等"四级八等"进行评判。以A+为最佳，D−为最差。当作业为C−时就须重新做一遍后，再予以评定该次作业最终成绩。

4）学生第一次描（制）图作业时，建议将本实训内容划分成前、后两个阶段。前期为课堂作业，便于老师答疑指导；后期为课后作业，即在课余时间独立进行。

5）描（制）图工具准备：学生每人各自准备1#图板、1#丁字尺、30～45cm直角三角尺、曲线板、圆模板、椭圆模板、数字模板、描图笔（含0.3mm、0.6mm、0.9mm）、胶带纸、1#描图纸、碳素墨水、双面刀片等描（制）图工具。

实训 2—2

（1）实训名称：景观植物配置设计基础训练Ⅱ（植配设计模拟训练）

（2）能力目标

1）通过场景模拟植物配置设计训练，可以有效提高学生客观评判、具体分析和解决问题的能力。

2) 通过具体植物配置案例的实践操作，巩固所学专业知识。

（3）实训方式：实际操作。

（4）教学课时：6～8学时。

（5）实训内容（图2-14）

1) 场地概况：某市临街建有一座小游园，面积约为 800m²，地形平坦，现已建成景观大门（含售票房、小型休闲廊）、景墙、人工塑石大假山、瀑布及水体等景点。围墙南侧中部设有一座小门可直接进入另一空间（略）。

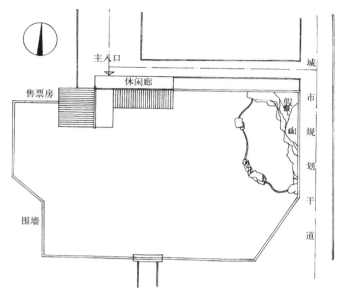

图2-14

2) 作业要求

A. 根据图中已知场地设计要求及条件，按比例（1：100）进行景观绿地植物配置设计（注：图中所有具体尺寸均可在所打印的1#图中直接量取获得）。

B. 设计内容：景观道路（铺地）设计、景观植物配置设计等。

C. 图纸命名自定，并采用 3cm×3cm～4.5cm×4.5cm 的艺术字体规格大小标注于左上角（或居中）位置。图纸右下角（空位）须附注"植物配置一览表"（含：植物编号、品名、图例、规格、备注等）内容。

D. 作业评定标准：分 A（±）、B（±）、C（±）、D（±）等"四级八等"进行评判。以 A+ 为最佳，D- 为最差。当作业为 C- 时就须重新做一遍后，予以评定该次作业成绩。

3

教学单元 3　自然式植物配置及造景设计

教学目的：

1. 了解自然式植物各种造景应用技法，基本掌握植物配置及造景设计任务和要领；

2. 增强自然式传统植物配置造景意识，继承和发扬我国植物造景文化。

自然式植物配置系我国传统植配及造景技法，"凡结园林，无分村郭，地偏为胜，开林择剪蓬蒿，景到随机，在涧共修兰芷" [5]。自然式植物配置有许多优点：理念自然、相随自然、错落自然、景到自然、天成自然、境界自然、临摹自然、超脱自然等，所以，在五千年"道法自然"的国度里处处都洋溢着自然式造园的气息和文化。自然式植物配置及造景设计内容包括：孤植、丛植、群植、斑块植、道路植、滨水植、假山植、岛屿植、屋顶花园植、功能植、庭院植、抗性植、风水植、草坪植、田园风光植等十五种。

3.1 孤植

3.1.1 定义

孤植，《园林基本术语标准》CJJ/T 91—2002："指单株树木栽植的配植方式"。孤植树，又称为孤赏树、主景树、风景树、遮荫树、风水树、诱导树等。

3.1.2 构景原理

(1) 利用个体生长优势（包括株高、树姿、花多、冠阔、色叶、体大、繁茂等），构成观赏主体。如古树名木、主景树、市树、广场主景树、草坪主景树、公园主景树、溪口主景树等。西蒙兹认为："一棵精心挑选、精心布置的植物比随意分散栽种的100棵植物更为有效。" [2]

(2) 利用树冠充分开展、浓荫自然覆盖等长势特征，构成林荫点。如村口林荫树、路口林荫树、庭园林荫树、街景林荫树、公园林荫树、溪口林荫树等。人们常乐于在林荫树下坐憩、休闲和玩趣。

(3) 利用树种、树姿、体量、色叶等拟态风水树，隐喻"树木荫护得吉地，终身之计，莫如树人"的中庸之道。如村口风水树、护寨风水树、禅宗风水树、阳宅护佑树等。

3.1.3 树种选择

(1) 地区性传统观赏树。

我国华南地区常见孤赏树种有：油棕、凤凰木、白兰、泰国槟榔、黄兰、椰子、印度橡皮树、木棉、菩提树、老人葵、印度紫檀、观光木、大叶榕、小叶榕、旅人蕉、广玉兰、香樟、柠檬桉、海红豆、蒲葵、腊肠树、铁冬青、芒果、南洋楹、大花紫薇、橄榄、荔枝、罗望子、人面子、乌榄、加拿利海枣、伊拉克海枣、中东海枣、国王椰子等。我国江南地区常见孤赏树种有：黄桷树、金钱松、桂花、香樟、雪松、银杏、南洋杉、华楠、马尾松、枫香、广玉兰、小叶榕、七叶树、苦槠、鸡爪槭、石栎、鹅掌楸、悬铃木、枫杨、大叶榉、白兰、喜树、糙叶树、薄壳山核桃、蒲葵、香椿、紫叶李、樱花、馒头柳、无患子、乌桕、合欢、碧桃、梅花、重阳木、假槟榔、苏铁、桂圆、紫薇、垂丝海棠、臭椿等。我国华北地区常见孤赏树种有：油松、丛生蒙古栎、糠椴、蒙椴、枳椇、白桦树、白皮松、平基槭、桧柏、侧柏、洋白蜡、国槐、槐树、皂荚、臭椿、春榆、白榆、毛白杨、青杨、白蜡、君迁子、小叶杨、银杏、碧桃、薄壳山核桃等。

（2）市树。

按照我国市树选择标准"高大乔木、栽培容易、适应性强、生长寿命较长、种植历史长、公众认同、分布广泛、具有地方特色"等要求，市树系孤赏树首选树种之一（表3-1）。

我国部分城市市树一览表　　　　　　　　　　　　表3-1

城市	市树	城市	市树	城市	市树
北京市	国槐、侧柏	安徽淮南市	法国梧桐	湖南湘潭市	香樟
天津市	美国白蜡	安徽淮北市	国槐	湖北老河口市	桂花
山西太原市	国槐	安徽蚌埠市	雪松	湖北丹江口市	梅花
山西长治市	国槐	安徽安庆市	香樟	湖南长沙市	香樟
山西大同市	油松	福建福州市	榕树	湖南株洲市	红木
内蒙古呼和浩特市	油松	福建厦门市	凤凰木	广东广州市	木棉
辽宁沈阳市	油松	福建泉州市	刺桐	广东汕头市	凤凰木
辽宁鞍山市	南国梨	福建龙岩市	香樟	广西南宁市	朱槿
辽宁抚顺市	杏树	福建永安市	香樟	广西桂林市	桂花
辽宁本溪市	垂柳	福建三明市	黄花槐	海南海口市	椰树
辽宁丹东市	银杏	江西南昌市	香樟	海南三亚市	椰树
辽宁锦州市	桧柏	江西吉安市	香樟	重庆市	黄桷树
辽宁营口市	垂柳	江西新余市	香樟	四川成都市	木芙蓉
辽宁阜新市	樟子松	山东青岛市	雪松	四川攀枝花市	木棉树
辽宁辽阳市	国槐	山东济宁市	国槐	四川泸州市	桂花
辽宁盘锦市	国槐	河南郑州市	法国梧桐	四川广元市	桂花
吉林延吉市	垂柳	河南洛阳市	法国梧桐	云南昆明市	玉兰
黑龙江哈尔滨市	榆树	河南安阳市	国槐	云南玉溪市	朱槿
上海市	玉兰	河南新乡市	国槐	陕西西安市	国槐
江苏南京市	梅花	河南濮阳市	国槐	陕西咸阳市	紫薇
江苏无锡市	香樟	河南许昌市	蜡梅	甘肃兰州市	国槐
江苏苏州市	桂花	河南商丘市	国槐	青海格尔木市	红柳
江苏南通市	雪松	河南驻马店市	国槐	台湾高雄市	朱槿
江苏淮安市	雪松	湖北武汉市	水杉	台湾基隆市	紫薇
浙江杭州市	桂花	湖北襄樊市	女贞	台湾台中市	木棉
浙江金华市	香樟	湖北鄂州市	银杏	台湾台南市	凤凰木
安徽合肥市	桂花	河南南阳市	桂花	台湾嘉义市	玉兰
安徽马鞍山市	桂花	河南信阳市	桂花	台湾桃园市	桃花
安徽黄山市	香樟	湖北十堰市	香樟	台湾南投市	梅花

（3）古树名木。

《城市绿化条例》第 25 条："百年以上树龄的树木，稀有、珍贵树木，具有历史价值或有重要纪念意义的树木，均属古树名木"。如国家一级保护植物：伯乐树、银杏、桫椤、红豆杉、青檀等；猴欢喜（*Sloanea sinensis*（Hance）Hemsl.），雷公鹅耳枥（*Carpinus viminea* Wall.），紫楠（*Phoebe sheareri*（Hemsl.）Gamble），珙桐（*Davidia involucrata* Baill.）等。

3.1.4　常见设计手法

3.1.4.1　草坪孤赏树法

在观赏及游憩性草坪设计中，孤赏树所处位置、观赏面景观构成、最佳视角设计等三个问题，均对草坪造型及景观构成起着重要作用。

A．孤赏树位置决定草坪景观画面的形成：当最佳观景点位置确定后，由孤赏树所构成的主景画面重心将随之自然偏移（a、b、c、d），偏移的角度一般以控制在 60° 视锥角左右为宜（图 3-1～图 3-4）。

B．孤赏树景深设计

（A）在有限的草坪空间里，可以通过勾勒背景树林缘线形态设计草坪景深。孤赏树在草坪中其实并不孤立，它会受背景林缘线的影响而向四周呈自然扩展状。当林缘线呈自然形态时，孤赏树景深感明显增强。当林缘线呈规则直线时，孤赏树景深即刻受到一定限制。

（B）在 60° 视锥角观赏范围内，可以通过色叶小乔木、花灌木以及地被植物的丛状配置等，进一步调控孤赏树景深。如图 3-1 所示，紫玉兰和红千层的丛状配置，使孤赏树景深顺着轴线方向自然延伸；图 3-2 红枫和蜡梅的丛状配置形成框景，使孤赏树景深与草坪景深设计形成一致；图 3-3 南天竹和丰花月季的丛状配置，使孤赏树中心构图景深变化无穷；图 3-4 图象牙红的丛状配置，使孤赏树景深分层外延等。

图 3-1　（左）
图 3-2　（右）

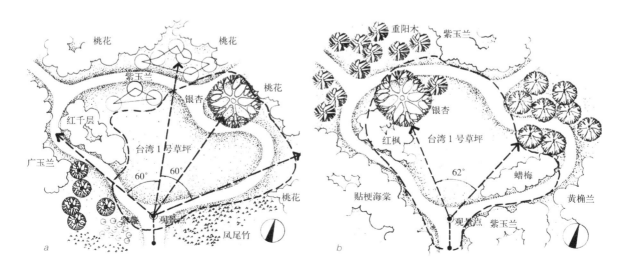

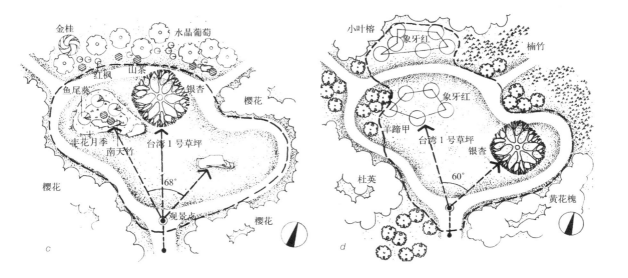

金桂　水晶葡萄　小叶榕　象牙红　楠竹
红枫　山茶　象牙红
鱼尾葵　银杏　樱花
非花月季　羊蹄甲　台湾1号草坪　银杏
南天竹　台湾1号草坪
樱花　68°　杜英　60°
樱花　观景点　黄花槐
c　d

图 3-3 （左）
图 3-4 （右）

（C）草坪孤赏树景深层次的艺术构图,还可以通过园林小品、草坪灯、景石、雕塑等景物的有机衬托加强,如图 3-3 孤置景石艺术配置。

C.孤赏树背景林设计

（A）纯林相法:于孤赏树端景处配置自然式纯林,可以获得草坪"轻纱环碧,弱柳窥青"[5]的效果。常见纯林树种有:垂柳林、桃花林、樱花林、梅花林、蜡梅林、松树林、柏树林、海棠林、竹林等。

（B）郁闭度控制法:孤赏树端景透视线的形成,往往与背景林郁闭度有关。当郁闭度小于 60% 为疏林时,则景深随透视线延伸而有效延长。此林中可以通过配置一些自然灌木丛而获得孤赏树景深观赏特色,如紫玉兰疏林草坪特色背景林、象牙红疏林草坪特色背景林等;当郁闭度大于 60% 为密林时,则景深限制了透视线自然穿透,使得孤赏树观赏面收缩。郁闭度越大,这种收缩感就越强。常见密林结构设计有:单种（乔木或灌木）结构密林、乔木＋灌木结构密林、乔木＋灌木＋地被＋草花结构密林等。

（C）色叶林法:于孤赏树端景处配置色叶林,可以获得草坪"纳千顷之汪洋,收四时之烂漫"[5]的效果。常见色叶背景林设计手法有:单种色叶林（如银杏林、红叶李林、红枫林、红叶桃林、枫香林等）、多品种色叶林（如银杏＋红枫＋法国梧桐、枫香＋红叶李＋红枫＋红叶石楠等）。

D.植配注意事项

（A）孤赏树观赏草坪面积宜大不宜小,一般以不小于 500m² 为宜。当面积较小时,因观赏视距不足而直接影响孤赏树景观效果。

（B）最佳观景点应设置在游园主动流向的驻足点上,如入口、岔路口。

3.1.4.2　棕地孤赏树法

棕地,即城市规划图中表现为棕色地块的统称。通常指闲置、废弃或曾被开发过而尚未被充分利用的工（商）业用地及设施。因各种因素相互制衡而常处于闲置或低效能状态。例如某市一条滨湖路因长期疏于管理而沦为棕地。现场路基严重受损，并向下呈散落状自然坍塌，形成了一道近24m长的豁口。坍塌严重影响了旁侧黄桷古树的正常生长。为了抢救古树，修复豁口，变"棕地"为孤赏景点，本方案首先确定了三点修复原则：①原位固定崩塌物，利用崩塌物与水域交接面宽的特点建造湿地植被景观；②围绕黄桷古树基础借助于生态"自主调控"、"自然反馈"、"协调再生"等一系列生态缝合过程，重塑古树孤赏景观；③利用造园技术作针对性地修复。

　　A. 生态修复：采取原位固定的方式对崩塌物进行固定，然后，利用生态"自主调控"、"自然反馈"、"协调再生"等方式重塑孤赏景观。

　　B. 造园技术修复

　　（A）浮台"节点"修复方案：以黄桷古树为修复"基点"，借助路基断口南拐自然走向的特点，特设置一座面积约为280m² 的观景浮台作为空间"节点"，缝合残缺口（图3-5）。为了丰富"节点"构景层次，浮台中部设置方亭。人们聚于此景便可看到远山近水与湖光山色。紧接着对浮台西侧残段进行原位固定，并通过设置景石和三座直径1m的花岗石球喷泉等方式，构成"源头"景观，水自喷出、虚实空白。"实景清而空景现，神无可绘，真境逼而神境生。位置相戾，有画处多属赘疣；虚实相生，无画处皆成妙境。"[4]对于环湖路南侧断口，则采取汀步连接浮台的方式，重构环湖观景游线。

　　（B）筑山溯源修复方案："池上理山，园中第一胜也。若大若小，更有妙境。就水点其步石，从巅架以飞梁；洞穴潜藏，穿岩径水，峰峦飘渺，漏月招云；莫言世上无仙，斯住世之瀛壶也。"[5]以黄桷古树为修复"基点"，利用残缺口南扩纵深的场地条件，叠筑一座长约30m、高约3.5m的千层石大假山，引流跌瀑，漏月招云，洞穴潜藏，构成溯源之景（图3-6）。在假山植物配置造景上以修竹"环堵"陪衬黄葛古树，通过绿带空间连接缝合残缺口。然后，将湖中若干崩塌散石理成一条汀步，方便通行。

图3-5

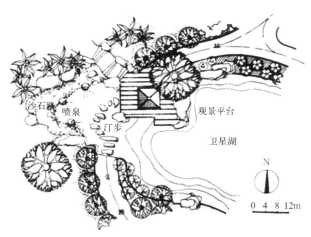

　　（C）广场引流修复方案：以黄桷古树为修复"基点"，设置一座弧形观景木桥缝合路基断口。将残缺崩塌面向西侧绿地呈自然延伸状，形成一座"Ｖ"字形喇叭口，并使喇叭口顶端以卵石滩设计方式直接嵌入一座直径60m的圆形铺装广场中构成"源头"景观（图3-7）。引水东去，紫气东来。桥东观瀑一脉之趣，桥西湿地择剪蓬蒿。通过水景形态的自然落差感，重塑黄果古树孤赏景点。

　　综上所述，可以得出重塑"棕地"孤

沙石路　喷泉
汀步
观景平台
卫星湖

N

0　4　8　12m

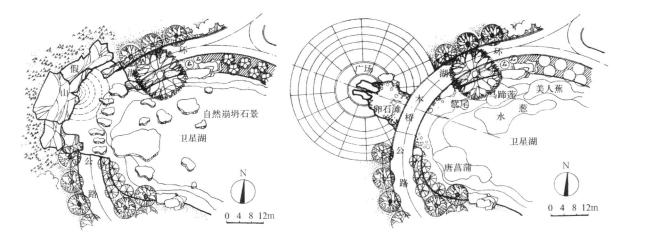

图 3-6（左）
图 3-7（右）

赏树景观，"生态修复是本位，造园技术修复是手段"的结论。在上述两种修复方案的权重比对中，"造园技术修复"方案切实可行。其中，浮台"节点"修复方案更加符合该"棕地"修复的基本原则，故建议采取此方案为宜（表 3-2）。

C. 植配注意事项

(A) 孤赏古树基址的建立，应结合各项修复技术进行针对性整治，也可以通过设置独立树池的方式加以维护。覆土厚度应不小于 1.2m。

(B) 无论哪一种修复方案，均须注意修复程序及各因素之间的彼此互联性。一般修复程序为：原位修复→基土改良→孤植配景栽植→源床保育。

3.1.4.3 广场孤赏树法

广场，是城市公共功能需求的必然产物。其具有面积较大、形态各异、

棕地修复方案 表3-2

序号	修复项目名称		优 点	缺 点	投资估算（万元）
1	生态修复		①自然生态镶嵌缝合残缺口，野性十足 ②荒野湿地建造修复"环境伦理"	①景观性较差 ②造价较低	8.5
2	造园技术修复	浮台"节点"修复方案	①节点缝合残缺口景效突出，宜构成特色景点 ②浮台外移可满足游客环湖观景需求 ③残缺口整合艺术性较高	①生态湿地植被景观构建性不强 ②造价中等	25.0
		筑山溯源修复方案	①山水自然缝合力较强 ②源头景观易于组织 ③崩塌石组景多样化	①假山造型要求高 ②造价较高	48.0
		广场引流修复方案	①环湖路得以复原 ②因水景纵深改变，有效拓展了景观空间 ③平面构图优美 ④湿地景观成型好	①工程子项目增多 ②造价高	120.0

人工铺装、社会性、标志性、系统性、节点性等特点，为人口密集的城市提供了"集会、交通、休闲、观光"等许多便利。广场设计基本内容：选址、定性、定形、布局、主题设计、公共设施设计、自然度设计、装饰设计、边缘设计等九个方面。其中，在"自然度设计"的"八项三级"[30]中，植物造景的核心作用属重中之重。

A. 圆形广场孤赏树法：因受广场同心圆铺地及平面艺术构图的影响，孤赏树常位于广场轴心处（即：轴心定位）。孤赏树的"视觉协调与景观"可以按照周进"十项三级指标"[30]进行控制；或按照日本芦原义信"十分之———外部模数理论"进行控制。假设最佳观赏点（甜蜜点）为 a，a 与孤赏树直线距离为 D，按照城市公共空间尺度感要求，则孤赏树高应为 $\frac{1}{10}D$。一般来说，人们最佳公共空间观赏尺度是极其有限的。当 D 不大于 30m 时，为亲切尺度；30～130m 时，为自然尺度；大于 130m 时，为超人尺度。另外，圆形广场的最佳观赏点（甜蜜点）在周围等距离处几乎等同（图 3-8，左上）。常见树种有：菩提树、黄桷树、小叶榕、桂花、水晶蒲桃、天竺桂、杜英等。

B. 椭圆形广场孤赏树法：位于广场轴线上的孤赏树具体位置，因受最佳观赏点（甜蜜点）的影响而可作前后滑动性选择，即轴线滑动定位（图 3-8，右上）。常见树种有：银杏、菩提树、黄桷树、枫香、黄桷兰、广玉兰、楠木、香樟等。

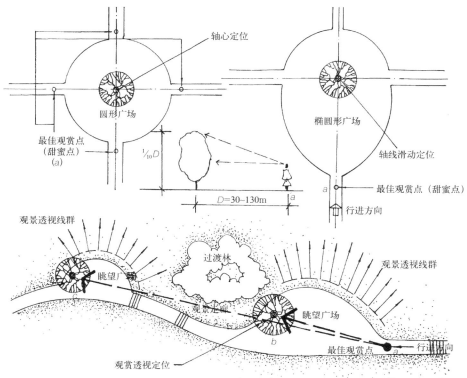

图 3-8

C. 眺望广场孤赏树法：首先，于道路行进方向上选择最佳观赏点 a（甜蜜点），然后，通过 a 点在确立眺望广场孤赏树具体位置 b 后，再顺延至 c 点、d 点。a 点与 b 点之间可以通过设置"过渡林"的方式设计一条观景走廊"绿道"（图 3-8，下图）。眺望广场因"外向空间"属性，所以，孤赏树选择比较随意。常见树种有：香樟、银杏、雪松、洋白蜡、桂花、海枣、南洋杉、桂圆、楠木、老人葵、蒲葵、椰子、木瓜等。

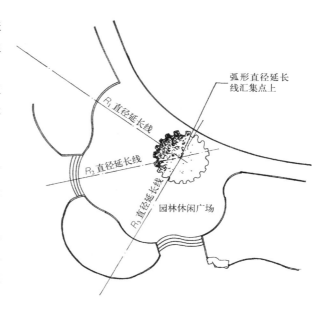

弧形直径延长线汇集点上

R_1 直径延长线

R_2 直径延长线

R_3 直径延长线

园林休闲广场

图 3-9

D. 休闲广场孤赏树法：自然式园林休闲广场孤赏树的定位，可以借用广场边缘线形关系加以确定。如利用 3～5 条曲线直径（R_1，$R_1 \cdots R_n$）延长线的汇集点确定即：观赏透视线定位（图 3-9）；利用平面构图中心点确定；利用周边规划布局关系确定等。常见树种有：桂花、银杏、法国梧桐、枫香、楠木、槐树、黄桷树、小叶榕等。

E. 主题广场孤赏树法：当广场设计主题已经确定后，则孤赏树只能作为一种陪衬物依附于旁侧。在高度上应低于主题建筑，在体量上求得一种对比。对比越强烈，景效越突出。

F. 植配注意事项

（A）广场孤赏树选择与市树选种一致；

（B）规则式广场孤赏树的定位除了"轴线定位"外，也可参考周边大型公共建筑物造型特点进行适当调整；自然式广场孤赏树的定位，则与规划构图关系的确立有关。

3.1.4.4 路口孤赏树法

我国路口孤植大树源于何时已无查证。不过民间有许多传言：①道长所植：位于四川青城山"天师洞"路口有一株由道教鼻祖张道陵（号天师）于东汉汉安三年（144 年）亲手所植古银杏（高约 50 余米，直径 2.24m）；位于陕西省周至县楼观台宗圣宫路口有一株东汉时期住持道长所植银杏树（现高约 20m，胸径约 3m）和一株"系牛柏"古树（现高约 14m，胸径约 3.6m），据《古楼观志》记载，此树基干有两个大洞，当年老子入关驾牛车时就是将牛拴于此树洞上等；②寺僧所植：位于浙江临安境内"在西天目山三里亭至老殿登山道旁的巨大柳杉，就是明弘治八年（1495 年）由寺僧所栽植"[18]；③皇帝赐予所植；④明末闯王李自成"大军入川"时为了纳凉所植，如重庆铁山坪镇街口黄桷古树；重庆铜梁巴岳山"黄桷门"古树；重庆歌乐山三百梯黄桷古树等；⑤寺庙风水树：位于北京门头沟潭柘寺无量寿殿路口有一株辽代所植，有近千年历史"银杏树王"。清乾隆曾题诗碑："古柯不计数人围，叶茂孙枝绿荫肥；世外沧桑阅如幻，开山大定记依稀";⑥原始遗树利用。现代路口孤赏树配置多为功能性配置。即路口休闲遮荫植、路口标志植、路口眺望植、路口端景植等四种设计类型。

A. 路口休闲遮荫植：唐玄宗李隆基《途次陕州》："树古棠荫在，耕余让畔空。"其意：耕地路口棣棠古树能遮荫。疲于长途跋涉者，渴望路口有一株枝繁叶茂、冠阔浓郁之孤赏树，既可遮荫，也能休闲小驻，喘口气、喝杯茶、聊聊天等。孤赏树下可择地随机设置一些石桌、石凳、茶歇等，构成休闲坐憩点。坐憩点面积、形状、铺地等，皆以自然为宜（图3-10，①）。树种选择参见市树标准。

B. 路口标志树植：自古我国就有路口种植标志树的习俗。北京香山寺路口古桫椤树，看到桫椤树，便得到了禅宗清凉、无色之境界。清乾隆曾御制诗碑："香山寺里桫椤树……，豪色参天七叶出，恰似七佛偈成时……，郁葱叶叶必七瓣，定力院契欧阳哦……，毗舍浮证涅槃际，即此桫椤成非讹。"现代路口孤赏标志树，一般均以自身所特有的树姿、造型、色叶、冠幅、特色、品种、古树、名木等见长。它在各路口的具体标志功能常因所处位置、地形地貌以及场景等而不同，如道路弯道处孤赏标志树具有交通组织功能（图3-10，②）；街口孤赏标志树具有遮荫纳凉功能；山口孤赏标志树具有引导功能等。常见树种有：枫香、银杏、梧桐、七叶树、楸树、香樟、桂花等。

C. 路口眺望植：当孤赏树居于高位时，则树姿更突兀，冠幅更浓阔，色叶更显著。故远为瞩目，近可纳凉。看与被看，一景二观。明代江西《庐陵县志》："古樟在长冈庙前，树大五十围，垂荫二十亩，垂枝接地，从枝末可履而上。上有连枝，下无恶草，往来于此休息，傍有庙神最灵，不可犯"（图3-10，③）。树种选择参见市树标准。

D. 路口端景植：当两种不同类型（如交通干道、步行街、游步道等）的道路相交时，其"节点"端景设计形式以孤赏树的方式最妥（图3-10，④）。树种选择参见市树标准。

E. 植配注意事项

（A）因路口郊野性较为突出，所以，孤赏树除了选择需谨慎外，其他应以自然式为度；

（B）因路口空间独立性赋予了孤赏树许多"个性"特征。所以，具体位置须格外注意。

3.1.4.5 宅庭孤赏树法

依附于主体建筑的前庭后院、天井小院、入户花园、平台花园等，都是重要的

图3-10

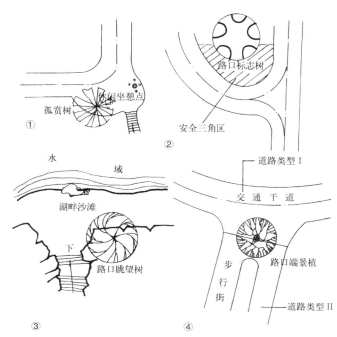

户外景观营造空间。首先，建筑物本身（包括形式、风格、造型等）在一定程度上直接影响造园。"没有建筑也就不成其为景，无以言园林之美。"[6] 其次，是园林规划设计中各种景观要素之间的协调构图艺术。如铺地艺术、竖向景观构成艺术、植物观赏面构图艺术等。重庆水木清华别墅区某宅后庭是座相对独立的临街入户花园，该用地方正平整，东侧墙基中部现有一株香樟树，景观形象十分突出。

A. 首先，沿着后庭红线设置一座 L 形实木构架篱墙进行空间有效围合，并将孤赏香樟树纳入范围。然后，通过景门、篱墙、孤赏树、基础花坛等艺术配置构成后庭东侧入户组景画面感（图 3-11）。围绕香樟树在篱架立面处理上采取"二段式"虚实对比设计，尽可能多地展示香樟树孤赏美。在画面比例控制方面，虚空间面积为 12.9m²；实空间面积为 9.1m²。虚：实=1.417。这种"露多藏少"的艺术处理方式，恰是对香樟树孤赏"美"的最佳诠释。美国景观设计师莱昂·巴蒂斯塔·阿尔伯蒂 (Leon Battista Alberti) 曾说："我将美定义为所有部分的和谐，无论出现什么主体中，它们都以如此适当的比例和关系结合在一起，以至于什么也不能加，什么也不能减，不可改变，否则就会更糟。"

B. 孤赏树除了参与入户宅庭景观画面构成外，还因其体量较大而常用于遮荫点、坐憩点、休闲点等的设计。若孤植香樟树位于宅庭东南隅时，则植株高度因常用光线（45°）所造成的阴影区域对宅庭的影响应由 H/D 决定。本例宅庭南北向进深为 10m，如果香樟树高为 10m 时，则阴影区域将覆盖至篱墙处；如果香樟树高为 5m 时，则意味着阴影区域与篱墙之间还有一些光线可进入。

C. 孤赏树在宅庭中具体位置，按照《公园设计规范》CJJ 48—1992 "附录二、附录三"规定须考虑与建筑物、地下管线的净空距离。即新植乔木与建筑物的水平间距为楼房 5.0m，平房 2.0m；新植乔木树干基部外缘与管线外缘的净距离为给（排）水管道 1.5m，燃气管道 1.2m，热力管道 2.0m，通信电缆 1.5m，电力电缆 1.5m，消火栓 1.2m，排水盲沟 1.0m 等。《公园设计规范》GB 51192—2016 第 7.1.7 条："1. 植物与地下管线的最小水平距离应符合表 7.1.7-1 的规定。"

图 3-11

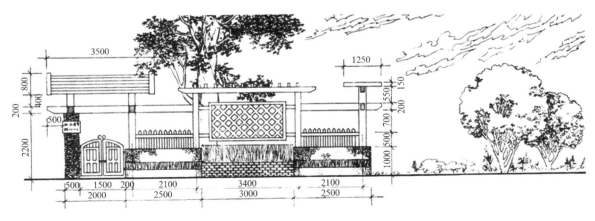

植物与地下管线最小水平距离（m）　　　　　表7.1.7-1

名称	新植乔木	现状乔木	灌木或绿篱
电力电缆	1.5	3.5	0.5
通信电缆	1.5	3.5	0.5
给水管	1.5	2.0	—
排水管	1.5	3.0	—
排水盲沟	1.0	3.0	—
消防龙头	1.2	2.0	1.2
燃气管道（低中压）	1.2	3.0	1.0
热力管	2.0	5.0	2.0

注：乔木与地下管线的距离是指乔木树干基部的外缘与管线的净距离。灌木或绿篱与地下管线
　　的距离是指地表分蘖枝干中最外的枝干基部外缘与管线外缘的净距离。

D. 植配注意事项

（A）有时为了孤赏树正立面景观画面组景效果，还可在其基部增设一些花台（坛），烘托主景。本例中段于 3.0m 长花台中配置了控高 1.0m 的十大功劳绿篱和两侧控高 0.5m 的红檵木绿篱。

（B）香樟自然冠姿在主画面一侧须进行适当修枝处理，使其野性更加能匹配环境。

（C）香樟孤赏点最佳观景画面，应在宅庭东侧外 1～3 倍远处。

3.1.4.6　山口泮水孤赏树法

溪水聚山口，则留气为泮。晋·郭璞："生气行乎地中，发而生乎万物。"言下之意，此处泮水植树乃风水"理气"重要之举，如同中医人体理气一般，气逆则降、气虚则补。山口泮水孤赏树配置，一曰：风水树；二曰：理气树。

A. 泮水孤赏多古树：我国古代称常青古木为"理气"祥物，一株可接地气，故泮水孤赏多为古树。常见泮水孤赏树种有：菩提树、大青树、贝叶树、槟榔、椰子、香樟、华山松、黄山松、黑松、雪松、白皮松、罗汉松、桧柏、杉树等。常青古树特点：古拙体硕、通天接地、皮粗如鳞、老态龙钟、吉兆神运、冠阔浓荫、雄壮威严、令可为器、意寓深长、子贵果名等。

图 3-12

B. 泮水孤赏构图画：泮水古树一倚一斜、一俯一仰、一钝一直、一横一卧，皆成画面。所以，明《徐霞客游记》记载："溪上树大三人围，非桧非杉，枝头着子累累，传为宝树。"（图 3-12）大树枕框幅，泮水锁画轴。巨材森秀景，一株定乾坤。

C. 泮水色叶佳境：青山伴山口，绿水泮水秀。独坐黄昏调，孤树自多情。山口泮水特殊地形条件，为色叶"扶摇"造景提供了许多便利。归纳起来有：①近景——溪流跌水（瀑），中景——古拙色叶树，背景——

青山霞云；②水面倒影；③绿荫丛中点点红（黄）。在配色上应根据山口崖侧石色取"对比色"为宜，如喀斯特青石色系宜配置橙色系植物（如银杏、枫香、红枫等）；红色火成岩、砂砾岩以及黄砂岩等宜配置绿色系植物（如华山松、罗汉松、雪松、杉树、榕树、杜英、小叶榕、菩提树等）。

D. 植配注意事项

（A）山口泮水孤赏树体量大小至少应考虑三点：①品种选择；②观赏视距；③与山口匹配比例的确定。

（B）山口泮水孤赏树造型，应以动态画面构图为主，即朝向水口一侧为宜。

3.1.4.7　亭景孤赏树法

亭者，停也，驻足也。亭用于造园始于隋朝，《大业杂记》："隋炀帝广辟地周二百里为西苑（即今洛阳）……其中，有逍遥亭，八面合成，结构之丽，冠绝今古。"《长安志》："禁苑在宫城之北，苑中宫亭凡二十四所。"进入唐朝，随着印度佛教的影响，亭顶开始出现了"宝刹"一类造型，称为"宝顶"。这一点从甘肃敦煌莫高窟唐代壁画中得以证实。皇家用"亭"十分讲究，如唐朝兴庆宫之"自雨亭"、"沉香亭"，曲江之"彩霞亭"等；北宋汴京后苑之"华景亭"、"翠若亭"、"瑶津亭"、"茅亭"，万岁艮岳寿山之"朦胧亭"、"巢云亭"、"幡秀亭"、"练光亭"、"跨云亭"、"浮杨亭"、"雪浪亭"、"挥雪亭"、"介亭"、"极目亭"、"萧森亭"、"丽雪亭"等。在与"亭"配景选择上，以孤赏树为最。

A. 古树配亭，各得其所：人们郊游、赏景、休闲、玩趣的普遍行为规律是"走走停停"。所停之处，"亭"、"树"纳荫，功能叠加，各得其所。

B. 古树抱亭，合二为一：在滨水驻足点景观规划设计中，古树常因亲水特性而向湖面一侧呈自然倾斜状，若需增设亭子进一步组景时，就必须考虑两者构建关系。一般来说，以"古树抱亭"为最佳。假设古树树冠外沿距离湖面为 $2D$ 时，则亭基台明宽度应为 D，即亭子应以 D 为基本模数进行体量设计。换言之，若亭基台明尺寸为 D 时，则古树配置区域的半径应以不超过亭子檐口宽度的 2 倍为宜（图 3-13）。

C. 亭树相向，动态配景：亭与古树二者个性都表现十分强烈，在相向组景时，画面有时难分伯仲。要么古树在前半遮亭，要么亭侧植物两边分，取得一种动态平衡（图 13-14）。但是，由亭子所控制的植物景观配置区域仍不应超过亭子檐口宽度的 2 倍。

D. 植配注意事项

（A）亭景主视画面除了古树外，其他植物不宜配置太多。在体量上均以小于古树体量为宜。

（B）"古树抱亭"景观适用于滨水亭环境植物配置设计；"亭树相向"景观则适用于广场、草坪、路口、桥口、山口、水口等环境植物配置设计。

3.1.4.8　罗汉松孤赏树法

罗汉松（*Podocarpus macrophyllus* (Thunb.) D. Don.），罗汉松科常绿乔木或灌木。叶条形、披针形、椭圆形或鳞形，叶螺旋状着生，稀对生或近对生。

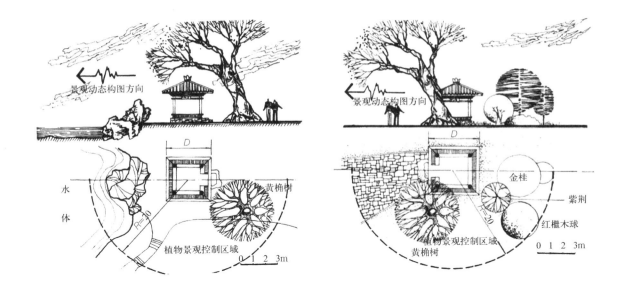

图 3-13 （左）
图 3-14 （右）

雌雄异株，稀同株；雄球花穗状，簇生叶腋或顶生，稀顶生，雄蕊多数，各具花药 2；雌球花单生叶腋或枝顶，顶端或部分的珠鳞作生胚珠 1。种子核果状或坚果状，具假种皮，种子有胚乳，子叶 2。共 8 属约 130 余种，我国原产 2 属 14 种 3 变种。常见植物品种有：竹柏（*Nageia nagi* (Thunb.) Kuntze）、小叶罗汉松（var.*maki* (Sieb) Endl.）、狭叶罗汉松（var.*angustifolius* Bl.）、柱冠罗汉松（var.*chingii* N.E.Gray）。罗汉松因树皮灰褐、柔软、呈薄片脱落状，叶色四季常绿，易于各式造型等，而广泛用于公园、庭院、广场、屋顶花园、道路花坛之中。

A. 实生苗孤赏造景：罗汉松具有枝叶螺旋着生状态，树干灰褐、斑驳、苍老以及快速生长等特点，常给人一种＂粗犷野性＂之感。孤植于路边、坐憩点、水边、建筑入口或配景石等，均可获得＂苍劲野趣、独尊端严＂景效。

B. 罗汉松蟠扎造景：罗汉松枝条柔软，易于成形，是我国盆景＂干变、枝变＂造型艺术中最常用的品种。特别是经过蟠扎后的罗汉松桩头除了用作盆景外，更适用于孤赏树配置。如重庆北碚静观对山居＂三弯九道拐＂蟠扎罗汉松桩头景观。

C. 罗汉松蟠扎造型可参考《盆景学》[3] 中的＂苏派＂六台三托一顶式；＂徽派＂游龙式、扭旋式、一弯半、二弯半、对拐式等；＂川派＂掉拐式、三弯九道拐式、云片式、三曲式等。

D. 植配注意事项

（A）罗汉松孤赏景观特征因造型有无差异显著。实生苗适用于自然草坪或野性环境中；蟠扎桩头适用于花坛、花带、花池、花境等较为规则的绿地中。在观赏面选择上，实生苗对观赏面要求不高，而蟠扎桩头则需观赏面造型应与主视方向相一致。

（B）罗汉松蟠扎桩头独立性很强，若需配置在同一座花坛中时，彼此间宜采用地被植物进行过渡性隔离。隔离间距视桩头大小、造型以及场地需求等确定，但不得低于 3.5m。

3.1.4.9 石雕景墙孤赏树法

被列入《世界文化遗产名录》的重庆市大足宝顶风景名胜旅游区，集中展示了宋朝以来各种大型摩崖石刻造像艺术。为了全面提升景区配套建设，由大足区宝顶镇政府牵头于化龙湖下游修建一座公园。按照公园总体规划设计，主入口广场处修建一座总长度43.0m，总控高4.15m，总控宽1.0～1.3m的弧形大足摩崖石雕仿生景墙。在景墙东立面主入口形象处理上，选择大足摩崖石刻部分精华片段（包括卧佛图、六道轮回图、父母恩重经变相图等）作为构图基础并按比例进行艺术整合(图3-15)。景墙西立面则设计成"百福石雕墙"，集中展示了我国上下五千年历史中各种"福"字书法形体。

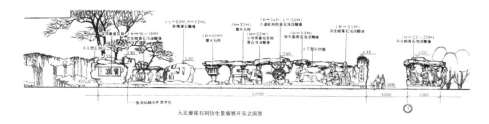

大足摩崖石刻仿生景墙展开东立面图   图3-15

A. 为了塑造仿生景墙文化内涵，于其南端配置了一株广玉兰，以其所特有的富贵而娇、玉树临风、金干玉桢、金玉满堂、冰清玉洁等特征构成景观。广玉兰 (*Magnolia grandiflora* Linn.)，木兰科木兰属常绿高大乔木，别名广玉兰、荷花玉兰，系我国传统风水孤赏名树之一。在广玉兰树姿造型上，拟分成上下二层。上为苍劲，下接地气。

B. 石雕景墙的文化特征决定了画面配景树种的选择地位。树古扶"墙"，墙古名"木"，二者相辅相成。此外，景墙古树孤赏的"唯一性"高于群植效果。

C. 孤赏树在石雕景墙中的配画具体位置因内容而定。本案将广玉兰配置于南端"宝顶"阴刻字处，构成了"卧佛枕树"效果。

D. 植配注意事项

（A）石雕景墙对孤赏树体形比例要求较高。假设孤赏树高度为 H，则景墙总长度至少应不小于 H；若小于 H 时，则比例略显失衡（图3-16）。

（B）石雕景墙所配孤赏树姿宜适当造型。

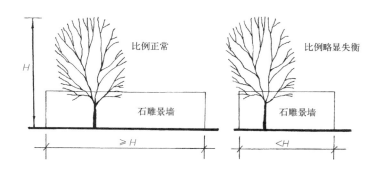

比例正常   比例略显失衡   石雕景墙   石雕景墙 $\geqslant H$ $<H$ 图3-16

3.1.4.10　茶庭蹲踞孤赏树法

茶庭，又称露地，系日本一种造园形式。蹲踞，指茶庭内蹲立洗手设施，一般由石组、洗手钵组成。佛教《法华经》："长者诸子出三界之火宅，而后坐露地之中"。意指：行茶庭礼仪者须圣泉洗手而静心。"传说在日本鞆村（Tomo）附近，一位著名的茶道大师计划建一座高档茶室。深思熟虑后，他买了一块有着美得惊人的、田园诗般内陆海风景的土地……按照传统，在进入茶室之前他们要停下来，在一个盈满水的石水钵里弯腰洗手。当他们直起腰抬起眼帘的一刹那，只在那一瞥之下，却惊奇地在巨石和古松低矮的黑枝之间发现，波光粼粼的海就在他们的脚下[2]"。按照日本茶庭礼仪要求，蹲踞类型与配置环境都十分考究。

A. 蹲踞类型：共分为独立蹲踞、蹲踞石组两大类。前者，指单设洗手钵。其形状有：菊花形、天然石形、盐坛形、船形、槽形、水壶形、铁钵形、桥形、宝箧印塔形、伊势岩形、司马温公形、富士山形、镰形、斗形、灯座形、球形等；后者，指石组与洗手钵组合（图3-17）。

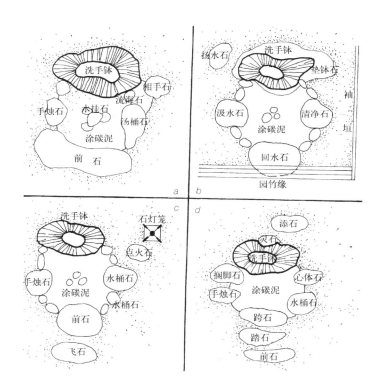

图 3-17

B. 配置环境：设置于茶庭绿地或枯山水（白河砂或彩色河砂）中的蹲踞最初受中国《礼纬·斗威仪》中"君政讼平，豫章（樟树）常为生"的影响尤为突出。认为：樟树蹲踞所承之水，既可调养茶庭"一草一木、一砂一石"，亦可驱赶邪恶，逢凶化吉等，故以孤植樟树（包括香樟、钓樟等）为主。（图3-18，1953年由日本饭店造园设计事务所设计的东京都涩谷区富谷初波奈饭店五轮塔茶庭）以后，随着茶庭造园的不断进步，孤赏树种趋于多元化。常见树种有：香樟、钓樟、月桂、樱花、枫香、厚皮香、栎树等。

C. 植配注意事项

（A）孤植樟树相距蹲踞应不小于 3m，尽量避免植物根系破坏蹲踞；

（B）蹲踞孤植樟树下常配置一些诸如羊齿苋、肾蕨、吉祥草、麦冬草、春羽、龟背竹、一叶兰、棕竹、万年青、小叶黄杨、大叶黄杨等耐阴植物。

3.1.4.11 墙孔孤赏树法

墙孔，即牖、囱、窗或穴孔。《说文》："囱，在墙曰牖，在屋曰囱。窗，或从穴。"人们在透过小小窗孔呼吸室外新鲜空气的同时，也看到了外面别样的精彩。李白"窗落敬云亭"，杜甫"窗含西岭千秋雪"等，说明了我国古代文人墨客对墙孔这一"知春处"、"胎花谢"的独到见解。

A. 空板圆孔锁绿法：在建筑利用墙体进行"竖向刻画，立体造景"时，有时可结合墙"板"空间造型和组合方式，设置一座圆孔悬板。孔径 1.0～1.5m。将孤赏树配置其中，树冠引出圆孔，构成一种"枷锁状"孤赏树景观（图 3-19）。树种选择要点：干美冠优、特质独立、繁花似锦、色叶俱佳。常见树种有：小叶榕、白皮松、罗汉松、华山松、五针松、大花紫荆、梅花、垂枝海棠等。

B. 斜板圆孔锁绿法：利用建筑一侧墙体与地形之间的空间关系作坡式斜顶板，板中设置圆孔。孔径 1.0～1.5m。将孤赏树配置其中，树冠引出圆孔。构成一种"立体镂空状"孤赏树景观（图 3-20）。树种选择要点：干美冠优、特质独立、繁花似锦、色叶俱佳。常见树种有：黄花槐、黄桷树、黄桷兰、红叶李、枫香等。

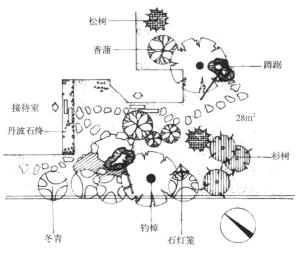

图 3-18 日本初波奈饭店蹲踞五轮塔茶庭示意图

松树 香蒲 接待室 丹波石绠 冬青 钓樟 石灯笼 蹲踞 28m² 杉树

图 3-19 （左）
图 3-20 （右）

C. 竖板圆孔锁绿法：结合建筑物外露阳台竖向挡板的布局造型，墙上开设一个直径为1.0～1.5m的圆孔。将孤赏树配置旁侧，树冠引入圆孔。构成一种"红杏出墙外"景观(图3-21)。树种选择要点：冠优浓郁、枝条柔软、繁花似锦、色叶俱佳。常见树种有：红杏、木扶桑、蜡梅、桂花、紫薇、紫藤等。

D. 植配注意事项

（A）圆孔与树姿两者宜作动态配景设计。当冠拙枝曲时，圆孔"空盘托墨"为趣；当冠浓干直时，圆孔"斜盘点墨"为景；当冠浓枝柔时，圆孔"立盘绘墨"为境。

（B）墙孔孤赏树最佳观赏点（甜蜜点）设计至少应有一个。

图3-21

3.2 丛植

3.2.1 定义

丛植，指2～5株植物按照一定的园林绿地构图模式和要求，呈自然地组合成一种艺术结构体的配置应用技法。

3.2.2 构景原理

（1）通过植物艺术组合，构建一种结构性群体美。

（2）通过品种优势组合，有效提高植物造景功效。

3.2.3 常见设计手法

3.2.3.1 二株树丛配置设计

（1）画派理论

A. 明·龚贤二株配画要点

①二株一丛，必一俯一仰，一欹一直，一向左一向右，一有根一无根，一平头一锐头，二根一高一下；

②二株一丛，分株不宜相似；

③二株一丛，则两面俱到宜相外，然中间小枝联络，亦不得相背无情也。

B. 清·李渔二株配画要点

（包括：清·李渔《芥子园画谱》[7]中李营邱松法；荆浩闗仝杂树法；二柳勾勒法；梅花道人二树法等）

①顾盼生情，高低组合，自然成景；

②二树通相，动态神似，相趣招呼；

③二株树姿易于蟠扎造型；

④常用于二株罗汉松组合、槐树组合、柳树组合、梅花组合、杂树组合等。

（2）造园理论

A. 二株宜是同（异）种之间的有机组合；

B. 二株组合体观赏特征（包含树姿、叶色、冠幅等）明显优于其他树丛；

C. 当树丛观赏视距与树高之比（D/H）≥3时，则观树丛远景；而D/H≤3时，则观树丛近景；

D. 二株树姿宜一大一小。大者控制景观风貌，小者配景。

（3）二株最佳组合案例

女贞＋桂花；水曲柳＋花曲柳；红梅＋绿萼梅；桧柏＋桧柏（连理枝）等。

（4）草坪二株丛植法

开阔草坪上二株丛植景观的形成，往往需要营造一种氛围，并通过该场景氛围的支撑烘托主题。常见设计手法有：底界面草坪配色法、二株丛植结构法、背景林冠线配景法等三种。

A. 底界面草坪配色法：在设计师眼中，底界面草坪犹如彩色画布一样，绿意盎然，多姿多彩。归纳起来，有以下五种：

①单种单色草坪配置二株色叶树丛：容易获得一种"绿毯跳跃，树丛点缀"的感觉。其中，草坪色彩并不重要。如浓绿色草坪狗牙根、小糠草、黑麦草、天鹅绒草、野牛草等以及浅（黄）绿色草坪马蹄金、白三叶、假俭草、草地早熟禾、本特草、海滨雀稗草、匍匐剪股颖、高羊茅等配置银杏丛、枫香丛。

②单种单色草坪配置二株绿叶树丛：容易获得一种"旷野草坪，深意雅趣"的感觉。如浓绿色狗牙根草坪上配置桂花丛。

③混合草坪配置二株色叶或绿叶树丛：容易获得一种"新绿互补，树丛点缀"的感觉。如剪股颖＋红狐茅配方草坪上配置银杏树丛。

④双色草坪配置二株色叶或绿叶树丛：容易获得一种"丽锦裹绿，树丛美景"的感觉。如金边、金心或白条纹等绿色镶嵌草坪斑叶燕麦草、玉带草、弯叶画眉草、百喜草、银丝草、金心吊兰等草坪上配置银杏树丛。

⑤野花草坪配置二株色叶或绿叶树丛：容易获得一种"花海绿意，丛林景象"的感觉。如二月兰野花草坪上配置香樟树丛。

B. 二株丛植结构法：按照"画派理论"和"造园理论"，二株丛植设计要领：

①同株相，异树姿：如枫香＋枫香、香樟＋香樟、银杏＋银杏等。但是，彼此株形大小有别，树姿动感协调，顾盼有情。

②近招呼，远形象：二株间距以冠幅自然镶嵌为宜。假设大株半径为R_1，小株半径为R_2，则二株最佳丛植结构的株距（R）≤（R_1+R_2）。近观一统，远观有形。

③工造型，趣文化：二株若施以一定艺术造型，则文化更多，内容更丰富。

C. 背景林冠线配景法：按照"近景－中景－远景"设计原则，配置于开

图 3-22 （左）
图 3-23 （右）

阔草坪中的二株树丛，仅有蓝天白云陪衬是不完善的。它虽然给人辽阔之感，但却缺乏一种韵味。所以，应增加背景树层次，完善远景。常见背景林设计手法有以下两种：

（A）针叶背景林冠线：针叶背景林，指由叶片尖段较细或叶片较细渐尖的裸子植物门（如松科、杉科、柏科等）乔木所构成的自然生态背景林。特点：叶色浓绿或深绿、林冠线犬齿跳跃、整体林相向上力度感强（图 3-22）。

（B）阔叶背景林冠线：阔叶背景林，指由被子植物门中乔木所构成的自然生态背景林。特点：叶大冠阔、叶片薄而叶色淡、林冠线朵云起伏、整体林相水平扩张感较强（图 3-23）。

图 3-24

（C）相关设计参数：当 b、c、d、f 四点确定后，a 值越大时，则 e 值就越小，f 夹角就越小，所观背景林整体景象就越收缩变小。当 e 值趋于 0 时，二株树丛则融入背景林中，变得模糊不清。换言之，按照城市公共空间尺度感（30～130m）控制要求，a 值应该在 30～130m 之间进行调整，并且，a=130m 时就应看到 e 值明显变化。此外，最佳视锥角 f 应控制在 60° 范围内为宜（图 3-24）。

D. 植配注意事项

（A）背景树单株及林冠线高度均不宜超过二株树丛中"大株"的高度；

（B）二株树丛的配置点宜偏于背景林一侧，即 $c<a$。$a/c\geqslant 3$；

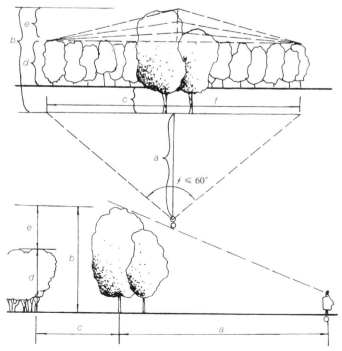

（C）最佳观景点（甜蜜点）与二株树丛的水平间距（a）应大于树高（b）的三倍以上；

（D）背景林树丛结构，应"疏密结合、自然起伏"。

（5）二株树丛 D/H 植配法

"植物材料如直立的屏障，能控制人们的视线，将所需的美景收于眼里，而将俗物障之于视线之外。"[10] 由此可见，绿地中"植物美景"高度、围合状态与最佳观赏点（甜蜜点）之间存在着一种比例关系。

A.D/H 空间假说：假设甜蜜点与二株树丛结构中心的直线距离为 D，树丛最高点为 H。则 D/H 所构成的场地空间感表现为：含蓄空间（D/H > 3）、开敞空间（D/H > 7）、半开敞空间（D/H=7）、封闭空间（D/H < 7）、完全封闭空间（D/H < 3）（图 3—25）。

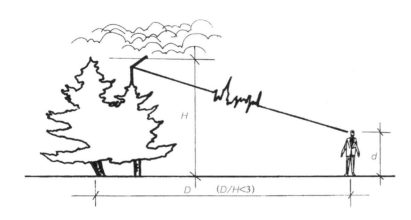

图 3—25

B. 外部空间假说：由日本造园家芦原义信提出。假设以境界物的高度标定为 1（即不计人眼以下高度），则 D/H 比值之间存在着人们所需要的外部空间景观效果详见表 3—3。

D/H 与垂直视角的空间关系表　　　　　　　　　　　　　　　　表3—3

D/H	1	2	3	4	5	6	7	8	9	10
垂直视角（度）	45	26	18	14	11	9	8	7	6	5.7
空间效果	极强	很强	较强	较强	强	强	强	较弱	较弱	弱

当 D/H < 3 时，随着垂直视角增大和观赏视距的拉近，二株树丛所构成的空间"近景感"开始增强。此时强迫性观赏促使其近观细部（包括树丛结构细部、树姿细部、景观细部等）；当 D/H > 3 时，则随着垂直视角减小和观赏视距的延长，二株树丛所构成的空间"情景感"开始增强，此时观赏者因自主性提高而观其轮廓。D/H=7 时，这种树丛远观空间效果达到最佳；当 D/H > 7 时，则随着人们观赏视距的逐渐拉远而树丛变得愈加模糊不清。故得出结论：二株树丛观赏 D/H 以 3 ~ 7 为最佳设计范围。

C. 注意事项

（A）二株树丛的 D/H 控制，还应结合场地地形变化特点统筹考虑。坡地空间的"建造功能"，有时可以改变原有 D/H 属性，使得比例在不变的前提下，仍然变得十分模糊不清。如位于山坡上的二株树丛；

（B）二株树丛在空间组景中，并不都处在与透视线相垂直的一条直线上，因此，D/H 中"点"的控制以二株树丛几何中心为准。

（6）荆浩、关仝二树丛植法

我国五代后梁画家荆浩（约850～？），字浩然，沁水（今属山西）人，因躲避战乱而隐居于太行山洪谷，号称"洪谷子"。擅画自然山水，以"布局严谨，格调稳健，笔意创新"著称。其徒关仝（约907～960年），长安（今西安）人，受荆浩影响擅画山陕自然山水。在画轴构思上因优于荆浩而被誉为"关家山水"。荆关山水"笔愈简而气愈壮，景愈少而意愈长"。北宋米芾称其具有"工关河之势，峰峦少秀气"。北宋后各朝皆有效仿者。其中，明末清初计成为最。"不佞少以绘名，性好搜奇，最喜关仝、荆浩笔意，美宗之。"[5]

A. 荆浩关仝自然山水画最大特点，就是以树丛为前景，远山锁雾中。清李渔称其为"荆浩关仝杂树画法"[7]。"杂树总法：既将诸家之树各立标准，以见体裁矣然。体裁既知用即宜构，体与用虽未可分，而为入门者设不得不姑为区别。如五味具在任人调和，善庖者咸淡得中尽成异味。又如卒伍四调静听旗鼓，善将者指挥如意多多益善，有配合有趋避有逆插，取势有顺故生姿。荆关董巨诸人，既已各具炉冶熔化，荆关董巨之笔方见运用之妙。[7]"荆浩《笔法记》："夫画有六要：一曰气，二曰韵，三曰思，四曰景，五曰笔，六曰墨。"

B. 人们在临摹荆浩关仝笔下二株树丛造景时，发现"其势有形，其形有景"。二株在选种上可以超出"同种同相"的约束，采取"左顾右盼"即可（图3-26）。所以，二株杂树相配也成景。

C. 植配注意事项

（A）二株树丛最忌对称和等量配置。大树求稳，小树呼应；

（B）在依山势配置二株树丛时，需注意尽量少配置其他杂树干扰景观画面。

（7）二树连理枝法

连理枝，又称为鸳鸯树，夫妻树。指二株树干连成一体的"共生"现象。连理枝通常被喻为夫妻真情永结，相亲相爱。南朝乐府《子夜歌》："欢愁侬亦惨，郎笑我便喜。不见连理树，异根同条起"。唐朝白居易《长恨歌》："在天愿作比翼鸟，在地愿为连理枝"。如太原市晋祠圣母殿皂角树"连理枝"。

A. 同种顾盼式连理：植物连理方式一般有两种。①自然力"互缠磨蚀"共生现象。当两株乔木枝干彼此长得较近时，风吹使其相互摩擦产生韧皮部（表皮）破裂，彼此间汁液互通流动达到"共生"。此现象常表现在同科同属同种植物中。②同种植物通过嫁接技术获得连理枝。在相同环境中，同种连理枝受自然力影响极易产生一种"动感平衡"关系。并且，随着时间加长而更加清晰。

图 3—26　（左）
图 3—27　（右）

顾盼生情、彼此招呼即为此景造型（图 3—27）。如北京故宫桧柏连理枝；南岳衡山九峰山定慧庵银杏连理枝；江西九江湖口紫薇连理枝等。

　　B. 异种寄生式连理：原始森林中常见一种"自然绞杀"现象，便属典型异种寄生现象。自然界中植物除了"互缠磨蚀"共生外，彼此之间还存在着一种"你死我活"的生存较量。特别是不同科、属、种之间的这种较量。如海南三亚雨林谷原始森林中土沉香（瑞香科，*Aquilaria sinensis*）寄主被葛藤（桑科）寄生。寄生植物通过寄主植物获得营养，最终将其"绞杀"，自己长大。连理枝特点：寄主植物粗壮而无奈，寄生植物初期为藤状"绞杀"，后期为干状"绞杀"。绞杀藤多为麻花扭结状（图 3—28）。

　　C. 植配注意事项

　　（A）二株连理枝之间应具有明显间距感，间距宽度以不小于 1.0m 为宜。株高不同，间距不同；

　　（B）二株连理枝造型可以通过人工嫁接技术艺术处理。

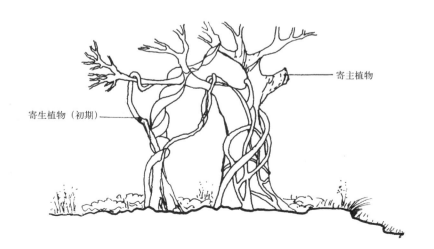

寄主植物

寄生植物（初期）

图 3—28

3.2.3.2 三株树丛配置设计

(1) 画派理论

(包括：清·李渔《芥子园画谱》[7]；王叔明大松法；夏珪杂树法；郭熙杂树法等)

①三株应顾盼生情，高低组合，密植成丛；

②三树最好为同一树种或外观类似的两个树种，弃用三个不同树种；

③三株树姿易于蟠扎造型；

④案例：三株罗汉松组合、枫香组合、梅花组合、杂树组合等。

(2) 造园理论

A．不等边三角形法：又称 2：1 植配法。即三株配置成中小二株为一组，距离近些，大株为另一组，平面呈不等边三角形。假设以三株中心点相连画圆，则半径（R_1）略大于不等边三角形长边（a）的一半，形成一种紧密结构体。此法适用于所有三株丛植配置。如杭州西湖云栖古寺竹径碑亭侧的三株大枫香树组合（图 3-29）。

B．宾主朝揖法：即三株大小不同的植物按照不等边三角形作前后˝朝揖状˝动感排列。主人树为小株，客人树为大株。此法适用于松科、杉科、柏科等三株丛植配置。

C．三株忌配图形：

D．植配注意事项

(A) 三株树丛设计，至少应有一个最佳观赏点（最佳甜蜜点）。其视距为观赏面宽度的 1.5 倍（或高度的 2 倍）。

(B) 三株同相：最好为同一树种或外观类似的两个树种，弃用三种不同树种。

(C) 三株功能性配置较为常用，如停车港、林荫点、坐憩点等。

E．三株不协调设计。常见三株不协调设计图形有：三株成一条直线、三株成等边三角形、三株平面构图失衡等。

3.2.3.3 四株树丛配置设计

A．3：1 配置法：即四株宜配置成不等边四边形或两组不等边三角形。假设以四株中心点相连画圆，则半径（R_1）略大于不等边三角形长边（a）的一半，形成一种紧密结构体。此法适用于所有四株丛植配置（图 3-30）。

B．四株树丛至少应有一个最佳观赏点（甜蜜点）。其视距为观赏面宽度的 1.5 倍（或高度的 2 倍）。四株同种或异种均可。

C．四株不协调设计：常见四株不协调设计图形有：四株成一条直线、四株成正四边形、四株成等边三角形等。

D．植配注意事项

(A) 四株树丛平面构图始终应以不等边三角形为设计基础；

(B) 四株树丛中不宜常绿：落叶 =1：1 配置。

图 3-29 （上）
图 3-30 （下）

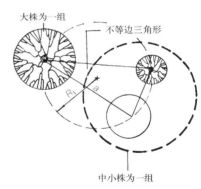

大株为一组
不等边三角形
R_1
a
中小株为一组

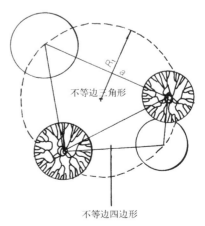

R_1
a
不等边三角形
不等边四边形

3.2.3.4　五株树丛配置设计

清李渔《芥子园画谱》："五株既熟，则千万株可以类推，交搭巧妙，在此转关。"意为：五株树丛设计原理同"3：1植配法"或"2：1植配法"。而群植则是五株树丛设计的方法推理。

3.2.3.5　雪松丛植法

雪松 (*Cedrus deodara* (Roxb.) G.Don)，松科常绿大乔木，宝塔形树冠。我国栽培种除雪松外还有：北非雪松 (*C.atlantica* Manetti)、黎巴嫩雪松 (*C.libani* Loud.) 等两种。叶色终年暗绿，因植株体塔形优美、挺拔沉稳、傲雪常青、个性十足等特点，广泛用于广场、草坪、花坛、水际、背景林等丛植造景。

A．广场丛植造景：广场几何形规划构图形式，留出了许多可供"植物造景，调节场地氛围"的矩形绿地。在这些绿地中，除了孤植雪松外，丛植雪松还可以构成"背景、过渡、障景、点景、衬景"等五大造景功能。常见设计手法：三五成丛、自然分组、高低有别、大小兼顾、密度中等、地被陪衬等（图3-31，左上）。

B．草坪丛植造景：雪松"上小下大，宝塔层叠"造型，丛植于草坪中仿若"悠然图画，盘坐深奥"一般。常见设计手法：围坐、路蹲、引导、守望等（图3-31，右上）。

C．水际丛植造景：滨水雪松树丛野性十足，仿若"护矶使者、晴峦耸秀、庄重多致"一般。常见设计手法：滨水植、探水植、望水植等（图3-31，左下）。如华中农业大学南湖畔雪松滨水丛植。

D．花坛丛植造景：常用于道路绿化隔离带花坛设计。通过雪松自然丛植构成道路节奏韵律型带状景观。常见设计手法：坛首植、坛中植等（图3-31，右下）。

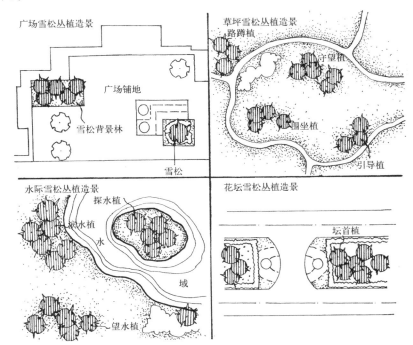

图3-31

E. 植配注意事项

（A）雪松树丛最佳观赏点（甜蜜点）至少有一个，其位置可按树丛冠幅宽度的 1.5 倍进行确定（图 3-32）；

（B）雪松树丛宜自然相配，以观赏全貌为宜。即分枝高度越低，景观价值越高；

（C）雪松树丛的空间"露白"技术十分讲究。露白，即树梢缝隙中所能直接观赏到的"蓝天白云、雨霜雪雾"。"露白"多，则配置密度相对小些，"露白"少，则配置密度相对大些。

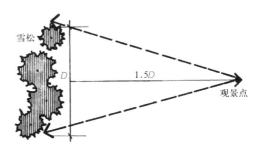

图 3-32

3.2.3.6 高尔夫球场果岭标志树丛植法

一座十八洞标准高尔夫（Golf）球场，通常由发球梯台、球道、果岭、障碍池、球道隔离区等五大部分组成。按照国际高尔夫球竞赛规则，击球进洞比杆数即为核心内容。果岭，又称落球区。由自然式平整场地、球洞、标志树等三部分组成。球手从几百米（PAR3～PAR5）之外靠智慧挥杆进入直径 108mm，深度不大于 100mm 的球洞，谈何容易？世界上优秀的高尔夫球手首先是准确定向，判断果岭位置。然后，再将高尔夫球打入果岭，推杆入洞。由此可见，果岭标志树尤为重要。

A. 标志树设计特征

（A）位置特征：标志树，为引导高尔夫击球上果岭而特设的一种高大植物。一般位于与击球反方向的果岭边缘处，夹角呈 90°、半径约为 30m 的弧形区域内。数量上分孤植、丛植（图 3-33）。

（B）形态特征。标志树作为果岭击球目标物，应具有：株高醒目、色叶醒目、冠浓醒目、花繁醒目等基本特征或之一。欧美常见树种有糖槭（*Acer saccharum*）、美国白蜡（*Fraxinus americana*）、赤桉（*Eucalyptus camaldulensis*）、银杏（*Ginkgo biloba* L.）、山毛榉（*Fagus grandifolia*）等；我国常见树种有雪松、银杏、木麻黄、银桦、枫香、楠木、重阳木、马尾松、加拿利海枣、椰子、五味子、白皮松、凤凰木、旅人蕉、水杉等。

图 3-33

B. 标志树组合艺术：标志树配置数量以奇数（如：3、5、7）为宜，常见组合形式有：之字形、L 形、双曲线形、多边形等四种（图 3-34）。

C. 植配注意事项

（A）直角弧形标志树配置区域，应以击球反方向中心线相一致进行定位；

（B）植物选择应遵循适地适树配置原则。

3.2.3.7 居住区主入口丛植法

在住房和城乡建设部公布的《绿色生态住宅小区建设要点及技术导则》"九大系统"

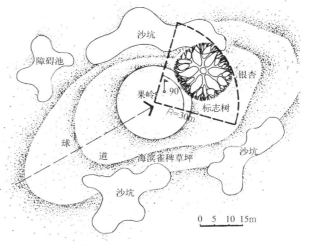

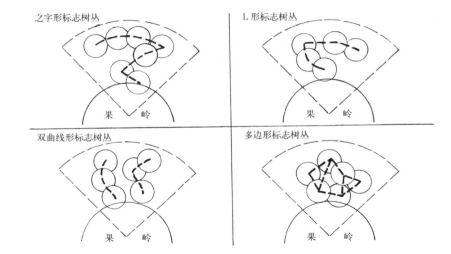

之字形标志树丛

L 形标志树丛

果　岭

果　岭

双曲线形标志树丛

多边形标志树丛

果　岭

果　岭

图 3-34

（即能源系统、水环境系统、气环境系统、声环境系统、光环境系统、热环境系统、绿化系统、废弃物管理与处置系统、绿色建筑材料系统等）中，合理、艺术与系统地设计好居住区公共绿地十分重要，其中，主入口绿地属重中之重。

A. 主入口绿地形象

俄罗斯景观设计师布尔奈茨基曾说："现代园林像块裁贴布，里面放着各种植物邮票。"在这些邮票中，首先进入眼帘的就是主入口绿地形象。在满足交通组织功能外，其形象特征是：景观引导、绿色柔和、植配创意、园林形象。

B. 主入口丛植设计

（A）花境居中丛植法：将花境布置于居住区主入口中轴线处，通过自然树丛构成"含蓄深藏，欲扬先抑"障景。常见树种有：蒲葵、加拿利海枣、桂花、假槟榔、鱼尾葵、广玉兰、香樟、国槐、木芙蓉等（图 3-35，左上）。

（B）水景居中丛植法：居住区主入口水景常有两种设计形式：①以湖泊等"大"水域为构图中心的自然式布局；②以溪流、瀑布、喷泉等"小"水景为构图中心的规则式或自然式布局。两者为绿地组景所留空间，因设计理念不同而略有差异。于开阔"大"水域前配置自然树丛，可以获得"疏源绿洲，当庭绿荫"功效。常见树种有：垂柳、香樟、桂花、木芙蓉、象牙红、贴梗海棠、桃花、红叶李、榕树等（图 3-35，右上）；于"小"水景配置自然树丛，可以获得"得景相随，结茅竹里"功效。常见树种有：老人葵、蒲葵、椰子、槟榔、银杏、桂花、紫荆、桃花、垂柳、竹子等（图 3-36）。

（C）角隅侧位丛植法：主入口绿地偏于一侧，使得树丛赏景中心位移，树丛空间围合感加强，树姿体量加大。常见树种有：重阳木、水杉、木麻黄、银杏、刺桐、法国梧桐、楠竹等。

（D）假山拾级丛植法：对于山地居住区而言，因地形狭窄、破碎，有时需拾级几十步才能进入小区。所以，自然树丛是梯道两旁唯一的配置形式。常见树种有：竹子、桂花、黄花槐、木芙蓉、三角枫、鸡爪槭、南洋杉等。

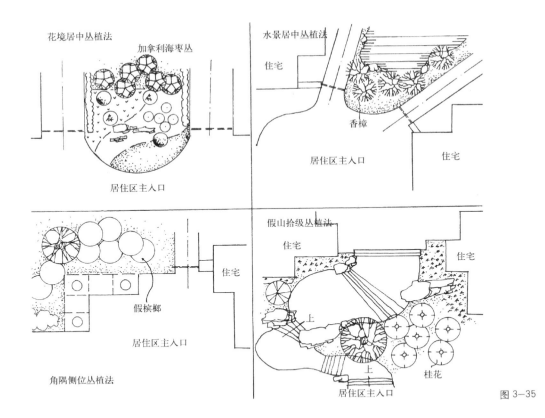

图 3-35

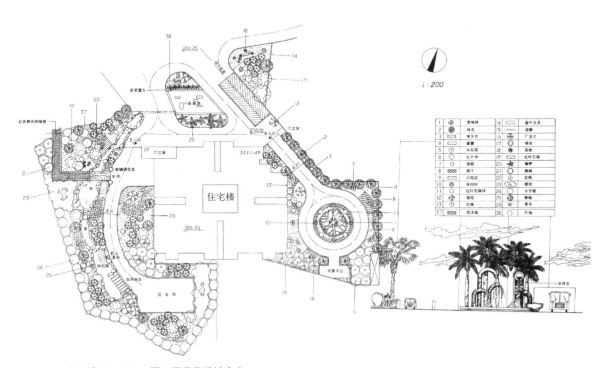

图 3-36　观音桥丽江小区一期工程绿化设计方案

C. 植配注意事项

（A）绿地设计条件须满足种植覆土厚度基本要求，特别是地下车库屋顶平台更要谨慎；

（B）树丛配置高度应有所差别，切忌等高配置。

3.2.3.8 步行街背景树丛植法

由公共建筑群所组成的大型几何形空间，是现代城市步行街一大景观特色。分布于两侧建筑旁的带形或楔形绿地，往往串联在一起组成步行街绿地系统的背景层次。

A. 串联式背景树丛植法：因借步行街公共建筑两旁的串联式花坛（或花境）布局特点，进行纵向"相贯式"植物配置设计。使彼此间树丛、地被或色块植物等相互串联，整体构图（图3-37）。常见树种有：天竺桂、杜英、桂花、红叶李、重阳木、银杏、樱花等。

B. 韵律式背景树丛植法：步行街纵向背景树林冠线，应是一条由A树丛（曲峰1）、B树丛（曲峰2）、C树丛（曲峰3）以及曲谷1、曲谷2、曲谷3等所组成的"近景"节奏韵律线，又称为空间自然曲线或曲峰与曲谷变化线。按照园林图形"美学"要求，这条线仅是一条动态起伏线，而并非正弦曲线。常见树种有：重阳木、雪松、桃花、黄桷兰、杜英等（图3-38）。

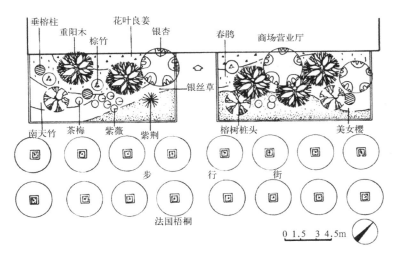

图3-37

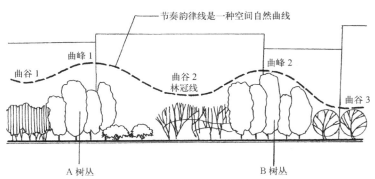

图3-38

C. 色叶林背景树丛植法：色叶林背景树层次为步行街增添了季相变化，所以，从观赏性而言，秋季、夏季、春季、冬季依次增强。在色叶树丛组景中，还可以适当增添一些果树（如无花果、枇杷、樱桃、桂、木瓜、椰子等）加重"秋景"丰收景象。常见树种有：银杏、红枫、红叶李、洋白蜡、枫香等。

D. 植配注意事项

（A）步行街背景树丛结构，应注意常绿与落叶树配比变化所带来的景观变化；

（B）从背景树丛林冠线变化而言，曲峰 1 ≠ 曲峰 2 ≠ 曲峰 3，各不相同，曲谷 1 ≠ 曲谷 2 ≠ 曲谷 3，各不相同。同样，各曲峰或曲谷之间的水平距离也不宜相等；

（C）背景树与建筑物之间的水平距离应符合《公园设计规范》CJJ 48—1992"附录三"的规定。即楼房与新植乔木间距为5.0m，平房为2.0m，围墙为1.0m。

（D）步行街背景树忌配置果树异味及过敏性植物（如漆树、夜来香、夹竹桃等）、飞絮植物（如毛白杨、柳树等）以及易枯折植物（如法国梧桐、泡桐、刺桐等）。

3.2.3.9 空花景墙丛植法

空花景墙，指具有空花造型的小型墙体。它具有丰富层次、界定空间、装饰配景等功能。绿地中设置空花景墙，是景观设计师对空间"潜意识"对话的一种艺术处理。一方面利用它建立场景空间分隔关系，如里与外、前与后、上与下等；另一方面又通过它组成一种小型、别样的趣味观赏点。由此可见，空花景墙设计与场景规划、空间组织、植物配置等三者密切相关。美国肯尼斯·约翰斯通（B. Kenneth Johnstone）认为："规划过程可以很好地解释成一系列的潜意识对话……问题提出来了，因素权衡了，然后就是作出结论。考虑得越明了，构思的表达能力就越通畅连贯……规划就越成功。"空花景墙植物造景，通常划分为树丛前置法、树丛后置法、树丛全冠法、树丛半冠法等四种设计。

A. 树丛前置法：以空花景墙作为道路端景、路口坐憩点以及绿地小品等一角，将自然树丛配置于景墙正视线前方，构成"赏树为主，景墙背景"观赏点。此景树丛冠幅、结构、枝干、色叶、造型等至关重要。常见树种有：白皮松、华山松、南洋杉、罗汉松、鸡蛋花、无花果、木芙蓉等（图3-39）。

B. 树丛后置法：以空花景墙作为道路端景、路口坐憩点以及绿地小品等一角，将自然树丛配置景墙正视线后方，构成"景墙为主，树丛背景"观赏点。常见树种有：黄桷树、蒲葵、小叶榕、假槟榔、南洋杉、红叶李、鸡爪槭、罗汉松、鸡蛋花、紫荆、黄花槐等（图3-40）。

C. 树丛全冠法：由优美树冠构成的林荫"横向空间"，无形之中加强了景墙的聚焦性。因此，广圆形、宽圆形、开展形、伞形、聚合形、广伞形、馒头形、宽阔形、披散形、垂枝形等植物的选择至关重要。常见树种有：菩提树、白兰、拧劲槭、金叶复叶槭、樱花、碧桃等（图3-41）。

景墙树丛前置法 景墙树丛后置法

图 3-39 （左）
图 3-40 （右）

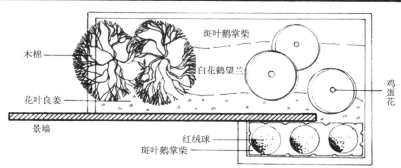

入画镜面

斑叶鹅掌柴

木棉

白花鹤望兰

花叶良姜

鸡蛋花

景墙

红绒球
斑叶鹅掌柴

图 3-41

　　D. 树丛半冠法：为了展示景墙造型而树丛仅为配景时，常利用空花"露"景的方式设计景观画面。树丛"高低错落、大小有别、棕榈科为主"的整体姿形是构成景观画面的设计重点。常见树种有：椰子、海枣、老人葵、蒲葵、槟榔、假槟榔、国王椰子、旅人蕉、油棕等。

　　E. 植配注意事项

　　(A) 空花景墙树种选择应"少而精，古而特，色而艳"，一般以 1～3 种为宜；

　　(B) 空花景墙树丛结构关系，宜紧密，不宜疏松；

　　(C) 空花景墙树丛配置应主从有别。

3.2.3.10　草坪篱带丛植法

利用植物篱带〝行如流水、绘则笔啄、动似模纹、止若画布〞的艺术刻画，描绘出〝行、楷、草、图、印、像〞等景观。在篱带每一个设计〝节点〞上都栽植一株树木，整体构成自然式树丛结构。这种〝先勾勒场景，统筹考虑树丛形式；然后，再具体配置各株乔木的点位〞的〝从总体到具体〞植配手法，称为〝逆向设计〞。美国纳尔逊（Nelson）在《种植设计：理论和实践指南》提出：〝种植程序是从总体到具体。〞按照篱带艺术构图划分为：散卷篱带树丛法、涡形篱带树丛法、扭结篱带树丛法等三种类型。

A.散卷篱带树丛法：指植物篱带在开阔草坪上以〝松散漫卷〞的模纹样式勾勒成形，并通过乔木各设计〝节点〞点缀后所构成的一种树丛配置类型（图3-42）。特点：篱带散漫、无规律可循、树种单一、树丛自然、因景成形。此景以〝树种统一、整形〞者为上；杂树者为下。

图3-42　（上）
图3-43　（中）
图3-44　（下）

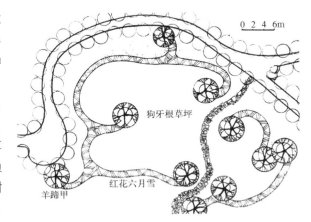

0 2 4 6m

狗牙根草坪

羊蹄甲　　红花六月雪

B.涡形篱带树丛法：指植物篱带在开阔草坪上以〝漩涡形〞的模纹样式勾勒成形，并通过乔木各设计〝节点〞点缀后所构成的一种树丛配置类型（图3-43）。特点：篱带涡心性强、树丛自然、节点色块着眼、因景成形。此景以〝树种统一、整形〞者为上；杂树者为下。

C.扭结篱带树丛法：指植物篱带在开阔草坪上以〝扭结形〞的模纹样式勾勒成形，并通过乔木各设计〝节点〞点缀后所构成的一种树丛配置类型（图3-44）。特点：篱带扭结成形、树丛自然、构图规律性强、因景成形。此景以〝树种统一、整形〞者为上；杂树者为下。

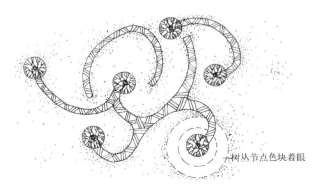

树丛节点色块着眼

D.绿篱选择标准：耐瘠薄、适应性强、长势缓慢、耐修剪、常绿或彩叶、阔叶或细叶等花灌木。如：大叶黄杨、红花六月雪、豆瓣黄杨、锦熟黄杨、瓜子黄杨、雀舌黄杨、十大功劳、鸭脚木、红檵木、金叶女贞、黄金叶、海栀子、南天竹、红叶石楠、杜鹃、珊瑚、佛顶珠桂花、蚊母等。

E.篱带〝节点〞树种选择：伊拉克海枣、加拿利海枣、旅人蕉、老人葵、散尾葵、蒲葵、棕榈、椰子、槟榔、假槟榔、银杏、五味子、香樟、黄桷树、小叶榕、羊蹄甲、高山榕、桂花、杜英、马褂木、木芙蓉、樱花、广玉兰、黄桷兰、蓝桉、

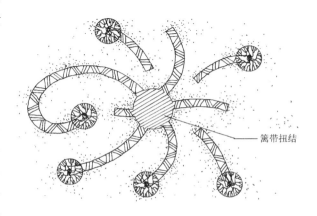

篱带扭结

松科、杉科、柏树科、杨柳科等。

F. 草坪选择：狗牙根、假俭草、弯叶画眉草、草地早熟禾、本特草、海滨雀稗草、匍匐剪股颖、多年生黑麦草、百喜草、高羊茅、小糠草、结缕草、野牛草、天鹅绒草、羊胡子草、斑叶燕麦草、白三叶、玉带草等。

G. 植配注意事项

（A）草坪空间相对独立，宜敞、不宜窄。为了满足游览需求，草坪内需增设导游步道；

（B）篱带"节点"树丛选择应做到"四统一"。即树种统一、规格统一、冠幅统一、观赏面统一。

3.2.3.11 观景梯台丛植法

利用浅丘修建公共观景梯台，是一种现代广场景观设计最新理念。完整的自然式踏步系统由贴面梯台、梯面草坪、自然树丛、山石配景等组成。常见设计手法有：等高等宽观景梯台丛植法、等高不等宽观景梯台丛植法两大类型。

A. 等高等宽观景梯台丛植法：按照广场规划设计要求，顺沿等高线修建弧形观景梯台。梯台宽度相等（约1.0m），台面高差0.45m。台沿系青条石或花岗石坐板。梯台内种植草坪及散植若干株同种乔木，远观如同自然树丛（图3—45）。树种选择要点：同种、同冠、同姿、同色。常见树种有：桂花、七叶树、小叶榕、馒头柳、圆柏等。

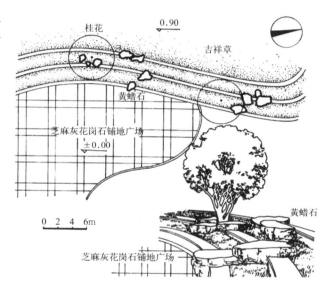

图 3—45

B. 等高不等宽观景梯台丛植法：按照广场规划设计要求，顺沿等高线修建弧形观景梯台。梯台宽度不相等，台面高差0.45m。台沿系青条石或花岗石坐板。树种选择要点：同种、同冠、同姿、同色。常见树种有：桂花、七叶树、小叶榕、馒头柳、圆柏等。

C. 为了增强观景梯台"野性"、"趣味性"等自然属性，遮荫点中置放几尊圆润玩夯景石（如黄蜡石、英石、灵璧石、大理石、花岗石、龟纹石）。景石组合讲究：卧石错位、收口石呼应、蹲石互盼等。

D. 植配注意事项

（A）各个观景梯台所配乔木间距不宜太近，应近看为"孤赏"，远观则为"丛植"；

（B）景石艺术布局以 3～5 尊自然组合为宜。

3.2.3.12 日本 753 韵律丛植法

日本庭园在树丛组景形式上，普遍讲究"7：5：3"等差数比关系。通过单岛（或单景）"7：5：3"树丛量化配置，获得一种理想状态下的节奏韵律感。日本造园家美其曰：内敛、紧缩、含蓄、文化、稳定。如位于日本京都始建于1397年（应永四年）的金阁寺庭园（きんかくじ，又称鹿苑寺（ろくおんじ））。在全园构图中心的黄金池里，首先，按照"753"韵律模式设置了七座小岛。并且，每座小岛上又按照"753"韵律配置了黑松7株、5株、3株。日本753韵律丛植严格意义上讲，不是一种简单的数量组合，而是一种植物主控画面的"语汇"艺术形式。常见设计手法有：753岛群树丛法、独岛753树丛法等两大类。

A. 753岛群树丛法：指同一座黄金池中七座小岛上的7株、5株、3株树丛配置技术。树丛结构为：不等边三角形或自然形。树姿"迎风招展"特点，符合日本禅宗文化礼仪。常见树种有：黑松、五针松、侧柏、罗汉松、南洋杉、桧柏、雪松、落羽杉等（图3—46）。

B. 独岛753树丛法：指黄金池中同一座小岛上的7株、5株、3株树丛配置技术。树丛结构为：不等边三角形或自然形。753株排列讲究（从左至右）：顺排（3—5—7）、逆排（7—5—3）（图3—47）。

C. 植配注意事项

（A）日本753韵律丛植设计，忌讳"三等"（即等距离、等数量、等规格）配置；

（B）日本753韵律丛植所有树姿均需造型。

3.2.3.13　日本坪庭四六分区丛植法

坪，在日本属于面积计量单位，即1坪≈3.3m²。日本坪庭，又称为壶庭，乃最小庭园。壶，一词源于中国《后汉书·方术传》解释为："玉堂严丽，皆酒甘肴。"意为：卖药翁佩壶中大有名堂。"壶中九华"、"壶中天地"亦为此意。日语"壶"与"坪"同音，坪庭，即壶庭。据考：日本平安时期（794～1192年）开始以"壶"作庭。如种植梧桐者，曰"桐壶院"（又称淑景舍）；种植紫藤者，曰"藤壶院"（又称飞香舍）；种植梨树者，曰"梨壶院"（又称昭阳舍）；种植梅花者，曰"梅壶院"（又称凝花舍）；种植艾蒿与蓬草者，曰"蓬壶院"。平安时期造园专著《源平盛衰记》记载："此所叫八条殿的蓬壶。所谓蓬壶，就是在壶之中种了艾蒿等蓬草。"进入廉仓时期（1192～1333年），坪庭作为宅

图3—46　（左）
图3—47　（右）

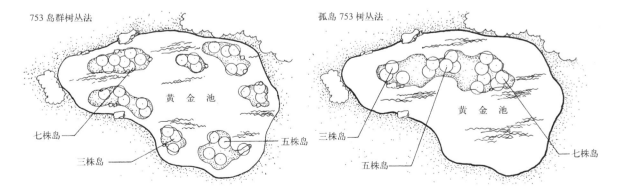

753岛群树丛法　　　　　　　　　　孤岛753树丛法

黄金池　　　　　　　　　　　　黄金池

七株岛　　　　　　　　　　三株岛
五株岛　　　　　　　　　　五株岛
三株岛　　　　　　　　　　七株岛

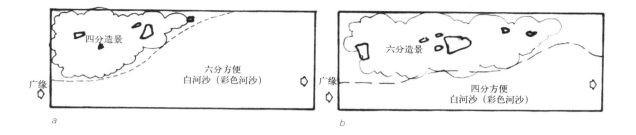

图 3-48

庭的一种设计形式正式走进千家万户。面积不大于 200m² 者，谓之：壶、坪；面积大于 200m² 者，谓之：庭、园。坪庭一般划分为六分方便四分造景式、四分方便六分造景式两大类（图 3-48）。

A. 六分方便四分造景式：系坪庭初始阶段。方便，即沙质包含：白河沙、棕黄色河沙、豆沙、彩色沙等波纹耙景通道；造景，即树丛＋石灯笼＋石景等观赏组合体。由日本造园家千利休（1522～1591 年）始创。庭园布局讲究：一重露地、通行第一、造景次之。除了耙沙通道外，树丛配置主要有：竹丛（如四方竹、黑竹、墨竹、孟宗竹、大名竹等）、树丛（如橡树、松树、杉树、香樟、柿树、乌冈栎、柞树、梧桐、樱花、槲树、柯树、苦楝、枞树、土松、枫树、槭树、花柏、厚皮香、山茱萸、海棠、苏铁、棕榈、香榧等）、灌木丛（如山茶、冬青、杜鹃、栀子、南天竹、梅花、木樨、瑞香、草珊瑚、八角金盘、黄杨等）、混合丛（乔木＋灌木＋地被）等四种形式。地被品种有：苔藓、木贼草、万年青、芦苇、一叶兰、羊齿苋、石菖蒲等。

B. 四分方便六分造景式：系坪庭高级阶段。由日本造园家古田织部（1544～1615 年）经改良后提出。庭园布局讲究：二重露地（包含内露地、外露地）或三重露地（包含内露地、中露地、外露地）、石木造景为主、通行次之。常见石木造景手法划分为苔藓景石造景、灌木景石造景、乔木景石造景等三种。如建于 1972 年的名古屋市昭和区八事八胜饭店坪庭。在 25m² 狭小矩形〝内露地〞中配置了三丛树景。即两个孟宗竹丛，一个混合树丛。竹丛，表现主人〝高风亮节〞的气度；混合树丛，由三尊圆润石块＋冬青＋枫树＋杉树构成，表现出坪庭〝绿意〞。

C. 植配注意事项

（A）日本坪庭树丛观赏方向，通常指由正屋广椽坐观坪庭所看到的近景、中景、背景等〝空间三层次〞基本顺序。

（B）景石在日本坪庭树丛配景设计中尤其重要。坪庭〝景石〞一般划分为步石类、蹲踞石类、踏脚石类、五行石类、坐禅石类、滴水石类等六大类。常见树丛配景石手法有：①规则步石（如踏脱石、沓脱石等）旁配置苔藓、羊齿苋、杜鹃球、南天竹等；②洗手钵蹲踞石旁（如伴石、添石、前石、汤桶石、疏水石、佛石、控石等）配置羊齿苋、枫树等；③踏脚石旁配置苔藓；④五行石（如灵象石、体胴石、心体石、枝形石、寄脚石、双锥形石组、双立峰石组、双卧牛石组、双树桩石组、三扁石组等）旁配置苔藓、杜鹃、南天竹、羊齿苋、红枫等；⑤坐禅石旁配置山茱萸、香榧、月桂、橡树、罗汉松等；⑥滴水石旁侧常配置苔藓等。

(C) 坪庭宜配置"少、精、适、香"观赏植物。

3.2.3.14 日本坪庭大和绘丛植法

起源于我国唐朝的自然山水画对日本影响十分深刻，其中，展子虔"设色山水画"，李思训"金碧山水画"，王维"水墨山水画"，王洽"泼墨山水画"等四大家被誉为"唐绘"。日本于室町时期（1334～1573年）引入"唐绘"，在与日本"大和绘"巧妙结合之中，形成了一种"浓笔重抹，形式交融，画求万变"的独特画法。在此基础上独创出一整套用于造园的"泼墨、染墨、积墨、擦墨、勾墨、渗墨"等植物配置技法。如由日本著名水墨山水画家狩野元信（1476～1559年）晚年为京都市右京区花园妙心寺町设计的"退藏院方丈庭园"，堪称范例（图3-49）。常见设计手法有：枯山水式大和绘丛植法、自然山水式大和绘丛植法等两大类。

A. 枯山水式大和绘丛植法：退藏院方丈庭园，系妙心寺内一座西北高，东南低，呈浅丘形的枯山水坪庭，占地面积397m^2。全园巧借圆球造型植物（如杜鹃球、圆柏、万年青、草珊瑚、冬青等）自然"洒落"地配置其中，以表现出水墨画技术中的"泼墨、染墨、积墨、擦墨、勾墨、渗墨"等景观效果。如

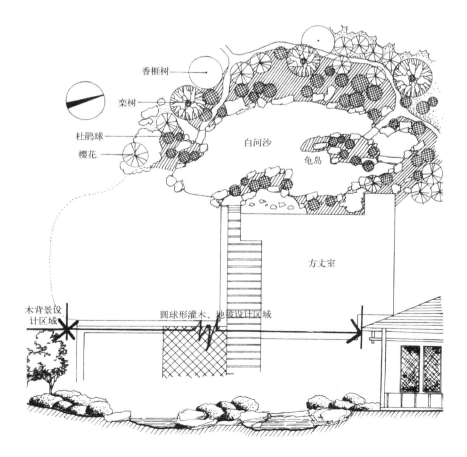

图3-49

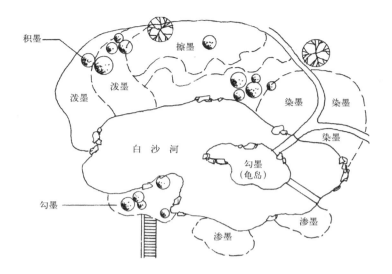

图 3-50

顺坡就势片植地被植物（如夏鹃、小叶黄杨、南天竹等），塑造"泼墨"之景；沿途呈自然带状配置杜鹃、草珊瑚等，塑造"擦墨"之景；龟岛对望配置杜鹃、草珊瑚等，塑造"勾墨"之景；岔路口片植杜鹃、圆柏、草珊瑚等，塑造"染墨"之景；驳岸呈簇状配置杜鹃、冬青、圆柏等，塑造"渗墨"之景；各处绿地中点缀杜鹃球、圆柏、冬青等，塑造"积墨"之景（图3-50）。

B. 自然山水式大和绘丛植法：此法与"枯山水式大和绘丛植法"大同小异，唯独白沙河为水域而已。

C. 植配注意事项

（A）围绕着整个"白沙河"背景自然林丛（如苦楝、黑松、乌冈栎、樱花、罗汉松、香榧、厚皮香、枫香、楸树等）的烘托对比，加强"大和绘"写意山水画境；

（B）于"积墨"中可适当增设矾石造景；

（C）"擦墨"点的艺术对比，获得新意。

3.2.3.15 英国荒野风景丛植法

英国17世纪末，随着牧场文化的影响诞生了大批"荒野情怀式"风景画家。他们善于想象，以诗赋画，独树一帜。如：肯特（William Kent 1694～1748年）、威斯（Wise）、布里基曼（Bridgeman）、布朗（Lancelot Brown 1715～1783年）等。典型作品有查兹沃斯庄园（Castle Chatsworth）、埃麦农维尔园（Parc d'Ermenonville）等。常见设计手法有：立轴荒野风景树丛法、水墨荒野风景树丛法等两种。

A. 立轴荒野风景树丛法：造园遵循"欧洲山水画"立轴布局原理，围绕"蛇形"水域两岸作植物"三层次"配置设计，表现出荒野画境。近景配置欧洲山梅花为主的混合林等构成"水墨丰韵层"；中景配置紫杉丛、钻天杨丛等构成"浅绛色晕层"；远景配置香樟丛、槭树丛等构成"水墨合一层"。总体上，以色填画，淡彩作景（图3-51）。

B. 水墨荒野风景树丛法：造园使用了大量的浪漫色彩集群关联性，如绽蓝色水体、蔚蓝色天空、彩色云朵、多色树丛、浅黄色建筑等，构成荒野浪漫之景。所以说，欧洲的浪漫源于"荒野之景"。如埃麦农维尔园（Parc d'Ermenonville）围绕着"蛇形"水域大胆地丛植山毛榉、樟树、银杏、枫树等，以树丛的挺拔跳跃构景。

C. 植配注意事项

（A）英国荒野风景树丛式山水画浪漫"个性"表现，除了自然色彩集群关联性外，还应注意竖向画面"露白"比例；

（B）荒野风景树丛观景方向应与景深设计相一致。

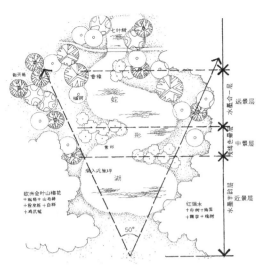

图 3-51

3.3 群植

3.3.1 定义

按照《园林基本术语标准》CJJ/T 91-2002：指由多株树木成丛成群的配植方式。

3.3.2 构景原理

（1）利用同种树成群自然式配置，构成生态群林相。

（2）利用群林植株茂密、叠加交错、林冠线与林缘线等属性特征，构成总体自然轮廓美。

（3）利用群林结构中植株不等距特点，进行平面艺术构图。

（4）利用群林竖向自然分层特点，设计植物配置层次。

（5）利用群林色叶林相变化，构建季相景观。

3.3.3 设计要点

（1）利用原始森林资源造景，谓之"天然植物群落"景观开发与利用。如四川九寨沟原始森林景观、三亚雨林谷原始森林景观等。

（2）临摹植物自然组合方式，按照场地空间要求合理配置形成的植物群落，谓之"人工植物群落"或"城市型植物群落"。

（3）群植设计至少应满足一个观赏面（点）需求，其视距为观赏面宽度的1.5倍（或高度的2倍）。

（4）群植自然林相特点为：树形、树姿、叶色、芳香、季相、大小等明显的变化。自然竞争，优势互补。

（5）群植常用于溪畔、路侧、山脚、山巅、防护林、背景林、风水林以及大面积天际线设计等处。

3.3.4 我国最佳群植设计案例

3.3.4.1 北京群植案例

大乔木层——毛白杨、青杨、洋槐、国槐等；亚乔木层——垂柳、平基槭、黄栌、白花碧桃、红花碧桃、山楂；大灌木层——重瓣榆叶梅、忍冬、紫叶忍冬；小灌木层——迎春、荷包牡丹、芍药；地被植物——玉簪、金针菜、荷兰菊；草坪——草地早熟禾。

构景说明：

当高大落叶乔木毛白杨、青杨、洋槐、国槐等于四月初最先萌芽时，落叶灌木迎春开始绽放金黄花，重瓣榆叶梅开红花，春意盎然。紧接着白花碧桃、红花碧桃、荷包牡丹、芍药相继开花，创造出一派繁花似锦景象。进入夏季(5～6月）落叶灌木紫叶忍冬开紫红花、山楂开白花、常绿藤本忍冬开白花；7～8月金针菜开金黄花；8～10月荷兰菊开淡紫色花一直到金秋，此时，山楂挂红果，平基槭与黄栌变红叶等，再加上草地早熟禾草坪的绿色衬托，景色十分迷人。

3.3.4.2 江南群植案例

大乔木层——银杏、广玉兰、小叶榕等；亚乔木层——桂花、紫玉兰、红叶李、樱花、桃花、梨花；小乔木层——红枫、含笑、山茶；大灌木层——蜡梅、紫荆、九重葛、红叶石楠、四季栀子；小灌木层——杜鹃、八仙花、火棘、珍珠花；地被层——火炬红、七姊妹、扁竹根；草坪——勾叶草。

构景说明：

早春阳性常绿阔叶大乔木广玉兰盛开粉红乳白色大花，亚乔木紫玉兰、红叶李、樱花、桃花、梨花等相继开紫红、粉红、白色花等，加之红叶石楠生嫩红芽、紫荆开紫色花，还有春鹃和火炬红，多种花色相互衬托，春景十分美丽。进入夏季，九重葛紫红（或红色）花、八仙花白色花、夏鹃多色花、含笑白色苹果香花以及四季栀子香花等，构成绿荫芳香，繁花似锦景象；到了秋季，桂花与栀子芳香开花、银杏叶色变黄变红、火棘累累红果，珍珠花叶色变红，层林尽染。冬季山茶多色花一直开到翌年三月，蜡梅芳香……一年四季常绿、芳香不断。

3.3.5 常见设计手法

3.3.5.1 群林二线法

群林二线，指群落林冠线、林缘线。前者，指群林整体竖向轮廓线；后者，指群林整体平面轮廓线。二者均为自然线。共同特点：动态叠加、自然重合、因时而变、宏观成景。

（1）林冠线法

林冠线界乎于天地之间。地形、地貌、地物、地景、天气、云彩、雨雾、风霜等，整体复合作用的结果，使其整体成像。一般来说，林冠线涉及多方面知识。如自然地理划分、气候带划分、海拔高度划分、纬度划分、城市绿道形态、植物造景设计等。常见林冠线设计形态有：馒头形、犬齿形、混合形、碎云形等四种。

A. 馒头形林冠线：指群林整体远观略呈馒头状的天际轮廓线。特点：阔叶林相、自然起伏、横向壮观、水平成像等。常见于我国热带、亚热带、温带等地原始森林中（图3-52，左上）。植物造景设计要点：阔叶树为主、品种单一或多样、自然式构图、密度"疏、中、密"皆可。

B. 犬齿形林冠线：指群林整体远观略呈犬齿状的天际轮廓线。特点：针叶林相、自然起伏、竖向交错、表现力度等。常见于我国温带、寒带等地原始森林中（图3-52，左下）。植物造景设计要点：针叶树为主、品种单一或多样、自然式构图、密度"疏、中、密"皆可。

C. 混合形林冠线：指群林整体远观由馒头形、犬齿形共同有机构成的天际轮廓线。特点：阔叶与针叶林相、层次调和分明等。常见于我国亚热带、温带、寒带等地原始森林中（图3-52，右上）。植物造景设计要点：阔叶与针叶树自然相嵌、品种多样、自然式构图、密度"疏、中、密"皆可。

D. 碎云形林冠线：指群林整体远观略呈碎云状的天际轮廓线。常见于我国滨水地（包括滨海、滨湖、滨江等）"绿带"或城市防护林中（图3-52，右下）。植物造景设计要点：阔叶与针叶树自然相嵌、品种多样、自然式构图、滨水远眺、密度难分。

E. 植配注意事项

（A）林冠线的形成是以群植"数量大"为前提的。其中，单一树种景象较统一，多品种景象较复杂多变；

（B）林冠线设计以自然为宜。自然度越高，林冠线表现越精彩。

（2）林缘线法

群植林冠线来自于空中整体俯瞰透视效果。从形态学而言，它是一种边缘线形自然组合关系，通常为自然曲线；从景观学而言，它是一种艺术构图基础，通常为设计曲线。两者相辅相成，构成了植物群植造景的"场景美、宏观美、

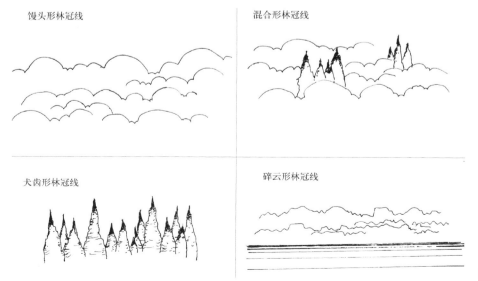

馒头形林冠线

混合形林冠线

犬齿形林冠线

碎云形林冠线

图3-52

区域美"。常见典型设计手法有：云团式、飘云式、曲尺式、口袋式、蛇曲式、模糊式等六种。

A．云团式林缘线：指群林整体俯瞰透视略呈云团状的平面轮廓线。设计特点：自然成团、边缘成形紧缩等，适用于风景林、背景林、防护林、色叶林以及过渡区等设计（图3-53，左上）。

B．飘云式林缘线：指群林整体俯瞰透视略呈飘云状的平面轮廓线。设计特点：片段状集锦分层、边缘断续成形等，适用于风景林、色叶林以及基础林带等设计（图3-53，右上）。

C．曲尺式林缘线：指群林整体俯瞰透视略呈曲尺状的平面轮廓线。设计特点：L形平面构图、双边围合感强等；适用于角隅林、背景林、防护林、色叶林以及过渡区等设计（图3-53，左中）。

D．口袋式林缘线：指群林整体俯瞰透视略呈口袋状的平面轮廓线。设计特点：U形或口袋形平面构图、空间围合感强等，适用于背景林、风景林等设计（图3-53，右中）。

E．蛇曲式林缘线：指群林整体俯瞰透视略呈蛇曲状的平面轮廓线。设计特点：动感边缘、空间围合感强等，适用于背景林、风景林以及过渡区等设计（图3-53，左下）。

F．模糊式林缘线：指群林整体俯瞰透视形状模糊的平面轮廓线。设计特点：片段分散、边缘模糊等，适用于所有风景林设计（图3-53，右下）。

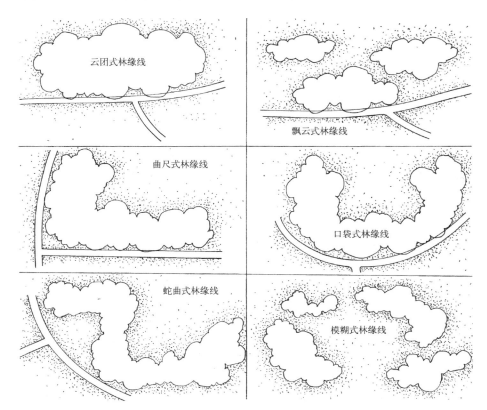

图3-53

G. 植配注意事项

(A) 滨水林缘线常因受地形地貌的影响而变形较大，配置时须加注意；

(B) 林缘线是一条封闭的动态曲线。其中，自然式林缘线为动态"大"曲线；规则式林缘线为动态"小"曲线。

3.3.5.2 梅园群植法

梅花 (*Prunus mume* Sieb.et Zucc.)，蔷薇科落叶小乔木，中国传统名花，已有上千年的栽培历史。因其"神、韵、姿、色、香"俱佳以及易栽、耐脊、花多、色艳、古拙、亲水、个性强、群植性强、文化性强、适配性强、抗性强等特点，而广泛应用于品种专类园造景。如梅花园、梅花岛、梅花坞、梅花堤、梅花山、梅花弄、梅花溪等。目前，我国共培育出了 13 个梅花品种群，即朱砂品种群、宫粉品种群、玉蝶品种群、绿萼品种群、单瓣品种群、垂枝品种群、杏梅品种群、樱李品种群、跳枝品种群、美人梅品种群、洒金品种群、江梅品种群、黄香品种群等，共计 323 个品种。此外，梅花与松、竹组合成"岁寒三友"景；与兰、竹、菊组合成"四君子"景等。梅园常见设计类型有：专类园、文化主题园两大类。

A. 专类园

梅花，虽然个性十足，但其群植性、适配性也很强。所以，自古我国就有梅花专类园或植物园中单设梅花园的设计先例。如北京植物园梅园、武汉植物园梅园、杭州灵峰山梅园等。梅园中常见群植设计手法有：品种群内组合式、品种群间组合式两种。

(A) 品种群内组合式：指利用梅花 13 个品种群内各品种优势进行品种组合、布局组合、花色组合等，构成专类园群植景观。特点：因花期、花色、花形、花姿、观赏特征等彼此接近，容易识别和区分。如北京植物园朱砂品种群中的大盃 (*Prunus mume* "Dabei") + 红千鸟 (*Prunus mume* "Hong Qianniao") + 云锦朱砂 (*Prunus mume* "Yunjin Zhusha") + 小朱砂 (*Prunus mume* "Xiao Zhusha") 组合，花色皆为玫瑰红，花期 3.31 ~ 4.16；单瓣品种群中的养老 (*Prunus mume* "Yang Lao") + 古今集 (*Prunus mume* "Gu Jinji") + 道知边 (*Prunus mume* "Dao Zhibian") + 北斗星 (*Prunus mume* "Bei Douxing") + 梅乡 (*Prunus mume* "Mei Xiang") + 小梅 (*Prunus mume* "Xiao Mei") + 米良 (*Prunus mume* "Mi Liang") 造园组合，花色皆为白色，花期 3.31 ~ 4.16；绿萼品种群中的月影 (*Prunus mume* "Yue Ying") + 白狮子 (*Prunus mume* "Bai Shizi") + 小绿萼 (*Prunus mume* "Xiao Lü'e") + 变绿萼 (*Prunus mume* "Bian Lü'e") 组合，花色皆为乳白色，花期 4.6 ~ 4.15；宫粉品种群中的八重寒红 (*Prunus mume* "Bachong Hanhong") + 红冬至 (*Prunus mume* "Hong Dongzhi") + 见惊梅 (*Prunus mume* "Jian Jing mei") + 小宫粉 (*Prunus mume* "Xiao Gongfen") + 杨贵妃 (*Prunus mume* "Yang Guifei") + 大羽 (*Prunus mume* "Da Yu") 组合，花色皆为粉色，花期 4.6 ~ 4.15；玉蝶品种群中的三轮玉蝶 (*Prunus mume* "Sanlun Yudie") + 北京玉蝶 (*Prunus mume* "Beijing Yudie") 玉牡丹 (*Prunus mume* "Yu Mudan") + 虎之尾 (*Prunus* mume "Hu Zhiwei") 组合，花色皆为乳白色，花期 4.4～4.15；垂枝品种群中的开运垂枝 (Prunus mume "Kaiyun Chuizhi") ＋ 单碧垂枝 (Prunus mume "Danbi Chuizhi") ＋ 单粉垂枝 (Prunus mume "Danfen Chuizhi") 组合，花色为粉色、乳白色，花期 4.5～4.15；杏梅品种群中的江南无所 (Prunus mume "Jiangnan Wusuo") ＋ 丰后 (Prunus mume "Feng Hou") ＋ 淡丰后 (Prunus mume "Dan Fenghou") ＋ 单瓣丰后 (Prunus mume "Danban Fenghou") ＋ 武藏野 (Prunus mume "Wuzang Ye") ＋ 燕杏梅 (Prunus mume "Yan Xingmei") ＋ 送春 (Prunus mume "Song Chun") ＋ 美人梅 (Prunus mume "Meiren Mei") 组合，花色皆为淡粉色、粉色，花期 3.31～4.15 等。

（B）品种群间组合式：指利用梅花不同品种群间的有机、艺术组合配置，获得专类园景观。特点：通过不同品种群间的花期、花色、花形、花姿、观赏特征等彼此搭配，丰富专类园景观。

（C）梅园布局形式：常见梅园规划布局形式有："U"形、"口"形、"L"形、平行线形、模糊形、焦点形等六种。

①"U"形梅园：梅花顺沿园路呈"U"形成群配置并以环抱姿态组成草坪景深。功能上，起到了烘托了草坪观赏聚焦树丛的"点睛"设计之作。如上木——元宝枫＋油松＋刺槐＋水杉；中木——国槐＋粗榧＋碧桃；下木——迎春＋箬竹。

②"口"、"L"形梅园：梅花群植环抱，独立成景。从空间组景形态上，构成了"口"形、"L"形梅花专类园特色景观。

③平行线形梅园：因借带状自然地形（如水际岸边、草坪边缘、建（构）筑物、景墙、岩体等），平行群植梅花成景。

④模糊形梅园：指梅花成簇成群配置而林缘线模糊不清的设计类型。

⑤焦点形梅园：指梅花成簇成群地配置于草坪焦点中央的设计类型。

B．文化主题园

梅花的适配性和文化性都很强，它与许多树种均可构成文化主题性景观。常见设计手法有：松梅组合式、松竹梅组合式、松梅柏组合式、其他组合式等四种。

（A）松梅组合式：梅花与松树均具有"苍劲、古拙、文化、长寿、适配"等特征，故常用于打造梅花文化主题园。如杭州灵峰山梅园中品种梅花＋马尾松 (Pinus massoniana Lamb.) ＋黑松 (Pinus thunbergii Parl.) ＋湿地松 (Pinus elliotii Engelm.) ＋白皮松 (Pinus bungeana Zucc.) 组合；品种梅花＋罗汉松 (Podocarpus macrophyllus (Thunb) D.Don) ＋五针松 (Pinus parviflora Sieb.et Zucc.) 组合等。

（B）松竹梅组合式：我国古代称松、竹、梅为"岁寒三友"，并用在一起组合成景。如梅花＋五针松＋凤尾竹等。

（C）松梅柏组合式：松科、柏科植物均具有"百木之长，常绿特质"的特点，与梅花相配相得益彰。如北京植物园的梅花＋油松＋圆柏组合。

（D）其他组合式：我国造园中常将梅花作为一种文化现象与其他植物进

行艺术组合。据王美仙博士"北京植物园梅园的植物景观设计研究"[8]调查，在北京植物园中与梅花相配的植物种类共有 17 科 23 属 30 种之多。其中，裸子植物 4 科 5 属 7 种（如松科 1 属 2 种、柏科 2 属 3 种、杉科 1 属 1 种、三尖杉科 1 属 1 种、禾本科 2 属 2 种）；被子植物 13 科 18 属 23 种（如蔷薇科 2 属 5 种、木犀科 3 属 3 种、蝶形花科 2 属 2 种、杨柳科 2 属 2 种、忍冬科 1 属 2 种、无患子科 1 属 1 种、榆树科 1 属 1 种、槭树科 1 属 1 种、苦木科 1 属 1 种、胡桃科 1 属 1 种、山茱萸科 1 属 1 种）。如杭州灵峰山梅园的梅花 + 湿地松 + 黑松 + 白皮松 + 香樟 + 杜英 + 毛竹 + 茶梅 + 南天竹 + 构骨组合；梅花 + 山茶 + 凤尾竹 + 金镶玉竹组合；梅花 + 阔叶箬竹 + 南天竹 + 茶梅 + 金丝桃 + 栀子 + 六月雪 + 八仙花组合。无锡梅园的梅花 + 紫荆 + 迎春 + 垂丝海棠（*Malus halliana* (Voss.) Koehne）组合；梅花 + 柑橘 + 南酸枣 + 乌桕 + 柿树组合；梅花 + 荷花设计组合等。

C. 植配注意事项

（A）梅园空间以静赏为主，动赏为辅。静赏空间在围合上须注意 D/H 比值的变化。一般认为：D/H=1：2 ～ 1：3 时效果最佳；

（B）以梅花为主体的植物竖向设计层次不宜太多，以控制在不大于 3 层为宜；

（C）梅花丛林宜深远，老梅宜开阔，疏林宜曲境。

3.3.5.3　林缘叠加法

将两种以上的乔木自然组合成一座密林时，树种之间不应混杂，而应是一种有规律可循的自然交接面。如相嵌、叠加、联系、延展、平伸、聚合。如武汉黄鹤楼银杏、枫香、法国梧桐等秋季色叶树与绿叶植物的相嵌组合。常见设计手法有：斜线叠加、"S"形叠加、弧形叠加、"一"字形叠加等四种。

A. 斜线叠加：指不同种树群之间呈斜线相互叠加的组合设计类型。特点：边缘层次清晰、树群融合性较差、观赏面相对固定等，适用于色叶植物叠加配置（图 3-54，a）。

B. "S"形叠加：指不同种树群之间呈 S 形相互叠加的组合设计类型。特点：树群融合性增强、边缘逐渐模糊、观赏面随意等，适用于自然林相叠加配置（图 3-54，b）。

C. 弧形叠加：指不同种树群之间呈弧形相互叠加的组合设计类型。特点：树群融合性增强、边缘挤压性增强、交接面具有方向感、观赏面随意等。适用于自然林相叠加配置（图 3-54，c）。

D. "一"字形叠加：指不同种树群之间呈一字形相互叠加的组合设计类型。特点：树群融合性极差、边缘层次清晰、观赏面相对固定等。适用于色叶植物叠加配置（图 3-54，d）。

E. 植配注意事项

（A）叠加树群彼此通过设计组成了一种相互依存的关系。这种关系具有一定观赏属性：当粗壮质地特色树种（如奇形怪状、高大、色叶、浓密、花繁等。

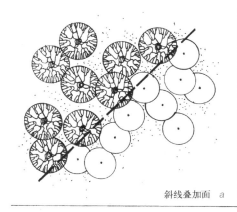
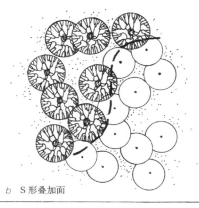

斜线叠加面　a 　　 b 　S形叠加面

弧形叠加面　c 　　 d 　一形叠加面

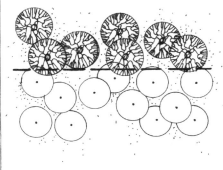

图 3—54

品种有：香樟、法国梧桐、银杏、二乔玉兰、厚朴、欧洲黑松、银杏等）为骨干树时，因为健壮而拉近观赏者与植物之间的视距，所以，应远离观赏者。而细质地普通树种（如红叶桃、碧桃、鸡爪槭、垂柳、海棠等）则自然降为配景树应靠近观赏者；

　　(B) 树群叠加间距、叠加面组合形态以及观赏方向等，应结合地形条件进行优化设计。

　　3.3.5.4　广场构图区群植法

　　广场的公共性、聚集性、功能性、通行性、唯一性等"五性"特点，使其规划要求更高，内涵更丰富。首先，设计师需要将各种相关要素归纳整理成一个系统，然后，再在系统中进行深度控制和设计。广场绿化设计通常有三种方法。一是树阵植；二是行道树列植；三是构图区群植。前两者均属于规则式植物配置设计范畴；后者，则属于典型的自然式植物配置设计。常见构图区群植设计手法有：矩形构图区群植法、同心圆构图区群植法、弧形构图区群植法、插入式构图区群植法等四种。

　　A. 矩形构图区群植法：矩形平面构图，是广场最简单的规划设计形式之一。设计师巧妙地利用周围大型公共建筑的典型基础线作为"规划方向线"进行广场总体规划构图。这条线既有方向、力度，也有内涵。如由美国设计师彼得·沃克（Peter Walker）设计的"美国纽约 911 国家纪念公园"广场（The National

911 Memorial Park in New York city.USA)，就是围绕着911原双塔遗址所遗留的"巨大空洞般下沉水池"基础线作为"规划方向线"构图设计的一座大型广场。广场上，通过矩形构图群植绿带的表达方式，增强了对逝者的永恒哀思和纪念力度。

（A）通过篱带对比构图强化设计主题。篱带对比，包括长短、宽窄、植配形式等的对比。美国911纪念公园广场，就是通过常绿草坪与自然式落叶树群在矩形构图花池中的反复强对比运用，表达对每一个生命的哀伤和纪念（图3—55）。

（B）条凳坐憩点阴影区设计。矩形广场设置条形坐凳是功能及构图所需。设计师常顺沿广场"规划方向线"于树群北侧设置长短不一的条凳。以加强绿地构图和满足夏日人们广场遮荫的公共需求。

B．同心圆构图区群植法：同心圆规划理论，来自于1898年英国规划师霍华德（Ebenezer Howard）的著作《明天——一条引向真正改革的和平道路》（Tomorrow：a Peaceful Path towards Real Reform）中"城市绿地同心圆向外辐射"设计模式。围绕着广场政府大厦，一层建筑、一层花坛、一层树群、一层喷池……通过同心圆规划构图设计，基本满足了政府功能区形象与规则式轴线布局的总体景观设计。自然树群在弧形构图区设计中，显得"野趣"和"生动"。林荫下或种植草坪，或设置坐凳，或喷泉造景皆可（图3—56）。

C．弧形构图区群植法：对于一些小型休闲广场，可以通过弧形绿篱的构图设计方式组织坐憩点。将树群配置于弧形构图关系线（或轴线）上，通过场地空间层次组景获得景观。

D．插入式构图区群植法：设计师为了活跃广场"呆板"的构图气氛，有时将一些自然图形巧妙地插入广场铺地中，以树群较为复杂的设计层次刻画广

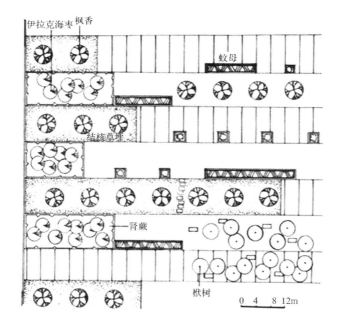

图3—55

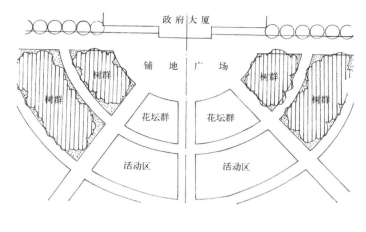

图 3—56

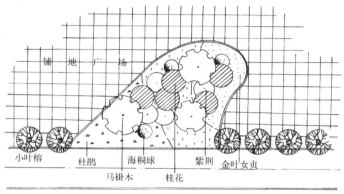

小叶榕　　　杜鹃　　海桐球　　　紫荆　　金叶女贞
　　　　　马褂木　　桂花

图 3—57

场景观（图 3—57）。常见植物配置设计层次有：乔木＋草坪、乔木＋灌木＋草坪、乔木＋灌木＋地被＋草坪等。

　　E. 植配注意事项

　　（A）与广场构图紧密相关的"坐凳"布局，往往影响着树群的配置方式，需格外注意；

　　（B）广场树群平面构图应以不等边三角形构图为宜。

　　3.3.5.5　日本坪庭竹林七贤群植法

　　在我国魏晋古山阳（今河南修武县）竹林里,经常聚集着七位当时大文豪：嵇康（著《养生论》、《言不尽意论》）、阮籍（著《通老论》、《通易论》、《达庄论》、《道德论》）、山涛、向秀（著《儒道论》、《周易义》）、刘伶、阮咸（著《易义》）和王戎。他们赏竹品茗、吟诗附会、借酒当歌，引起了社会关注，被誉为"竹林七贤"。西晋阴澹《魏纪》："谯郡嵇康，与阮籍和、阮咸、山涛、向秀、王戎、刘伶友善，号竹林七贤，皆豪尚虚无，轻蔑礼法，纵酒昏酣，遗落世事。"明朝画家董其昌(1555～1636年)将"竹林七贤"的闲情逸致绘制成"狩猎雪信"图，引起了社会性轰动。1603年"狩猎雪信"图流入日本后，在日本造园中又掀起波浪。如日本明治时期（1868～1912年）被造园界誉为"方石嵌草追逐手"的重森三玲（1895～1974年）将"竹林七贤"以坪庭拟人化的方式塑造于福冈市西区侳浜町上野间三芳山的清乐禅寺中，名曰：清乐寺七贤庭。整个坪庭造园讲究竹、石、沙的拟人化和动势构图造景效果。

A. 拟人造景：重森三玲选择了清乐寺内一座占地面积为 30m² 的矩形"内露地"作为拟人化临摹基址，并按日本枯山水技法造园。在浑圆青黑色河沙滩中呈对角式布置了七尊"材质不同、体态各异"的景石，比拟"七贤"（图 3—58）。内露地中部及尽端共配置了三丛大名竹林，意为：砂溪竹丛傲灵气，七贤贵竹金黄情；左右追逐三尊图，以石喻人一壶中。

B. 动势构景：重森三玲内露地景石斜线中分的画面布置，具有：①景深最大，方向感最强；②动势构图，追逐感最强；③奇数配石，拟人化最强；④三角组画，观赏性最强等特点。在 30m² 的内露地构图中，汇集了许多日本传统"753"动势韵律设计手法：①三丛大名竹配置数量分别为 7 株、5 株、3 株；②共 7 尊景石按照 5 组进行摆放，其中最大一组有 3 尊；③从正堂广橡处所看到的三丛大名竹直线距离分别为 7m、5m、3m……到处都体现着一种强大的"奇数动势"构景效果。

C. 植配注意事项

大名竹，用于"竹林七贤"坪庭中，名副其实。故狭小坪庭选种宜精，不宜杂乱。

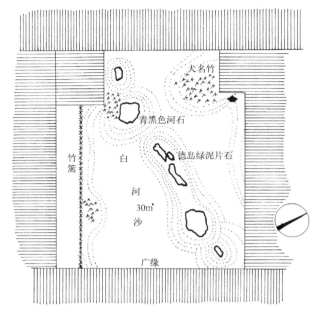

图 3—58

3.3.5.6　自由栽植法

二战结束后，流行于欧洲的规则式造园因受世界"自然式造园"主流运动冲击而开始松动，出现了一种介于规则式与自然式之间的"自由式栽植"技法。"对于所有大面积的种植，应选出一种基调树种，三到五种辅调树种以及若干补充树种……这种程序有助于形成简捷而有力度的种植。"[2] 哲学家黑格尔："在这样一座花园里，特别是在较近的时期，一方面要保存大自然本身的自由状态，而另一方面又要使一切经过艺术的加工改造，还要受当地地形的制约，这就产生一种无法得到完全解决的矛盾。从这个观念去看大多数情况，审美趣味最坏的莫过于无意图之中又有明显的意图，无勉强的约束之中又有勉强的约束。"[16] 常见设计手法有：弧线自由式、云团自由式等两种。

A. 弧线自由式：系自由式初期植配方法。特点：平面构图出现了同心小半径圆弧形空间构图（a）、狭窄半闭锁空间构图（b）、大半径圆弧形为背景的开阔场景构图（c）、大圆弧形与直线相切构图（d）等。在使用树种最少的情况下，构成了单一树种平面艺术构图景观（图 3—59）。例如重庆宏康·浩宇居住小区前庭圆形广场中老人葵、桂花小半径同心圆植配设计。

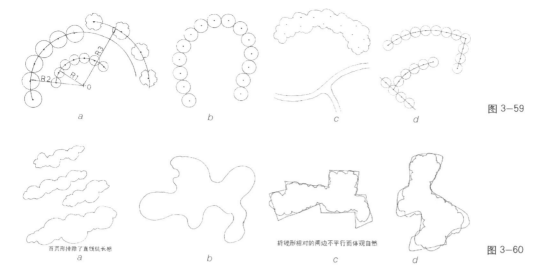

图 3-59

图 3-60

B. 云团自由式：系自由式成熟期植配方法。特点：平面构图出现了形如云团状并向基调树种集群构图方向发展。常见形状由：百页形（a）、之字形、折线形（c）、阿米巴形（b）、草履形（d）等特殊形状（图 3-60）。

C. 植配注意事项

(A) 自由式栽植往往依附于功能设施造景，"点"的设计概念突出；

(B) 单一树种自由式造景还可以结合视点关系作有规律设计。

3.4 斑块植

3.4.1 定义

斑块，一词源于百合科百合属的斑块百合（*Lilium henricii* Franch. var. maculatum (W.E.Evans) Woodc Stearn）植物。在粉红色花被上相嵌了无数自然斑点，故名。斑块植，指因植物品种自然相嵌而边界模糊的一种绿地设计类型。斑块特点：自然团状、面积不定、组合随意、边缘模糊。自然界斑块形状种类繁多，如规则斑块有：覆轮、中斑、内锦、糊斑、琥珀斑等；自然斑块有：自发锦、高稳态斑锦、糊斑、分裂锦等。植物斑块设计要点：①斑块植配及配形问题；②边缘形状及融合度问题。

3.4.2 构景原理

(1) 通过不同地被植物边缘自然嵌合，构成斑块状复合景观。

(2) 通过植物斑块艺术构图，表现植物自然群落关系。

3.4.3 常见设计手法

3.4.3.1 一般湿地斑块植配法

湿地，指由水域滩涂或水面植物共同构成的一种生态植被群落境地。

1970 年 2 月 2 日，在伊朗拉姆萨尔公布的《关于特别是作为水禽栖息地的国际重要湿地公约》(Convention on Wetlands of International Importance Especially as Waterfowl Habitat) 中明确提出，湿地资源指"纳入城市蓝线范围内，具有生态功能的天然或人工、长久或暂时性的沼泽地、泥炭地或水域地带以及低潮时水深不超过 6m 的水域"。因其覆盖性强、叶表面积大、增氧量高、净水能力强等，被誉为"地球守护者"。湿地的存在，为人类生存环境提供了强有力的生物多样性和稳定性支持。"湿地斑块面积与植物群落多样性指数和群落类型数均呈极显著正相关关系 (P < 0.01)"[9]。换言之，湿地斑块面积越大，维持植物多样性指数越高，越有利于植物群落多样性的维持和稳定。自然界湿地划分为：红树林湿地、溪涧湿地、沼泽湿地、景观湿地等四大类型。常见设计手法有：自然式湿地斑块、规则式湿地斑块等两种。

A. 自然式湿地斑块：系原始湿地基本形态。人工植物造景中的"自然式湿地斑块"有两个概念：一是滨水滩涂或水域地形为自然式；二是自然式湿地植物配置设计。其中，湿地植物水深要求、湿地组合形态、湿地观赏组织是三个主要设计要素。

(A) 湿地植物水深要求：按照湿地植物生长最适水深划分为：

沿生类 (不大于 0.1m)、挺水类 (0.1 ~ 1.0m)、浮水类 (0.5 ~ 3.0m)、漂浮类 (不限水深)、沉水类 (不限水深) 等五种。从栽培学角度而言，大多数依赖于茎干叶梗生长的挺水类湿地植物最适水深在 1.0m 以内。如芦苇、鸢尾、唐菖蒲、水棕竹、千屈菜、薰衣草等 (见表 1)。除了水深要求外，湿地植物对水环境也有一定要求。即水温 10 ~ 25℃为宜；pH 值 5.5 ~ 7.5 为宜；水底淤泥层厚度不小于 0.5m。

(B) 湿地组合形态：从景观学角度，一般划分为原始形态和设计形态两种。前者，常见于原始森林中湿地、滨海湿地、滨江湿地、溪流湿地、漫滩湿地等；后者，则纯属人工"依势而组、依形而组、依景而组、依物而组"之景观形态 (图 3–61，重庆彩云湖湿地公园示意图)。

①依势而组：指湿地形态顺水流走向自然成形与组合。从水域滩涂自然堆积的形态变化分析，水流冲刷、搬运的共同作用常会使"迎水面变窄，背水面变宽"。从而，表现出一种形如"壳斗状"的湿地形态及其自然组合。其中，溪流表现尤其典型。

图 3–61

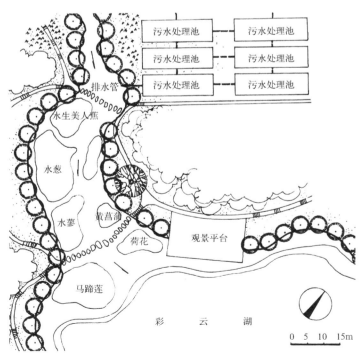

②依形而组：在溪流自然涡凼处，因水流减缓、泥沙搬运甚至回流等，极易形成湿地斑块。常见斑块组合形态表现为：自然成团、边缘圆滑、形态各异、增减不定。

③依景而组：人们在因借自然湿地造园时，总结出了许多有趣的景观设计手法。如七星伴月、母虎藏子、七五三、九九归一、仙女散花、太极八卦等。

a. 七星伴月：在较宽阔的水域中，以一座面积较大的湿地为"月亮"，旁边七座面积较小的湿地为"星星"，向心环抱造型，构成湿地斑块景观组合。

b. 母虎藏子：源于日本民间传统故事。在共十五座湿地中，其中一座面积较大者为"母虎"，其余均为"子虎"。从任何角度观看，都只能看到十四座而差一座，曰"藏子"。

c. 七五三：源于日本传统等差数比韵律感景观构图设计。在三组湿地中，分为七座一组、五座一组、三座一组。

d. 九九归一：源于我国传统道教，讲究：九九归一，乃最大。即九座甚至更多湿地围绕着"中一"湿地（注："九"字代表"众多"含义）。

④依物而组：湿地植物的团状成簇自然组合是有一定规律可循的。一般来说，同一种湿地植物容易构成"团"。所以，湿地斑块应是一种湿地植物"团"与"团"的自由组合。换言之，就是湿地植物借助于湿地斑块而成形。常见湿地植物组合设计有：种间搭配、花色搭配、随意搭配等三种。

a. 种间搭配：指湿地植物品种或类型之间的搭配。如

同科品种之间搭配：芦竹（禾本科）+ 菰草（禾本科）+ 狼尾草（禾本科）；旱伞草（莎草科）+ 荸荠（莎草科）+ 藨草（莎草科）；芡实（睡莲科）+ 萍蓬草（睡莲科）+ 王莲（睡莲科）+ 荷花（睡莲科）等。

不同科品种之间搭配：水生美人蕉（美人蕉科）+ 荷花（睡莲科）+ 千屈菜（千屈菜科）+ 菖蒲（天南星科）+ 花叶水葱（莎草科）+ 香蒲（香蒲科）等。

同类型品种之间搭配：千屈菜（挺水类）+ 水葱（挺水类）+ 花叶香蒲（挺水类）+ 黄菖蒲（挺水类）等。

不同类型品种之间搭配：小香蒲（挺水类）+ 雨久花（挺水类）+ 欧洲大慈姑（浮水类）+ 水蓼（挺水类）+ 凤眼莲（漂浮类）+ 黑藻（沉水类）+ 浮萍（漂浮类）等。

b. 花色搭配：美人蕉（红花）+ 美人蕉（黄花）+ 千屈菜（紫色花）+ 雨久花（蓝紫色）+ 水鳖（白花）等。

（C）湿地观赏组织：包括俯视观赏、正面观赏、透视观赏与水中游四种类型。

①俯视观赏：指空中俯瞰湿地组合景观。景观设计师常以此作为设计依据进行湿地景观规划布局。

②正面观赏：指人们从正面（即横向）观赏湿地组合景观。

③透视观赏：指人们透过滨岸植物"框景"观赏湿地组合景观（图3-62）。

B. 规则式湿地斑块：系设计型湿地景观形态。常根据滨水规则式交通状况划分为：道路型、栈道型。

①道路型：指湿地植物配置形态因滨河路线形而呈现的规则式类型。特点：构图简单、简捷清晰、易于组合。

②栈道型：指湿地植物配置形态因滨水栈道线形而呈现的规则式类型。特点：栈道观景、构图复杂、趣味设计（图3-63）。

C．植配注意事项

（A）湿地植物斑块可用于净水流域配置。配置时宜采取"先阔叶（如湿地红蓼、再力花、水生美人蕉、雨久花、泽芹、欧洲大慈姑等），再细叶（如黄菖蒲、千屈菜、芦荻、红蓼、花叶芦竹、水葱、蔗草、茭草、芦苇、梭鱼草、蒲苇等）"顺序（如重庆彩云湖湿地公园），或者"先沿生，再挺水、浮水、漂浮"顺序。

（B）湿地植物斑块边缘形态以自然曲线为宜，面积大小任意。

3.4.3.2 植物细胞拟态斑块植配法

在高倍显微镜下人们所观察到的植物细胞组织结构形态自然、有趣。其结构内容为：细胞核、液泡、内质网、白色体、线粒体、叶绿体、胞间连丝等，它们彼此巧妙嵌合，如同自然斑块一样。景观设计师以此为出发点，可以仿生拟态出非常有趣的植物斑块设计方案。常见设计手法有：归因拟态、全景拟态、拟态变形等三种。

A．归因拟态：指植物斑块构图仅取意于部分细胞结构的设计类型。归因，即植物斑块归因于植物细胞的某个结构特征而基本成形。常用于疏林草坪造景。特点：意境拟态、新颖创意、自然生态（图3-64）。

B．全景拟态：指植物斑块完全模拟植物细胞结构的设计类型。以园路为细胞壁，植物各自然组群为细胞内其他结构组织形态（图3-65）。在草坪植配设计中，通过两个最佳观赏点的介入控制斑块形态构图。如由3株梨树构成的最佳观赏点A向草坪透视，在视角52°的框景范围内可看到：由叶绿体拟态的老人葵树丛、叶绿体拟态的植物色块模纹以及3株高大橡皮树等所围合成的宽阔大草坪。早春时节，在白色梨花"浪漫框景"

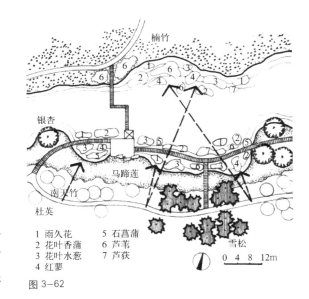

1 雨久花　　5 石菖蒲
2 花叶香蒲　6 芦苇
3 花叶水葱　7 芦荻
4 红蓼

0　4　8　12m

图3-62

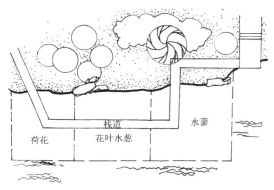

图3-63

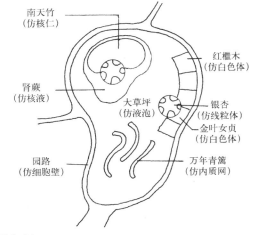

图3-64

下一派盎然生机。另外，近景（4株垂枝榆）、中景（勾叶草坪）、远景（3株橡皮树+1株枫香树）等所构成的"三层次"自然景象也十分宜人。由东侧主视线B点向草坪透视，在视角50°范围内可看到：由三条内质网拟态的蚊母绿篱作为近景，叶绿体拟态的老人葵树丛、叶绿体拟态的植物色块模纹以及4株垂枝榆作为中景，宽阔勾叶草坪和1株枫香树等作为远景，在空间视觉变化中完成了从A点到B点"步移景异"的观景效果。

C. 植配注意事项

（A）植物细胞斑块宜以大草坪作为拟态设计基础，草坪中的各种拟态景观均可按照场景要求进行调整；

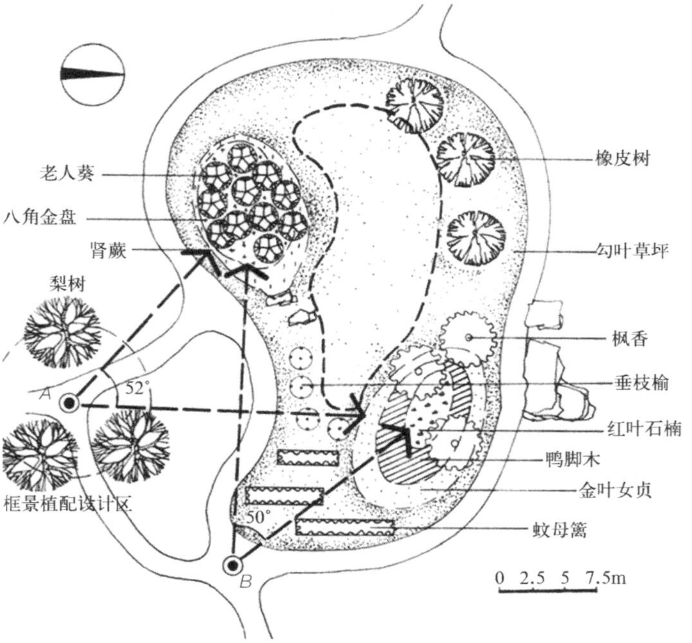

（B）大草坪中的所有植物拟态斑块体量，均应按植物细胞结构比例进行严格控制；

（C）各斑块植物的选择应符合"适、少、精、效"的原则。

图 3—65

3.4.3.3 花境斑块植配法

又称为花径。《园林基本术语标准》CJJ/T 91—2002："花境（flower torder）指多种花卉交错混合栽植，沿道路形成的自然状斑块花带。"花境斑块技法，源于被誉为"世界植物造园中心"的英国邱园"野生植物造景"手法。英国植物景观师（即软景设计师）将菜园、花圃与药圃汇合在一起共同构景。通过这种植配方法，至少获得了两大好处：一是通过技术筛选，从野花及草药中培育出了许多园林观赏植物，据统计，到1795年为止，邱园已有约6000余种观赏植物；二是发现了斑块形结构美。正如西蒙兹（John Ormsbes Simonds）在《景园建筑学》写道："在大自然中计划的一个结构……既是含有雅趣的形式，当是可供观赏的事物……既是有花木果蔬的地方，当是可供玩乐的所在"[31]。常见设计手法有：波纹式斑块、彩带式斑块两种。

A. 波纹式斑块：指沿道路两侧呈波纹式栽植的斑块花带类型。特点：花团锦簇、波纹动态感较强、野性十足。常用于规则式游步道植物配置设计。常见植物有：紫云英、波斯菊、二月兰、苜蓿、旱金莲、虞美人、美人蕉、鼠尾草、花葵草、薰衣草、婆婆纳、紫花地丁、蛇霉花、三色堇、百里香、杂交矮牵牛、毛地黄、万寿菊、报春花、观赏谷子、岩生庭芥、小角堇、向日葵、麦仙翁、格桑花、扁竹根等（图3—66）。

B. 彩带式斑块：指沿道路两侧呈彩带式栽植的斑块花带类型。特点：模纹斑块、动态飘逸、动感十足。常用于自然式游步道植物配置设计。常见植物有：

丽格海棠、冷水花、紫金牛、天门冬、凤仙花、西班牙鸢尾、美人蕉、艳苞花、一串红、姜花、金鱼花等（图3-67）。

C. 植配注意事项

（A）花境斑块对地形要求不高，自然地形的野性往往能提高斑块观赏度；

（B）花境斑块边缘越模糊，越艺术。

3.4.3.4 溪涧湿地斑块植配法

流经旷野山区的自然水系，因陡峭沿途而成"涧"，浅滩而成"溪"。"溪涧"合为一词，指带状野性水域（Biotop）。涧，由岩石河床下切所造成，所以，激流拍岸，泥沙荡然，植物难存。溪，系漫滩缓流，河床加宽，泥沙富集，湿地充裕。溪涧湿地主要指的是"溪"中湿地。常见设计类

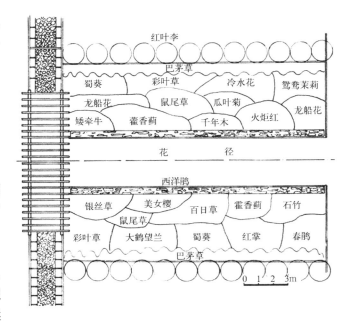

图3-66

型有：乱石滩湿地、三角洲湿地、河漫滩湿地、河心滩湿地、阶地湿地五种。

A. 乱石滩湿地：指夹杂在乱石滩自然水系中的湿地植物类。特点：位于源头、滩浅石乱、自然成溪。以杂草、常绿蒲苇草、细叶芒、花叶芒、金芒、斑叶芒、阔叶芒、鼠尾草等。其中，水草等居多。如海南三亚雨林谷原始森林乱石滩湿地。

B. 三角洲湿地：指位于溪流（或江河）中部因积沙而形成的三角形湿地绿洲，又称为沙波头湿地。特点：三角洲形、斑块若隐若现（注：水落时显现，水涨时消失）、形态自然。以禾本科植物常见。如芦苇、芦竹、狼尾草、菰草以及金芒、细叶芒等（图3-68）。

C. 河漫滩湿地：（详见3.4.3.1一般湿地斑块植配法）。

D. 河心滩湿地：（与"三角洲湿地"类似）。

E. 阶地湿地：指位于溪流（或江河）回水凼处的湿地植物类。（详见3.4.3.1一般湿地斑块植配法）

图3-67 （左）

图3-68 （右）

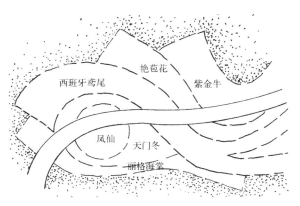

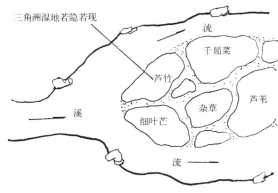

F. 植配注意事项

（A）溪涧湿地植物斑块应结合乱石配景复合造型。其总控宽可参考河床最宽值与最窄值（图 3-69）。

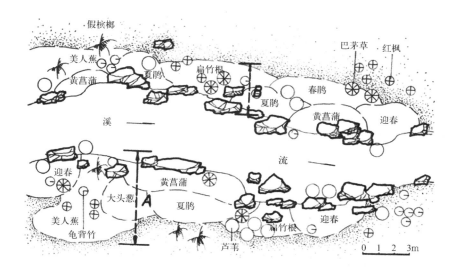

图 3-69

（B）溪涧湿地斑块的野性边缘设计，常以石而隔、以滩而设、以景而补，总体上不固定；

（C）溪涧湿地斑块的植物选择需注意"适地适树原则"并兼具地方特色。江南品种有：黄菖蒲、美人蕉、迎春、春鹃、夏鹃、扁竹根、大头葱、水棕竹、玉簪、龟背竹、鸢尾类、芦苇、荷花、睡莲等；北方品种有：红蓼、荚果蕨、铃兰、随意草、玉簪类、石竹类、鸢尾类、萱草类、景天类、忍冬类等。

3.4.3.5 草坪指形斑块植配法

经过整形后的植物在草坪上勾勒飘逸图案，所刻画出的是一种"斑块变形艺术"。其形易组、其景易琢、其色易配、其境易趣。如台湾美术馆指形斑块设计。常见设计手法有：连指形斑块、对指形斑块、咬指形斑块。

图 3-70

A. 连指形斑块：指草坪整形植物斑块呈连指状的设计类型。特点：位于草坪边缘、连指构景、动感一致、斑块趣味、绿篱植物为主。常见植物品种有：红檵木、红叶小檗、金叶女贞、红叶石楠、南天竹、大叶黄杨、小叶黄杨、十大功劳、蚊母、杜鹃、鸭脚木、侧柏、榔榆、榆叶梅、小叶女贞、肾蕨、小蒲葵、丝兰等（图3-70）。

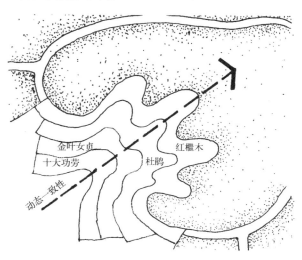

B. 对指形斑块：指草坪整形植物斑块呈对指状的设计类型。特点：位于草坪边缘、分"手"构景、对景观赏、层次可控。常见植物品种有：红檵木、红叶小檗、金叶女贞、红叶

石楠、南天竹、大叶黄杨、小叶黄杨、十大
功劳、蚊母、杜鹃、鸭脚木、侧柏、榔榆、
榆叶梅、小叶女贞、肾蕨、小蒲葵、丝兰等（图
3—71）。

C. 咬指形斑块：指草坪整形植物斑块
呈咬指状的设计类型。特点：指尖对咬、斑
块动态、空间共有、一气呵成。常见植物品
种有：红檵木、红叶小檗、金叶女贞、红叶
石楠、南天竹、大叶黄杨、小叶黄杨、十大
功劳、蚊母、杜鹃、鸭脚木、侧柏、榔榆、
榆叶梅、小叶女贞、肾蕨、小蒲葵、丝兰等。

D. 植配注意事项

（A）指形斑块篱带植物宜选择枝密、常
绿或红叶、耐修剪、灌浓、慢生等树种，慎
选长势快、落叶、枝疏、带刺等品种；

（B）为了凸显指形斑块篱带的浮雕造型
艺术效果，剪口均应顶平、侧直、图案完整等；

（C）指形斑块外缘的植物组景，须按设
计主题要求及图形效果适当加强。

3.4.3.6　瑞典宅庭斑块植配法

岛国瑞典原始森林密布，野生植被条件
十分优越。因受海洋性季风影响，举国上下
崇尚生态植物群落造景。在国家层面上，成
立了"国家自然规划委员会"，由瑞典农业
大学主持"复合植被风景林规划研究"、"城
市生态及绿地形式研究"以及"果树与观赏
植配设计研究"等国家重点课题。绿地植物造景设计主旨：临摹自然、利于耕
作、果蔬并存、植物造园。常见设计手法有：分区斑块园、果蔬斑块园、浪漫
斑块园、草坪斑块园等四种。

A. 分区斑块园：瑞典宅庭多靠近河流，呈矩形布置。自给自足的传统习
俗促使庭院功能在野性环境不受破坏的前提下尽量保持多样化设计，形成了典
型的斑块式功能区布置。如住宅区、果树区、花卉区、蔬菜区、儿童活动区、
游戏区、草坪造景区等。每个区域既独立，又彼此相连（图3—72）。

B. 果蔬斑块园：瑞典宅庭植物斑块受生活气息极浓，在1940年之前，几
乎家家都在庭院中种植大量的果树和菜园。因此，在空间紧凑的条件下，产生
了"生活型斑块"空间特色。

C. 浪漫斑块园：瑞典宅庭受巴洛克浪漫主义思潮影响，于20世纪中期开
始了各种"宅庭斑块"的艺术性梳理。①于草坪上采用"红叶石楠篱"进行斑

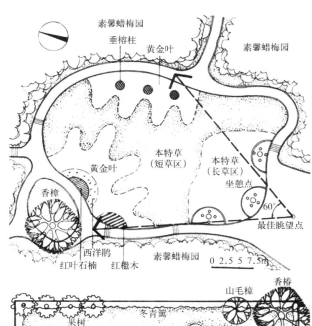

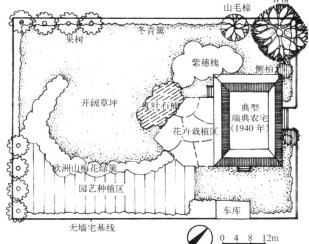

图3—71　（上）
图3—72　（下）

块分区；②融入了北欧"斜线斑块构图"设计特色；③增加了儿童活动区和咖啡坐憩区等。总体上，使"生活型斑块空间"迈向更高层次（图3-73）。

D. 草坪斑块园：瑞典进入20世纪70年代后，一些宅主开始重新审视自己宅庭的设计风格问题。认为：回归欧洲文化的最简捷办法就是建立"草坪斑块园"。在较为宽阔的草坪上，通过布置建筑、景墙、园路、功能区等，组成一种浪漫而有趣的斑块空间。

E. 植配注意事项

（A）瑞典宅庭（注：农舍）无宅墙基散点式的布局设计特点，增加了对植物斑块的设计理解。所以，宅庭斑块设计类型多、变化快。大约每十年就有新的设计类型出现。

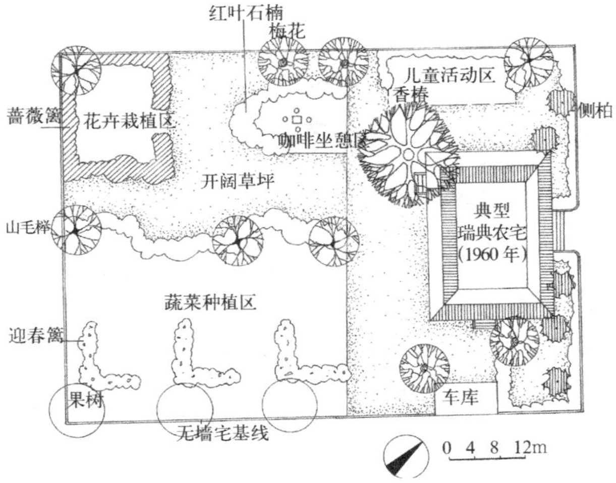

（B）瑞典宅庭植物斑块设计与其"原始性、生活性、文化性"不可分隔。故一座宅庭，就是一种文化、一种时代象征。

图3-73

3.5 道路植

3.5.1 定义

园林道路，又称为花街、苑路、小筑、游步道、游览线等。《园林基本术语标准》CJJ/T 91-2002："游览线，指为游人安排的游览、欣赏风景的路线园路"。它是园林绿地中最重要的风景线、规划线和骨架线。除了交通组织功能外，它还承担了功能组织、景观引导、空间转换、系列布局、层次设计以及植物造景的功能。

3.5.2 构景原理

（1）结合道路规划布局形式，通过植物艺术配置构成景观。

（2）按照道路线形及构图基本要求，配置景观植物。《公园设计规范》CJJ 48-1992："第5.1.3条：园路线形设计应符合下列规定：与地形、水体、植物、建筑物、铺装场地及其他设施结合，形成完整的风景构图。"

（3）利用道路空间组景手段，通过植物配置，增强场景艺术氛围。

3.5.3 常见设计手法

3.5.3.1 路侧坐憩点植配法

道路两侧空旷绿地，为设置坐憩点提供了便利。绿叶簇拥，花香扑鼻，花好月圆，林荫小憩，景象宜人。常见设计手法有：集锦式、鸡窝式、穿堂式、鸳鸯式等四种。

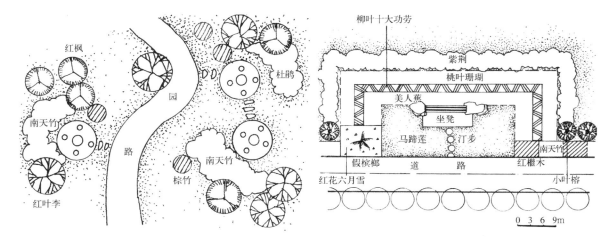

图 3-74 （左）
图 3-75 （右）

A. 集锦式：指围绕园路两侧集锦式坐憩点旁的丛植配置类型。特点：点状丛植、遮阴纳凉、树种自然、形式多样。常用于公园、风景区等较大型公共草坪中（图 3-74）。

B. 鸡窝式：指单侧依附于园路呈鸡窝状的植物设计类型。特点：植物三面围合、层次清晰、独立成景。在规划设计形式上，常划分为规则式、自然式两种。

（A）规则式鸡窝坐憩点：指以规则整形篱带呈鸡窝状的植物设计类型。常见三向围合状整形篱带有两种设计手法：①篱带等高，逐层围合；②篱带前低后高，逐层围合。在篱带构图中，可适当通过点缀色块模纹以及乔木等方式，强化景效（图 3-75）。

（B）自然式鸡窝坐憩点：指以自然式篱带呈鸡窝状的植物设计类型。由路沿向绿地方向所构成的植物配置讲究设计层次（包括横向层次、竖向层次）。①两段式设计层次（上木＋草坪）：野牛草＋垂柳；野花草坪＋杨（柳）；勾叶草＋老人葵；结缕草＋蒲葵；勾叶草＋桂花等；②三段式设计层次（上木＋地被＋草坪）：上木——黄桷树、银杏、香樟、桂花等；地被——红檵木、金叶女贞、大花栀子、杜鹃、肾蕨、园林蒲葵、蚊母、十大功劳、毛叶丁香、构骨等；草坪——野牛草、勾叶草、本特草、狗牙根、吉祥草、麦冬草等；③多段式设计层次（上木＋中木＋下木＋地被＋草坪）：上木——黄桷树、银杏、香樟、桂花等；中木——红叶李、樱花、杜英、天竺桂等；下木——黄花槐、紫薇、紫荆、木荆、棕竹、苏铁等；地被——红檵木、金叶女贞、大花栀子、杜鹃、肾蕨、园林蒲葵、蚊母、十大功劳、毛叶丁香、构骨等；草坪——野牛草、勾叶草、本特草、狗牙根、吉祥草、麦冬草等（图 3-76）。

C. 穿堂式：指绿篱围合则园路穿堂而过的植物设计类型。特点：绿篱几何状围合、穿堂而过、坐憩空间独立、私密性强。绿篱控制高度分为矮篱（小于 0.4m）、中篱（0.5～1.19m）、高篱（1.2～1.59m）三种（图 3-77）。

D. 鸳鸯式：指围绕园路呈鸳鸯对艺术构图的植物设计类型。特点：艺术构图、层次简捷、装饰性强（图 3-78）。

E. 植配注意事项

（A）在艺术构图上，路侧坐憩点与植物配置设计手法相统一；

（B）路侧坐憩点植物观赏面应以面向道路为宜。

3.5.3.2　游步道岔路口植配法

形若游丝的游步道系统，在园林空间中起到了起承转合的联系作用。《公园设计规范》CJJ 48－1992"第5.1.3条:路的转折、衔接通顺，符合游人的行为规律"。其中，岔路口多功能植物造景特点更是举足轻重。从行为心理学角度，游人步移景异的多元化赏景需求，在很大程度上都来自于岔路口的停留、选择和观赏。常见设计手法有：导向植、夹巷植、呼应植、路心植等四种。

A. 导向植：指引导游客按顺序观景的岔路口植物配置设计手法。常见设计手法有：树丛组合（图3－79，左上）；树丛＋景石组合（如松＋梅＋石组合、雪松＋草坪＋石组合、樱花＋红枫＋苏铁＋石组合等）；树丛＋路标小品组合等三种设计形式。

B. 夹巷植：指岔路口周围群植设计手法。常见设计手法有：桃花径、樱花径、梅花径、竹径、海棠径、松林径、柏树径等七种（图3－79，右上）。

C. 呼应植：指在同一景区中，将几条园路岔路口作相似植物配置的设计手法。特点：格调统一，遥相呼应。常见设计手法有：大树式、疏林草坪式、树丛式等三种（图3－79，左下）。

D. 路心植：指位于岔路口中部的植物配置设计手法。通常结合林荫坐憩点设计。常见设计手法有：孤赏树式、树丛式两种（图3－79，右下）。

E. 植配注意事项

（A）游步道岔路口的树种选择与配置，应与场景空间大小、景观氛围以及游步道宽度等相匹配；

（B）游步道岔路口植物配置形式，以自然式为宜。

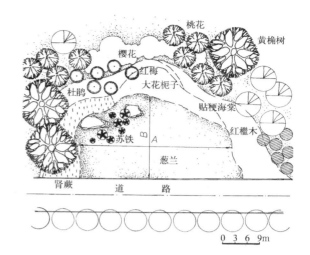

图3－76

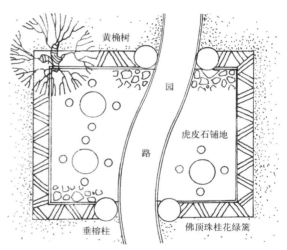

图3－77

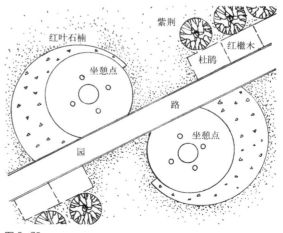

图3－78

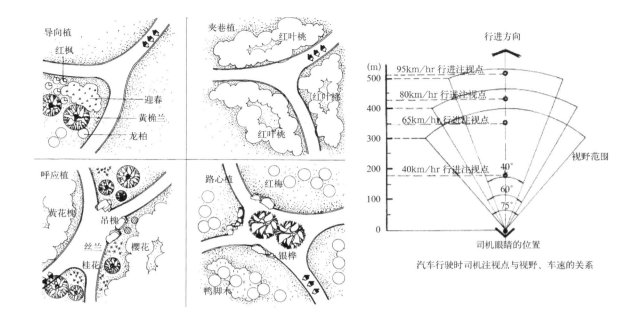

图中标注文字：

导向植 红枫 / 迎春 / 黄桷兰 / 龙柏
夹巷植 红叶桃 / 红叶桃 / 红叶桃
呼应植 黄花槐 / 吊槐 / 丝兰 / 樱花 / 桂花
路心植 红梅 / 银桦 / 鸭脚木

行进方向
(m)
500 95km/hr 行进注视点
400 80km/hr 行进注视点
     65km/hr 行进注视点
300
200 40km/hr 行进注视点   40°
                          60°
100   75°
0   司机眼睛的位置
视野范围
汽车行驶时司机注视点与视野、车速的关系

3.5.3.3　快速干道导向植配法

　　当车速较快时，驾驶员的空间视野受到局限。一方面，通过调整车速保证安全（图3-80）；另一方面通过路旁树丛引导保持清醒行车状态。两者同等重要。驾驶员在快速干道行车时的注视点与视野、车速存在着一定的关系。车速越快（不小于95km/hr），注视点就越远（不大于520m），视野角度就越小（不大于40°）；反之，安全视距大约集中在200～500m范围内。为了减弱快速交通引起的视觉疲劳现象，应在安全视距范围内进行适当的植物引导。常见设计手法有：曲线外侧引导式、峰形引导式、谷地引导式等三种。

　　A. 曲线外侧引导式：快速干道弯道外侧是驾驶员最敏感地带。一棵树、一座树林、一片绿洲都能够引起驾驶员的高度注意和影响驾驶情绪。所以，在该段路中配置一些"标识性"植物组合。如由前而后配置丝兰丛，使空间高度在正前方形成一个过渡区。然后，通过龙柏、水晶蒲桃、紫荆、木槿、海桐球、银杏等树丛的特殊组合引导交通。

　　B. 峰形引导式：在快速干道峰形区间行驶时，驾驶员的视线是由低到高的快速变化。为了满足"由远及近"的快速安全越顶，在峰顶处应配置小乔木和灌木丛，而在稍低处配置大乔木。通过树丛高低变化来调控因视距差异带来的视觉疲劳现象。

　　C. 谷地引导式：在快速干道谷形区间行驶时，谷底的"空洞"印象容易引起驾驶员的"心理悬空"。所以，为了有效调整因谷底造成的"心理悬空"现象，应该在谷底起点处作植物梯度配置。即小灌木丛→大灌木丛→小乔木林→大乔木林。

　　D. 植配注意事项

　　（A）快速干道视线引导植物配置视觉，应在行驶区间自然分段的前提下，

图3-79　（左）
图3-80　（右）

多配置一些色叶标识性植物（银杏丛、枫香丛、红叶李丛、樱花丛），成群、成丛、点缀皆可。也可借鉴日本"一里冢"标识技法，采取每隔一里设置一座土堆再植树的办法。

（B）为了避免快速行驶视野空间因植物配置而变窄，忌在谷形行驶区间的底部列植高大乔木。

3.5.3.4 弯道安全植配法

当汽车行至直角弯道（如"丁"字形路口、"L"形路口等）时，驾驶视线容易聚焦于路端和弯道两个方向上。若转角处路端有一片花池或树丛时，感觉非常安全；若没有则安全感顿减。由此可见，"地形不仅可制约一个空间的边缘，而且还可制约其走向"[10]。在这种情况下，最简单的办法就是配置树丛以之缓冲。常见设计手法有：平置式安全配置、上置式安全配置、下置式安全配置等三种。

A．平置式安全配置：指配置于汽车来向弯道处路板平台上的植物设计类型。因为同处于一块路板上，所以，安全视距可以通过植物配置的空间、形式、树种等灵活调控。常见植配形式有：丛植、群植、行道树等（图3-81，左）。

B．上置式安全配置：指配置于汽车来向弯道处挡墙（堡坎或崖壁，上的植物设计类型。安全视距主要根据挡墙（堡坎或崖壁）的植物生存条件进行适地垂直绿化配置（图3-81，右）。

C．下置式安全配置：指配置于汽车来向弯道处路板平台下的植物设计类型。因为不同处于一块路板上且安全视距空间较近，可以通过自然树丛配置方式进行调控。常见植配形式有：丛植、群植、行道树等。

D．植配注意事项

（A）弯道安全视距，宜采取密林组景方式进行连续性空间设计。除此之外，还可以结合栅栏、绿篱、景墙等进行空间艺术组景。

（B）弯道安全视距的植物竖向配置层次宜繁不宜简。

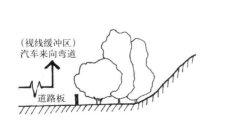
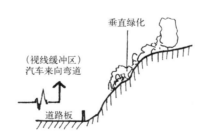

图3-81

3.5.3.5 景观大道梯度植配法

由国家投资建造的主题式景观大道，往往具有主题鲜明、绿地宽阔、条件优越等特点。所以，选择梯度式植物配置是较为理想的设计方式。四川省广安市为举办纪念邓小平诞辰100周年活动，将广安市区至协兴镇约7.5km的城市干道作为一条"思源景观大道"。大道两侧绿地纵深为60～120m。植物配置设计形式为"梯度式"，即路缘两侧配置草坪区、地被色块区等低矮植物。

向两侧逐渐配置灌木丛区、小乔木区、大乔木区等，总体构成"倒梯形"，使道路两侧空间明显增宽（图3-82）。

A. 草坪区：宽度10～16m为马蹄金草坪。在马蹄金草坪中点缀有小叶榕桩头、红檵木桩头等。

B. 地被色块区：宽度8～16m,配置有十大功劳、鸭脚木、红檵木、金叶女贞、银丝草等低矮色块植物。

C. 灌木丛区：宽度6～16m,配置有棕竹、佛顶珠桂花、含笑、毛叶丁香等。

D. 小乔木区：宽度10～20m, 配置有红枫、木芙蓉、紫荆、黄花槐、红叶李、小叶榕、乐昌含笑、天竺桂、蒲葵等。

E. 大乔木区：宽度20～50m, 配置有银杏、香樟、雪松、楠竹等。

F. 植配注意事项

（A）为避免景观大道植物配置梯度的单一性，在绿地纵深处理上，应采取植物多样性对比构图方式进行调节；

（B）景观大道梯度植物配置设计，应采取"划区分段"的空间处理方式组成有序的带状观景线。

3.5.3.6 山路自然堆形植配法

郊野山路，是一种尚待开发的野性环境。山路两侧的各种植物关系长期处于一种"自然群落关系"中。分析后发现，这种关系外形"成堆成簇"，如宜昌市三峡大坝公园自然堆形景观。所以，建造山路野性环境的主要手段，就是临摹"自然堆形"植物群落，即"人工植物群落"（Man-made Planting Habitat）。常见设计手法有：树丛杂草堆、灌丛杂草堆等两种。

A. 树丛杂草堆：指位于山路旁由乔木丛与杂草共同构成的自然植物堆形荒野景观。堆中一般有1～2株较大骨干树；1至几株较小配景树以及其他禾本科草本等。特点：堆形自然、边缘模糊、生态野趣、堆群成景、面积不定、随坡就势（图3-83，左）。

B. 灌丛杂草堆：指位于山路旁由灌木丛与杂草共同构成的自然植物堆形

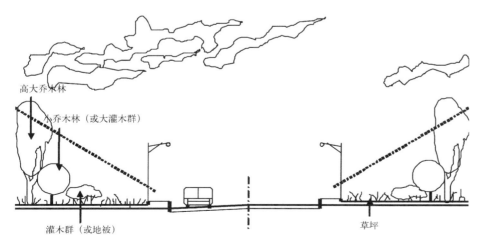

高大乔木林

小乔木林（或大灌木群）

灌木群（或地被）

草坪

图 3-82 广安市思源景观大道梯形植配设计横断面示意图

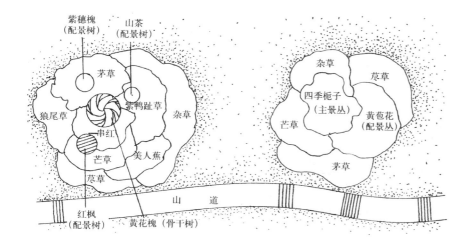

图 3-83

荒野景观。堆中一般有1～2丛主景丛；1至几株配景丛以及其他禾本科草本等。特点：堆形自然、边缘模糊、生态野趣、堆群成景、面积不定、随坡就势（图3-83，右）。

C. 植配注意事项

（A）山路自然堆形景观，为顺山路呈交替状群体观赏画面；

（B）山路自然堆形的边缘植配设计越自然，越有趣；

（C）自然堆中的色叶骨干树不宜太多，否则，容易破坏植物自然堆形结构属性。

3.5.3.7　山路坐憩点植配法

在山地景区规划时，设计师一般都要设置若干山路坐憩点，来缓解人们登山的疲劳。此外，山路坐憩点还具有遮阴、观景、赏花、闻香、眺望等功能。如重庆铁山坪森林公园林间游步道坐憩点。常见设计手法有：山地承露台式、疏林草坪式、滨水观景平台式等三种。

A. 山地承露台式：指依附于自然山林中承露平台坐憩点植物配置设计类型。山林中的承露台位置较高，人们在此坐憩逗留的目的一是休息，二是眺望。所以，在眺望观景正前方或配置〝低矮树丛，不挡视线〞，或配置〝高大乔木，框景眺望〞。

B. 疏林草坪式：指位于山路端部的坐憩点。在眺望观景正前方以配置疏林草坪为宜。

C. 滨水观景平台式：当山路端部滨水时，处于平台上的坐憩点观景视线将向水面一侧打开，所以，植物配置的重点在于旁侧。孤植、丛植、群植皆可（图3-84）。

D. 植配注意事项：

（A）山路坐憩点植配形式的多样化表现，应结合场地设计条件以自然式为主；

（B）山路坐憩点的观赏方向较为固定，所以，方向性丛植手法尤为突出。

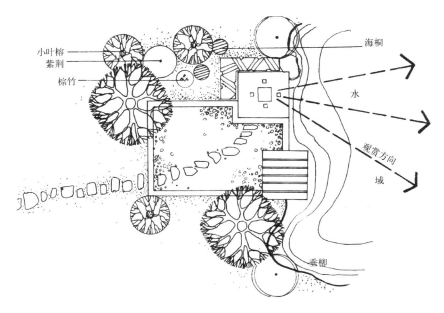

图 3-84　游步道端景坐憩点——滨水观景平台

小叶榕
紫荆
棕竹
海桐
水
观赏方向
域
垂柳

3.5.3.8　弯道色叶点景植配法

开阔草坪给人们的印象是：舒坦无垠、景趣盎然、色叶捕捉、聚焦深远。草坪上的道路弧线优美，在为草坪平添景色的同时，也增加了一种设计乐趣。如宜昌市三峡大坝公园草坪游步道弯道银杏秋景。常见设计手法有：曲首点景式、曲中点景式、曲尾点景式等三种。

A. 曲首点景式：指位于开阔草坪弧线曲首外侧的色叶植物点景设计类型。开阔草坪上的游步道在行进方向上一般有两个兴奋点容易被捕捉到，一个在直道上，另一个在曲首处。在这两个兴奋点弯道处配置色叶树丛，可以获得深秋般自然景象（图 3-85）。如果两个兴奋点观赏夹角小于 30°，则色叶树相互叠加成景。

B. 曲中点景式：指位于开阔草坪弧线曲中（点）外侧的色叶植物点景设计类型。当上述两个兴奋点观赏夹角大于 30° 时，人们观赏色叶树的中心自然平移至"曲中"处。此时，由于所获色叶"数量"的增加而兴奋值增加。

C. 曲尾点景式：指位于开阔草坪弧线曲尾（点）外侧的色叶植物点景设计类型。弯道弧线视野范围从曲中点转向曲尾点时，色叶植物"换向差异"调整的结果，有平添色叶林相的感觉。

D. 植配注意事项

（A）游步道弯道兴奋点一般随着景深的变化而变化。并且，色叶植配的观赏面是一种有限的动态区间值变化；

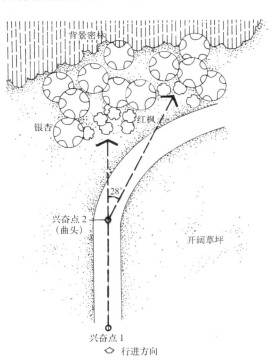

图 3-85

背景密林
银杏
红枫
28°
兴奋点 2
（曲头）
开阔草坪
兴奋点 1
⬦ 行进方向

(B) 开阔草坪是弯道色叶景观形成的基础条件，因此，规划设计时应注意。

3.5.3.9 纯林小径植配法

纯林铺画卷，小径笔之行。曲之、线之、云之、游之……曲径通幽景浓郁，密林深处小花径。常见设计手法有：槐径、樱花径、竹径、桃花径、梅花径、松林径、椰林径、葵林径等。

A. 槐径：洋槐 (*Robinia pseudoacacia*)，蝶形花科刺槐属高大落叶乔木。因干形匀称、树冠优美、适应性强、槐香扑鼻等特点，在我国北方常被用于纯林小径配置，如太原蒙山槐径。此外，适用于槐径的品种还有国槐。

B. 樱花径：樱花，蔷薇科樱属落叶乔木。因叶前开花、花艳似醉、枝形美丽、品种繁多等特点，广泛用于纯林小径配置。如重庆南山樱花径。此外，适用于樱花径的品种还有：日本晚樱 (*Prunus lannesiana* var.lannesiana (Carr.) Makino)、山樱花 (*Cerasus serrulata* (Lindl.) G.Don ex London)、樱桃 (*Cerasus pseudocerasus* (Lindl.) G.Don) 等。

C. 竹径：竹子，禾本科竹亚科总称。因受我国禅宗竹林风水和《避暑录话》"山林园圃，但多种竹，不问其他景物，望之自使人意潇然"等影响，在山中广泛用于纯林小径配置。如四川蜀南竹海中竹径。此外，适用于竹径的品种还有：刚竹、苦竹、赤竹、华箬竹、箬竹、短穗竹、刺竹、矮竹、牡竹、拐棍竹、箭竹、玉山竹、大节竹、疏节竹、滇竹、芦竹等。竹径，因其品种高度又划分为矮竹径、中竹径、高竹径三种。

(A) 矮竹径：指由密集枝叶高度低于人们视中线的品种竹构成的竹径。因其秆低矮、成簇、郁闭、浓密、匍地等特点，使竹径"密林地被相裹，通幽自有深意。"常见品种有：阔叶箬竹 (*Indocalamus latifolius* (Keng) Mcclure)、簝叶竹 (*I.longiauritus* Hand.Mazz.)、御江箬竹 (*I.migoi* (Nakai) Kengf.)、矮竹 (*Shibataea chinensis* Nakai.)、休宁矮竹 (*S.hispida* Mcclure) 等 (图251)。

(B) 中竹径：指高度不大于8m的品种竹构成的竹径。因秆径较细、随风拂摇、装饰性强等特点，使竹径"风韵摇曳竹姿雅，婀娜竹趣一片情。"常见品种有：紫竹 (*Phyllostachys nigra* (Lodd.) Munro，秆高 3～6m)、方竹 (*Chimonobambusa quadrangularis* (Fenzi) Makino 秆高 3～8m)、罗汉竹 (*Phyllostachys aurea* Carr.ex Riv.秆高 5～8m)、龟甲竹 (var.*heterocycla* H.de Lehaie，秆高 3～6m)、金丝毛竹 (f.*gracilis* W.Y.Hsiung，秆高不大于8m)、美竹 (*Phyllostachys decora* Mcclure，秆高不大于7m)、疏节竹 (*Sinobambusa tootsik* Makino，秆高不大于3m)、佛肚竹 (*Bambusa ventricosa* Mcclure，秆高不大于2.5m)、凤尾竹 (var.*nana* (Roxb.) Keng f.秆高 2～3m)、花凤尾竹 (f.*alphonsekarri* (Mitf.) Sasaki，秆高 2～3m) 以及复轴混生型竹类中的苦竹 (*Pleioblastus amarus* (Keng) Keng f.秆高 3～5m) 等。

(C) 高竹径：指高度大于8m的品种竹构成的竹径。因竹干粗挺拔、风姿独特等特点，使竹径"万竿绿竹影参天，竹林风声九重霄"。常见品种有：毛竹（*Phyllostachys pubescens* Mazel ex H.de Lehaie，秆高达 20 余 m）、淡竹（*Phyllostachys glauce* Mcclue，秆高 10 ～ 16m）、刚竹（*Phyllostachys viridis*（Young）Mcclure，秆高 10 ～ 15m）、黄金间碧玉竹（var.*castilloni* Muroi（P.*reticulata* K.Koch. var.*castillonis* Makino），秆高 10m）、斑竹（f.*tanakae* Makino ex Tsuboi，秆高 16m）、丛生型竹类中的撑蒿竹（*Bambusa pervariabilis* Mcclure，秆高 7 ～ 15m）、青皮竹（*Bambusa textilis* Mcclure，秆高 9 ～ 12m）、大佛肚竹（Cv.*Wamin*，秆高 6 ～ 15m）、粉箪竹（*Lingnania chungii* Mcclure，秆高 18m）、慈竹（*Sinocalamus affinis*（Rendle）Mcclure，秆高 5 ～ 10m）以及复轴混生型竹类中的茶秆竹（*Pseudosasa amabilis*（Mcclure.）Keng f.秆高 6 ～ 15m）等。

D.桃花径：桃花，蔷薇科桃属落叶中小乔木。因株体矮化苍劲、花色芳菲、适应性强等特点，广泛用于纯林小径配置。《吕氏春秋》记载："桃李垂于街"。如重庆璧山桃花山小径。此外，适用于桃花径的品种有：碧桃（var.*duplex* Rehd.）、单瓣白桃（var.*alba* Schneid.）、千瓣白桃（var.*albo-plena* Schneid）、降桃（var.*camelliaeflora* Dipp.）、紫叶桃（var.*atropurpurea* Schneid.）、千瓣花桃（var.*dianthiflora* Dipp.）、绯桃（var.*magnifica* Schneid.）、红花碧桃（var.*rubro-plena* Schneid.）、洒金碧桃（var.*versicolor* Voss.）、塔形碧桃（var.*pyramidalis* Dipp.）、垂枝碧桃（var.*pendula* Dipp.）等。

E.梅花径：梅花，蔷薇科杏属落叶中小乔木。因树姿曲异、苍劲古拙、花姿娇艳等特点，广泛用于纯林小径配置。宋朝张久镒《梅品》："花宜称二十六条：为淡云，为晓日。为薄寒，为细雨，为轻烟，为佳月，为夕阳，为微雪，为晚霞，为珍禽，为孤鹤，为清溪，为小桥，为竹边，为松下，为明窗，为疏篱，为苍径，为绿苔，为铜瓶，为纸帐，为林间吹笛，为膝上横琴，为石枰下碁，为归雪煎茶，为美人淡妆簪戴。"此外，适用于梅花径的品种有：绿萼梅（var.*viridicalyx* Makino）、品字梅（var.*pleiocarpa* Maxim.）、消梅（var.*microcarpa* Makino）、细梅（var.*cryptopetala* Makino）、杏梅（var.*bungo* Makino）、黄香梅（var.*flavescens* Makino）、红梅（var.*alphandii* Rehd.）、紫梅（var.*purpurea* Makino）、玉蝶（var. albo—plena Bailey）等。

F.松林径：松科中的冷杉属（*Abies*）、油杉属（*Keteleeria*）、黄杉属（*Pseudotsuga*）、铁杉属（*Tsuga*）、云杉属（*Picea*）、银杉属（*Cathaya*）、落叶松属（*Larix*）、金钱松属（*Pseudolarix*）、雪松属（*Cedrus*）、松属（*Pinus*）等植物，因常绿冠浓、株形特质、松林似海等特点，广泛用于纯林小径配置。

G.椰林径：棕榈科椰子属中的椰子（*Cocos nucifera* Linn.）、孔雀椰子（*Caryota urens* Linn.）、鱼尾椰子（*C.ochlandra* Hance）、分株鱼尾椰子（*C.mitis* Lour.）等植物，因常绿竿直、冠阔浓荫、坚果金黄、适应性强等特点，广泛用于纯林小径配置。

H.葵林径：棕榈科蒲葵属中的蒲葵（*Livisora chinensis* R.Br.）、扇叶蒲葵（*L.japonica* Nakai）等植物，因常绿乔木、叶大如扇、掌状分裂、婆娑摇曳等特点，广泛用于纯林小径配置。

J. 植配注意事项

（A）纯林小径为自然式植物造景，自然式株形、自然式配置等，忌使用规则整形树种；

（B）纯林小径可散置石块组景或配景；

（C）小径若需配置大树，需按路宽与树高之比为 1 ：6 ～ 1 ：10 进行控制。如杭州西泠印社马尾松林路宽 2m，树高达 20m，比值为 1 ：10。

3.6 滨水植

3.6.1 定义

指滨水植物艺术配置。"水是整个设计因素中最迷人和最激发人兴趣的因素之一……人类有着本能地利用水和观赏水的要求[10]"。滨水植物造景，是人类"亲水为境，赏水为趣"的一种自然生活态度。

3.6.2 构景原理

（1）通过滨水植物配置，建立水域自然涵养系统。如水土保持、淡水储蓄、生态平衡、污水降解、水资源再分配等。

（2）通过滨水植物造景，完善城市绿地造园系统。

3.6.3 常见设计手法

3.6.3.1 滨水镜界面植配法

宛如镜面的水域，将一切岸际有形植物（包括植物、天空、彩云、人物、建筑等）纳入为像，一分为二。清何绍基有诗："坐看倒影浸天河，风过栏杆水不波。想见夜深人散后，满湖萤火比星多"。自然界滨水倒影成像景观，以日本国景"天桥立"为最。位于日本京都北部丹后地方的宫津市，是阿苏海与宫津湾之间的一条长约 3.6km、最宽处 170m、最窄处 15m 的西南突出海岬。因镜界面倒影松树似"天桥"，故名。日本《天桥立》："风土记曰，丹波国余社郡东北数十里有长岬。长二千二百二十九尺余，名天桥立。谓阴阳二神立天之浮桥上，故此得名。"《丹后史传》传说："胯下倒看，作为名胜最受重视是享保年间（1716 ～ 1735 年）……从前，据说来自京都城的一伙七八人中的一位美女因解小便而急忙离开人群……于是发出赞叹：一下子看到桥像挂在天上，的确是美丽的桥立。人们纷纷各找地方，叉开两腿，埋下头去观看天桥立。天地之别，简直都分不出来了。因为是埋下头看，好似挂在天空的浮桥，可以看到天桥立异样的美。这位美女就是小野小町。"故有"胯下倒看天桥立"之景（图 3-86）。常见设计手法有：滨水静影法、滨水暗影法等两种。

A. 滨水静影法：静水如同一面镶边的镜子，可以倒映出滨水植物的自然轮廓影像。如树形、树姿、冠幅、色叶、动势等。但是，这种影像表现得相当概括和模糊。当风吹水面掀起涟漪或波浪时，影像即刻破碎、消失。所以，滨

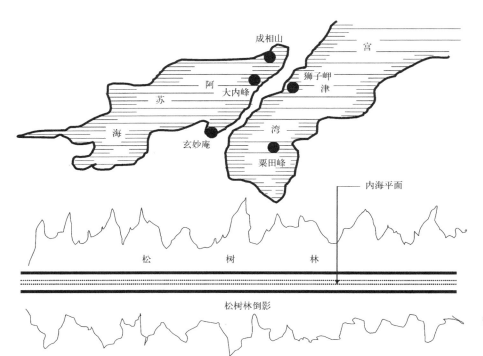

图 3-86　日本天桥立植物构景示意图（胯下倒看天桥立）

水植物倒影"看天成景，极不稳定"。

B. 滨水暗影法：光影在水面上的清晰呈现，与水面宽度、明暗度、天空色彩以及观赏角度等有关。

(A) 水面宽度：水面越宽，植物倒影成像完整度越高。假设水面宽度为 H，则完整的树影水面成像宽度至少应该为 $1/2H$（图 3-87，下图）。

(B) 明暗度：有两层意思。一是水面明暗度；二是植物叶色深浅度。实践证明：正午天空最亮时，水面几乎没有倒影呈现；晴天时，水面倒影支离破碎，难以成像；唯有阴天时，水面倒影才清晰可见（图 3-87，上图）。另外，叶色浓绿的松树倒影最佳。日本国景"天桥立"沙洲上共自然生长着日本黑松（日本人称为"白砂青松"）6300 余株，其中多为百年古松。

(C) 天空色彩：天空色彩在一定程度上，会直接影响滨水倒影成像效果。要么加强，要么消减。

(D) 观赏角度：假设滨水植物投射到水面上的倒影与水面夹角为 f，则从对岸所观赏到该植物全景的夹角应相似为 f。二者偏差太大时，要么看不到滨水影像；要么只能看到其中的一部分（图 3-87，下图）。

C. 植配注意事项

(A) 滨水植物林冠线倒影成像具有一定规律性，即边缘模糊、虚空感强、层次自然叠加、植物色相不清等；

(B) 利用滨水地形构建滨水植物倒影，系造景有效途径之一。"在斯托黑德或布伦海姆的园林中，利用自然式池塘，结合起伏的地形和自然式种植的树丛，形成一派宁静的田园风光"[10]。

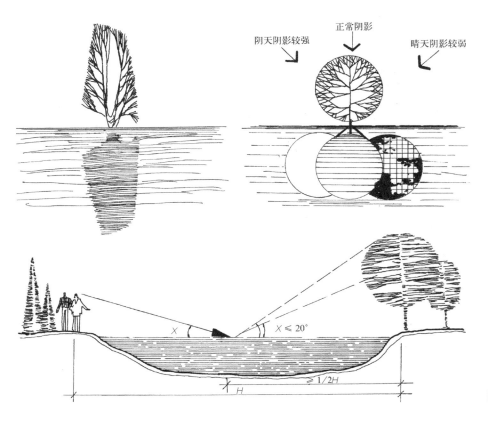

阴天阴影较强　　正常阴影　　晴天阴影较弱

$X \leqslant 20°$

H　　$\geqslant 1/2H$

图 3-87

3.6.3.2　溪口杨柳岸植配法

自我国秦汉时起，以柳固堤、夹岸植柳、溪口柳枝用于辟邪等现象蔚然成风。唐·高适《寄宿田家》："山青每到识春时，门前种柳深城巷。"到了清乾隆时期，举国上下"疏渠种杨柳"，并列入国策。据统计：在全世界杨柳科（*Salicaceae*）柳属（*Salix*）约 520 余品种中，我国有 257 种之多。主要种类有：垂柳、旱柳、大叶柳、河柳、杞柳、台湾柳、云南柳、水曲柳、灰柳、银柳、筐柳、朝鲜柳、簸箕柳、白柳、四子柳、皂柳、馒头柳等。杨树是杨柳科（*Salicacae*）杨树属（*Populus*）植物的总称。我国主要种类有：毛白杨、银白杨、新疆杨、山杨、响叶杨、大叶杨、小叶杨、加拿大杨、钻天杨、川杨、滇杨、胡杨、青杨、箭杆杨等。杨柳均属同科植物，习性相近，故两者常配置在一起。《石鼓文·汧沔》："何以橐之，树以杨柳。"杨柳二树均耐旱亲水，管理粗放，种植于溪口并在树下散落几尊石矶，野趣横生。常见设计手法有：溪口项圈式、溪口散点式、溪口平行式、溪口单侧式、溪口阶梯式等五种。

A. 溪口项圈式：指溪口杨树居中、柳树环绕的植物配置设计类型。利用高大杨树纺锤株形构成主景，滨水垂柳则为配景，两者自然组合，相映成趣（图 3-88）。

B. 溪口散点式：指溪口杨树、柳树均呈散点式布置的植物配置设计类型。杨树构成主景，柳树则为配景。如太原晋祠公园溪口杨柳岸（图 3-89）。

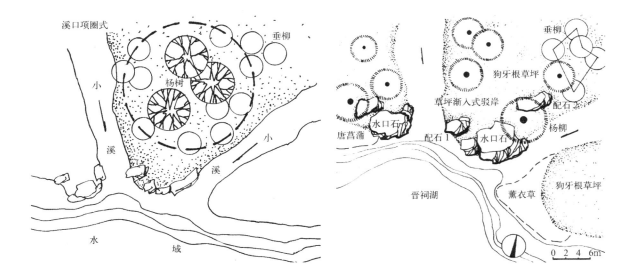

图 3-88 （左）

图 3-89 （右）

C. 溪口平行式：指溪口杨树、柳树略呈平行的植物配置设计类型。高大杨树居中构成主景，柳树两边排列则为配景，两者自然列植，彼此守望。

D. 溪口单侧式：指溪口杨树与柳树各占一边的植物配置设计类型。从空间布局形式上，具有单侧观赏功能，方向性较强。

E. 溪口阶梯式：指杨树靠后、柳树滨水的植物配置设计手法。从空间布局形式上，具有单侧观赏功能，方向性较强。

F. 植配注意事项

（A）溪口植配设计宜按不等边三角形植配原则丛植或群植。常见溪口杨柳自然造景组合有：加拿大杨（*Populus Canadensis* Moench）＋垂柳（*Salix babylonica* L.）＋旱柳（*Salix matsudana* Koidz.）；毛白杨（*Populus tomentosa* Carr.）＋银柳（*Salix leucopithecia* Kimura）＋龙爪柳（*Salix matsudana* Koidz. Tortuosa）；钻天杨（*Populus nigra* L. "Italica"）＋沙兰杨（*Populus × Canadensis* "Sacrau79"）＋秋华柳（*Salix variegate* Franch）＋南川柳（*Salix rosthornii* Seem.）等；

（B）杨柳相配时，应尽量避免杨树纺锤形高大挺拔树姿对垂柳景观画面的负面影响；

（C）溪口杨柳二者应有数量配比要求。常见杨柳树丛配比为：①溪口为"跳跃"景时，杨柳比值为 3：5；②溪口为"惊叹号"景时，杨柳比值为 3：9；③溪口为"群柱感"景时，杨柳比值为 1：1；④溪口为"鹤立鸡群"景时，杨柳比值为 1：7；

（D）溪口杨柳组合最佳观景位置，应按 $D/H \geq 7$ 选择与确定。

3.6.3.3 环湖坐憩点树丛植配法

在滨湖绿地设计中，环湖路平台常被用作多功能空间设计。平台上一树、一石、一景的巧妙组合，都能满足游人坐憩需求。如太原蒙山风景区环湖树丛。常见设计手法有：集锦式、散植式、片段式等三种。

A. 集锦式：指环湖集锦式坐憩点中的树丛配置设计类型。在每个自然式坐憩点铺地中，同种或不同种林荫树随意组合。常见树种有：构树、国槐、桂花、黄桷兰、红叶李、木芙蓉、小叶榕、天竺桂、蒲葵等（图3-90）。

B. 散植式：指整个环湖散铺坐憩点中的树丛配置设计类型。植物按照场景要求随意配置其中，孤赏、丛植、列植或群植皆可。常见树种有：合欢、构树、国槐、桂花、黄桷兰、红叶李、木芙蓉、小叶榕、天竺桂、蒲葵等。

C. 片段式：指环湖片段式坐憩点铺地中的树丛配置设计类型。树丛"片段"的空间形态组合，取决于坐憩点总体规划布局。常见树种有：合欢、构树、国槐、桂花、黄桷兰、红叶李、木芙蓉、小叶榕、天竺桂、蒲葵等（图3-91）。

D. 植配注意事项

（A）环湖树丛区域的边界形态，应结合地形以自然为宜；

（B）在环湖坐憩点树丛旁，可结合地形适当增设一些灌木丛或湿地等，强化有机设计。

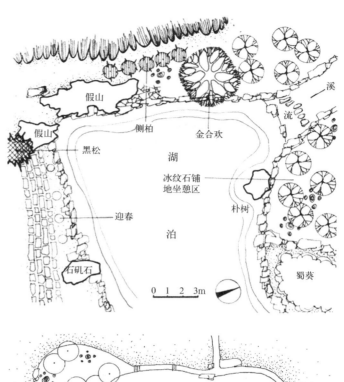

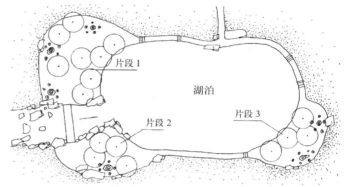

图3-90 （上）
图3-91 （下）

3.6.3.4 自然式水体形态植配法

水体平面形态，取决于驳岸。驳岸形态千变万化，导致水景设计类型多种多样。大致可划分为：规则式（包括方形系列水体、圆形系列水体、斜线系列水体等）、自然式（包括人足形、葫芦形、心字形、流云形、港汊形、兽皮形、聚合形等七种）、混合式（包括组合岸线形、艺术岸线形等）。

A. 人足形水体植配法：指形似人足形水体驳岸的植物配置设计类型。由主视点a对岸体植物景观进行总体控制和情景描述，如铺地广场处略呈团状的树丛景观，需要孤赏树或特色树丛（包括色叶树丛、高大树丛等）的对景设计，使得有景可赏；在水际树林景深以及草坪景深方向，利用透视线规划原理尽量延伸或量化处理（图3-92）。

B. 葫芦形水体植配法：指形似葫芦形水体驳岸的植物配置设计类型。由葫芦中部主视点a对岸体植物景观进行总体控制和情景描述，如亭子与铺地广场处的树丛配置、草坪景深配置等。从总体上看，植物造景重点在于几个岬部的配置设计。

C.心字形水体植配法：指形似心字形
水体驳岸的植物配置设计类型。通过由坐憩
点对源头树丛视景夹角不大于60°的总体控
制，获得景点植物造景效果（图3-93）。

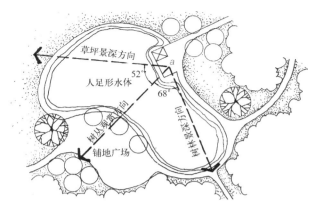

图3-92

D.流云形水体植配法：指形似流云形
水体驳岸的植物配置设计类型。流云形水体
驳岸，集中了许多时空变化因素。有视线转
折引起的透景变化；有植物林缘线平面构图
造成的景深变化；有植物疏密结构所导致的
观景方向变化等。另外，流云水景的自然凹
凸线形变化，也可以被看做是"天光云影共
徘徊"的自然力结果。"天光"之景，则树
丛远离驳岸，光影最强；"云影"之景，则
树丛滨水（图3-94）。

E.港汊形水体植配法：指形似港汊形
水体驳岸的植物配置设计类型。由主视点a
对岸体植物景观进行总体控制和情景描述。
在树丛组景手法上，因借地形地貌特点多作
一些绿色观景廊道的设计。廊道越多，植物
景观越多。

F.兽皮形水体植配法：指形似兽皮形
水体驳岸的植物配置设计类型。由主视点a
对岸体植物景观进行总体控制和情景描述，
如通过亭子背景树丛配置构建透视网；由框
景树丛配置组织辅助视线等（图3-95）。

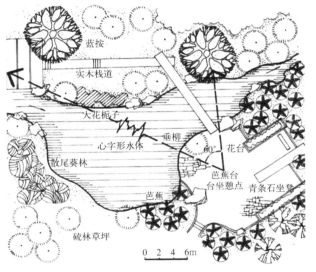

图3-93

G.聚合形水体植配法：指多水域聚合
体驳岸的植物配置设计类型。由主水域主视
点a对岸体植物景观进行总体控制和情景描
述，如岬部倒影树配置组景、孤赏树景以及
树丛组景等。在植物配置方面，以主水域为
主，次水域匹配。

H.植配注意事项

（A）通过视锥角不大于60°的植配设计
原理，对驳岸树丛定位、植配形式以及观赏
面等进行总体把握；

（B）自然式水体驳岸植物配置也可以采
取"分段设计"的手法，使树丛在观景方向
有疏有密，重点突出。

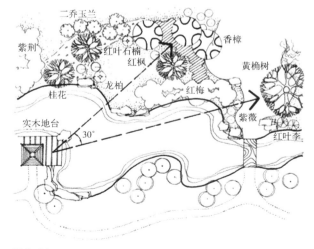

图3-94

3.6.3.5　滨水建筑组景植配法

滨水建筑,指临水设置的景观建筑物。包括:水榭、舫、亭、涉水廊等。"榭者,籍也。籍景而成者也。或水边,或花畔,制亦随态"。[5] 由于滨水建筑环境的特殊性,其形"看"与"被看"同等重要。将植物巧妙布置于其中,滨水裹绿,柔和线条,各得其所。"闲闲即景,寂寂探春。好鸟要朋,群麋偕侣。栏逗几番花信,门弯一带溪流"。[5] 常见设计手法有:组景法、补绿法等两种。

图3-95

A. 组景法:指利用植物株高、冠形、枝叶、花色、叶色等自然属性,与滨水建筑共同组景的植物配置设计手法。株高是画面定位器,由它可有效调控滨水建筑竖向构景重心位置;冠形是画面调节器,由它可增强滨水建筑竖向构景层次。顶端生长优势树种(如毛白杨、钻天杨、重阳木、木麻黄、银杏、槭树、银桦、水杉等)使画面向上呈"跳跃感"。水平冠形树种(如菩提树、黄桷树、橡皮树、二乔玉兰等),使画面平铺呈"绿荫覆盖感"。圆球冠形树种(桂花、小叶榕、天竺桂、紫杉等),则使空间画面更加圆润和柔和。垂枝状树冠(如垂柳、垂榕柱、垂枝榆、垂枝山毛榉、细尖枸子等),使画面多姿多彩(图3-96)。此外,枝叶、花色、叶色等,也都在一定程度上强化组景画面效果。

B. 补绿法:滨水建筑在绿地规划时,常预留一些绿地空间,为植物造景提供方便。常见手法有三个:①点补,即孤赏树配置;②片补,即树丛覆盖面配置;③意境补,即"多样性"艺术配置(图3-97)。

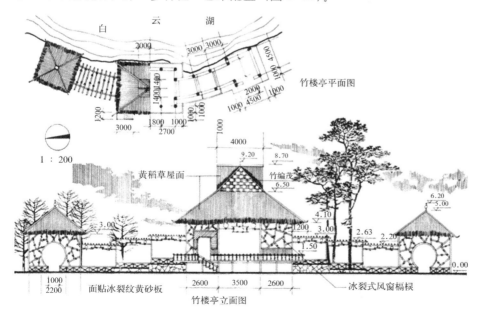

图3-96

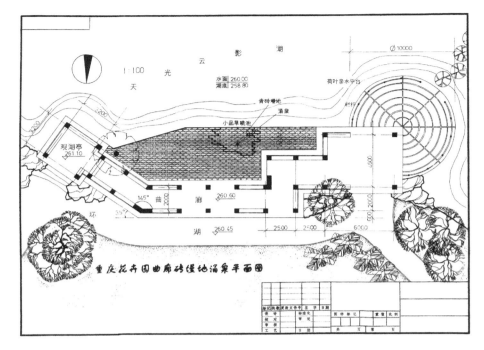

图 3—97

C. 植配注意事项

(A) 滨水建筑物组景与补绿树种均不宜太多，繁多易乱；

(B) 在树种选择，名木古树为上，竹类次之，针叶树最次。

3.6.3.6 半岛植配法

三面邻水一面连陆者，谓之半岛。它于岛屿不同之处在于：形合貌离、空间局限、迎面观赏、景象独特。常用于湖泊、休闲池、戏水池、喷池、泡池之中。常见设计手法有：直径控制法、主题控制法、三景树丛控制法、三层次控制法。

A. 直径控制法：假设以半岛长度 D 为直径画圆，滨水最佳观赏点 a 到该直径圆心的直线距离为 H。则半岛植物观赏主视面应为：D=H。然后，按照视角不大于 60° 进行树种选择或植配方式选择。在直径环上，还可以设置一些水中花池配景。半岛上所配植物形式有：丛植、列植、群植等（图 3—98）。

B. 主题控制法：当岛桥连接非常紧密时，也可被看作半岛。围绕着"半岛"主题设计（标识景）进行纯种群植，构成诸如桃花岛、竹林岛、枫林岛等。

C. 三景树控制法：首先，由引导树（如侧柏、红枫、垂柳、桃花、蜡梅等）将空间景观自然过渡到半岛上。然后，再由环状配置的桃花林簇拥着几株高大主景树（如香樟、马尾松、重阳木、银杏、水杉等），形成高潮。这种"三景树"配置层次非常明了（图 3—99）。

D. 三层次控制法：若将高大主景树丛前移至湖畔，则"三景树"空间层次将依次排列为：引导树丛－配景树丛－主景树丛。从空间形象上，表现为：较高－低－高。同样，在色彩搭配上也会出现半岛植物配置设计"个性"。

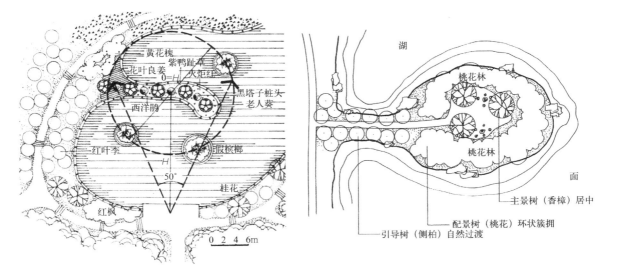

图 3-98（左）
图 3-99（右）

E. 植配注意事项

（A）半岛植配树种选择非常灵活，有常绿树、落叶松、阔叶树、针叶树等，故设计手法也十分灵活；

（B）半岛主景树丛以 3～9 株奇数为宜，少有 2 株者；

（C）半岛主景树除了同种丛植外，还可以异种相配。常见树丛组合南方有：①棕榈科组合设计（如老人葵＋针葵；伊拉克海枣＋加拿利海枣；海枣＋蒲葵；老人葵＋散尾葵；旅人蕉＋棕竹；鱼尾葵＋槟榔；油棕＋针葵；椰子＋槟榔等）；②木犀科组合设计（如桂花＋油橄榄；桂花＋女贞＋小蜡树；苦枥木＋白蜡树等）；③木兰科组合设计（如海南木莲＋香木莲＋大叶木莲；厚朴＋玉兰；观光木＋紫玉兰＋含笑；白兰＋黄兰等）；杉科组合设计（如杉木＋柳杉；水松＋黑松；落羽杉＋池杉等）。北方有：①松科组合设计（如雪松＋华山松；雪松＋黑松＋红松；白皮松＋赤松；油松＋黑松；马尾松＋湿地松＋火炬松等）；②柏科组合设计（如侧柏＋翠柏；圆柏＋刺柏＋侧柏等）；桦木科组合设计（如白桦＋糙皮桦）。

3.6.3.7 植物自体迁徙植配法

自然界中一些植物自体繁殖能力非常强，它靠不定茎、不定根（气生根）向上萌芽，向下着根，实现自体迁徙功能。如桑科榕属、柽柳科、竹科、杨柳科柳属等植物。在云南德宏傣族景颇族自治州盈江县铜壁关老刀弄寨的深山老林中，有一株冠盖 9.2 亩，共有 300 多个气生根的"华夏榕树王"，它在自体繁殖了 168 株新树的过程中，"独木成林"，实现自体迁徙。又如在河北省隆化县山湾乡小扎扒沟村的西沟里有一株胸径 20cm 的旱柳，在约 200 年内自西向东跨河"向扭秧歌式"地行走了 80m。据当地林业部门实测：这株旱柳生命力极强，树身在自体繁殖中前端始终依靠重力作用呈自然下垂状，不停地在寻找着水源。它着地生根后，地上部即萌发新枝，而原树干则逐渐腐烂消失。在植物趋光性和趋水性的共同作用下，始终围绕着水和光照充足的河沟转来转去，致使该树不断向前"行走"。从景观学角度，植物自体迁徙所呈现出的整体状态构成一种"动态美"。常见设计手法有：陆地自行式、探水自行式等两种。

A．陆地自行式：桑科榕属植物具有庞大的气生根（不定根）系统。这些不定根靠"极性生长"（注：地上萌芽、地下着根）始终带动着整个株体自行迁徙。特点：根盘扭结、母子相依、独木成林、动感十足。塑造此景要点：①开阔绿地，人为引导；②树姿造型，水景补充。

B．探水自行式：柳属植物普遍具有不定根"探水"功能。当树枝或根盘发现附近有水源后，就靠强大的探水能力始终带动着整个株体自行向该水源地靠近，然后，再生长，实现自体迁徙（图3-100）。特点：跨溪行走、拟态成景。塑造此景要点：①滨水配置，人为引导；②树姿造型，龙凤成形。

C．植配注意事项

（A）植物自体迁徙成景时间一般较长，塑造此景宜提前制定周密计划和方案；

（B）植物自体迁徙成景所需面积较大，塑造此景宜提前划出保护区域。

3.6.3.8　滨水色温梯度植配法

植物叶片因叶绿素光合作用产生绿色，而绿色本身则因叶绿素含量多少产生差异（表3-4）。植物在自然生长过程中，常因体内叶黄素、胡萝卜素、类胡萝卜素以及花青素等量化平衡以及对光线吸收量不同等影响，而又产生多样色彩。如嫩芽色、黄绿色、黄色、黄红色、红色、双色、秋季变色等。此外，茎色也有多种变化类型。如青绿色（如梧桐、棣棠、竹、青杨、毛白杨等）、红紫色（如红瑞木、山桃、赤枫、青藏悬钩子、紫竹等）、金黄色（如金枝槐、黄金嵌碧玉、金镶玉竹、金竹等）、灰白色（如白皮松、白桦、白桉、粉枝柳、考氏悬钩子等）、斑驳色（如榔榆、斑皮袖水树、豺皮樟、天目木姜子、木瓜

图3-100

等）。一般认为，常绿色系植物和部分双色叶植物（如红背桂、银白杨、红颡子、木半夏、栓皮乐等）给人的温度感较低；黄色系（如黄金叶、金叶女贞、金叶鸡爪槭、金叶雪松、金叶圆柏等）、紫红色系（如紫叶小檗、紫叶李、紫叶桃、红檵木、红枫等）、新芽红色系（如红叶石楠）以及部分秋季色叶植物（如银杏、黄栌、枫香、三角枫、乌桕等）给人的温度感较高。将不同色系植物按照一定规律配置于水边，可以通过色温梯度变化获得景观。常见设计手法有：对景色温扩散法、对景色温内移法等两种。

植物绿色度分级表　　　　　　　　　　　　表3-4

绿色度分级	I	II	III	IV
色调	淡绿色	浅绿色	深绿色	暗绿色
代表树及类别	柳树及春季新芽叶色	悬铃木及阔叶落叶树的叶色	香樟及阔叶常绿树的叶色	雪松及针叶树的叶色

A. 对景色温扩散法：于湖泊宽阔水面的对景处，采取"由内向外"配置较高色温植物（如近驳岸处配置秋季金黄色叶植物银杏、枫香等），而远离驳岸处则逐渐配置浓绿色→淡绿色→浅绿色→黄绿色等较低色温植物，构成色温梯度。从空间层次上，使整体画面向外移动。从甜蜜点观赏，产生一种"主景扩散，背景突出"的效果（图3-101）。

B. 对景色温内移法：于湖泊宽阔水面的对景处，采取"由外向内"配置较高色温植物（如远离驳岸处配置秋季金黄色叶植物银杏、枫香等），而近驳岸处则逐渐配置浓绿色→淡绿色→浅绿色→黄绿色等较低色温植物，构成色温梯度。从空间层次上，使整体画面向内移动。从甜蜜点观赏，产生一种"主景内移，背景烘托"的效果（图3-102）。

C. 植配注意事项

（A）滨水色温梯度有时也须注意主题建筑色泽对植物配置的影响。如陕西咸阳渭滨公园金鱼馆主体建筑坐落于圆形喷池中，设计外墙为金属色。在植物色温梯度配置手法上，采取"由内向外"分别配置了牡丹→木槿→垂柳→雪

图3-101（左）
图3-102（右）

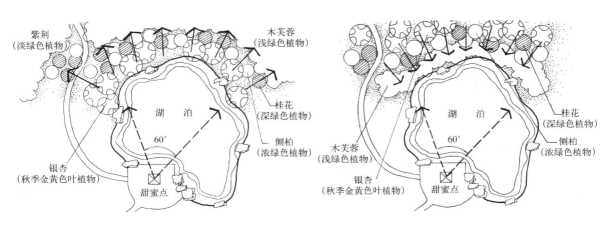

教学单元3　自然式植物配置及造景设计　**117**

松→紫叶李→银杏等，从空间层次上使"色温"向外自然扩散，衬托出金鱼馆宏伟的艺术造型。

（B）植物色温梯度配置的空间感染力很强，由此所产生的景观构图画面是宏观的、立体的。

3.6.3.9　滨水悬枝植配法

滨水植物向水面方向自然倾斜或偏冠生长，实际上是一种亲水特性表现。植物偏冠所造成的动势，虽然时空感景观表现十分强烈，但却极不稳定。它容易随着株体重量的增加以及偏角的变小而最终倒伏。所以，若需保持滨水悬枝景观，就必须人为干预才行。如武汉中山公园湖畔法国梧桐树。常见设计手法有：力矩控制法、岸体加固法、枝干支撑法等三种。

A．力矩控制法：按照力学原理，滨水悬枝偏冠的稳定性与主体力矩和悬枝力矩二者的比值有关。假设主干重力为 W_1，其重心到受力支点 O 的距离（力臂）为 L_1；悬枝重力为 W_2，其重心到受力支点 O 的距离（力臂）为 L_2。按照力矩 (N) ＝力×力臂，则主力矩 (N_1)＝$W_1×L_1$；悬枝力矩 (N_2)＝$W_2×L_2$。

当 N_1/N_2 ＜ 1.5 时，为悬枝不稳定因素，需要人工加固措施；

当 N_1/N_2 ≥ 1.5 时，为悬枝设置可行。

所以，只要悬枝力矩能够控制在 N_1/N_2 ≥ 1.5 范围，悬枝景观设置在一定时间内是可行的（图 3-103，左）。

B．岸体加固法：当 N_1/N_2 ＜ 1.5 时，则需要人工加固树基或调控悬垂角度等两个因素后，才能保证其相对稳定性。常见加固措施有：岸基加固（图 3-103，右）、树基加固（图 3-104）、景观加固等三种。

C．枝干支撑法：当 N_1/N_2 ＜ 1.5 时，也可以采用圆木或钢管等对主干进行支撑。

D．植配注意事项

（A）从景观学角度，滨水悬枝偏冠较不偏冠观赏性强。但偏冠植物须慎重选择：①传统滨水树种（如垂柳、法国梧桐、象牙红、梅花、桃花、蜡梅等）；②适应性强的树种（如水曲柳、照水梅等）。

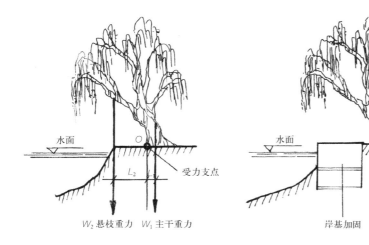

图 3-103

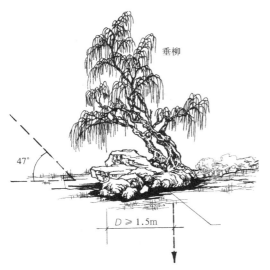

图 3-104 （左）
图 3-105 （右）

（B）滨水悬枝植物所处假山置石驳岸宜加宽为不小于 1.5m。

3.6.3.10 龚贤水际乱石植配法

龚贤（1618～1689 年），字半千，江苏昆山人，明末清初山水画家。一生因"爱仿梅花道人笔意"而闻名，世称"米树画法"。"梅花道人树法：要养森其妙处，在树头参差，一出一入一肥一瘦，以木炭画圈，随圈点之"。[11] 他与画家樊圻、高岑、邹喆、吴宏、叶欣、胡慥、谢荪等并称为"金陵八家"。其代表作有《深山飞瀑图》、《急峡风帆图》、《木叶丹黄图》、《重山烟树图》、《溪山人家图》、《云林西园图》等，其著作有《画诀》、《香草堂集》、《柴丈人画稿》等。龚贤山水画"水际乱石法"植物造景特征：三五成丛乱石滩，参差高低配杂树。常见设计手法有：乱石杂树法、乱石松林法、乱石竹林法等。

A. 乱石杂树法：指散置于水际乱石滩中的杂树丛。特点：水际配置、随意自然、树种多样、不拘形式（图 3-105）。

B. 乱石松林法：指散置于水际乱石滩中的松树丛。特点：水草与松树共存、野趣横生等。常见树种有：落羽松、罗汉松、水松、油松、堰松等。

C. 乱石竹林法：指散置于水际乱石滩中的竹丛。特点：自然野趣、湿地生态、竹林优雅。常见树种有：水竹、箣竹、箬竹、斑竹、刚竹、凤尾竹等。

D. 植配注意事项

（A）水际乱石树丛与绿地树丛配置，二者区别在于：前者，随意性太强，具有湿地感；后者，虽然自然，但需要艺术构图。

（B）水际乱石树丛观赏面随意，故俯仰不定、欹直自然、间距不等、高低顺势。

3.6.3.11 诗境桃花溪植配法

桃树（*Prunus persica*），蔷薇科李属落叶小乔木，原产于中国西（北）部。自周朝时起开始种植，称为社树。《诗经·周南·桃夭》："桃之夭夭，灼灼其华。"进入唐朝以后，因长安宫"桃花园"幽谷仙境影响，导致历代御制赏桃、品桃、咏桃、画桃、种桃等"景象"比比皆是。如宫廷开宴时御作"桃花应制诗"，文人墨客吟诗赋画，桃花山、桃花扇、桃花曲、桃花岛、桃花溪（桃汤）、桃花坞……致使举国上下广植桃花。明清时期，安徽徽州歙县潜口（今黄山市徽城区）就已经建成了著名的"十里桃花溪"。常见设计手法有：缤纷桃溪式、虹霓桃溪式、舟行桃溪式等三种。

A. 缤纷桃溪式：晋代诗人干宝《搜神记》："刘阮入天台宛若进入桃花溪仙境——忽逢桃花林,夹岸数百里,中无杂树,芳草鲜美,落英缤纷。"其诗境为：夹岸遍桃花，风吹拂人间。仙境桃花溪，天台落缤纷。塑造此景要点：溪畔种植品种桃花，打造缤纷桃花自然景色。

B. 虹霓桃溪式：北宋诗人黄庭坚在《水调歌头》中写道："溪上桃花无数，枝上有黄鹂。我欲穿花寻路，直入白云深处，浩气展虹霓。只恐花深里，红露湿人衣。"其诗境为：欲穹桃花溪，揽月揣虹霓。花溪桃瓣红，弄人穿花衣。塑造此景要点：桃花溪畔设置坐憩点，为游客提供近赏"展虹霓"，远观"花深里"自然景色。

C. 舟行桃溪式：唐朝诗人王维在《桃源行》中写道："渔舟逐水爱山春，两岸桃花夹去津；坐看红树不知远，行尽青溪不见人……春来遍是桃花水，不辨仙源何处寻。"其诗境为:桃汤行舟媚春色，红雨塞途忘流连。临境凡身数桃花，仙梦尽是桃花溪。塑造此景要点：通过桃花溪、桃花岛、桃花坞等设计，为游客提供行舟赏桃花的便利之景。

D. 植配注意事项

（A）诗境桃花溪植物品种选择：大花白碧桃（*Prunus persica* f. albo-plena Schneid.）、撒金碧桃（*Prunus persica* f. versicolor Voss）、千瓣桃红（*Prunus persica* f. dianthiflora Dipp.）、绛桃（*Prunus persica* f. camelliaeflora Dipp.）、绿花桃（*Prunus persica* f. var.）、寿星桃（*Prunus persica* f. var.densa Mak.）、伏桃（*Prunus persica* var.）、红花秋桃（*Prunus persica* f. var.）、白花秋桃（*Prunus persica* f. alba Schneid）、毛桃（*Prunus persica*）等；

（B）为获得诗境桃花溪景效，须注意品种间的自然搭配；

（C）也可以通过主题式桃花溪打造诗境，如白花系桃花溪（包括：大花白碧桃＋小花白碧桃＋白花秋桃＋寿星桃）；红花系桃花溪（包括：红碧桃＋千瓣桃红＋绛桃＋伏桃＋红花秋桃等）。

3.7 假山植

3.7.1 定义

假山（Rockery），史称掇山、堆山、筑山、叠山、造山、塑山等，系我国传统独特造园技法之一。假山上配置植物源于四种理念：①作画："峭壁山者，靠壁理也。籍以粉墙为纸，以石为绘也。理者相石皴纹，仿古人笔意，植黄山松柏、古梅、美竹，收之圆窗，宛然镜游也"[5]；②造景："人皆厅前掇山，环堵中耸起高高三峰排列于前，殊为可笑。加之以亭，及登，一无可望，置之何益？更亦可笑。以予见：或有嘉树，稍点玲珑石块；不然，墙中嵌埋壁岩，或顶植花木垂萝，似有深境也"[5]；③固土："至于累石成山之法，大半皆无成局。然而欲垒巨石者将如何而可，曰不难。用以土代石之法，减人工，又省物力，且有天然委曲之妙。混假山于真山之中，使人不能辩者，其法莫妙于此。累高广之山，全用碎石，则如百衲僧衣求一无缝处而不可得，此其所以不耐观也。以土间之，则可泯焉无迹，且便于种树，树根盘固与土石比间，且树大叶繁混然一色，不辩其谁石谁土。此法不论土多石少，亦不必定求土石间半，土多则土山带石，石多则石山带土，土石二物不相离。石山离土则草木不生是童山耳。小山亦可无土，但以石作主而土附之，土不胜石者，以石可壁立而土易崩，必仗石为藩篱故也。外石内土此从来不易之法"[7]；④适用：明朝造园家张岱"瑞草溪亭"："瑞草溪亭，为龙山支麓，高与屋等，燕客相其下有奇石，身执垒插，为匠石先，发掘之，见土，撵土见石，鬐石去三丈许，始与基平，乃就其上建屋。屋今日成，明日拆，后日又成，再后日又拆，凡十七变而溪亭始出。盖此地无溪也，而溪之，溪之不足，又潴之，墼之，一日鸠工数千指，索性池之，索性阔一亩，索性深八尺。无水挑水贮之，中留一石如案，回潴浮峦，颇亦有致……一日左右视，谓此石案，焉可无天目松数棵，盘郁其上，逐以重价购天目松五六棵，凿石种之，石不受插，石崩裂，不石不树，亦不复案。燕客怒，连夜凿成砚山形……燕客性卞急，种树不得大，移大树种之，移种而死，又寻大树补之。种不死不已，死亦种不已，以故树不得不死，然亦不得即死。溪亭比旧址低四丈，远土至东，多成高山，一亩之室沧桑忽变，见其一室成，必多坐看之，至隔宿，或即无有亦，故溪亭虽渺小，所需至巨万焉。"

3.7.2　构景原理

（1）通过临摹山水画，拟态自然、写意自然、超脱自然。

（2）通过假山植物配置，柔和空间并有效增加绿地覆盖率。

（3）通过假山植物艺术配置，塑造人文景观。

3.7.3　常见设计手法

3.7.3.1　入画式植配法

唐白居易曾说："画无常工，以似为工，画无常师，以真为师。"从假山整体入画修饰过程来看，"工、匠、艺、心"四字归结于"源"。发乎心源，悟之匠艺。假山入画特点：立体成形、三维作画、品鉴含蓄，悟之有道。常见设计手法有：拟态入画法、色叶丛林法、绿洲浮岛法等。

A.拟态入画法：山势各有形，山景各有姿。利用假山拟态技术，通过巧妙配置植物可以达到入画成景的目的。例如，在四川省邻水县邻洲广场西端相对高差约18m的自然洼地中,巧借清光绪《江都县续志》卷十二中"园以湖石胜,石为狮九，有玲珑天矫之概"的山势意境为主题，设计一座五层叠瀑的"九狮山胜境"大假山（方案一）。"九狮"山石跃山涧，绿意点景五叠泉。在假山植配设计手法上，主要强调了以下几点：

（A）水口孤赏色叶树：于主入口铺地广场处孤植一株银杏树，通过高大色叶的标识作用，将长约50m的五叠泉纵深画面巧妙"拉近"，形成统一感。

（B）"九狮"跃绿配置：由选自邻水县石板乡土黄色的"盖帽石"构成"九狮"跳跃之景，通过绿色繁花植物的衬托艺术配置，活灵活现，名副其实（图3–106）。

（C）山顶树丛配置：于五叠泉各个水口旁"山顶"处，采取树丛配画的方式组景。

B.色叶丛林法：在绿山环抱之中较大面积地配置色叶丛林，即可获得"重点画面"效果，亦通过色叶装点形成假山的一大景观特色。例如，在四川省邻水县邻洲广场西端相对高差约18m的"九狮山胜境"大假山（方案二）。利用作画透视原理，将五叠瀑自然划分成"近景、中景、远景"三个有机层次。围绕"水口"则采用色叶植物逐渐引入纵深和高潮。在第一级观景平台处孤植一株高大银杏树，构成主入口色叶景；在第三级叠瀑观景亭侧配置两株桂花和三株红枫以及在第四级叠瀑北口配置三株紫荆等，构成"中景"；在第五级叠瀑口配置枫香树丛等。总体上刻画出色叶丛林景效。

C.绿洲浮岛法：靠近开阔水域的假山，还可以通过增设"绿洲浮岛"的方式，将原假山画面"切入"到湖水之中，使景深在时空上有效延长。例如，在四川省邻水县邻洲广场西端相对高差约18m的"五泉揽月"大假山（方案三）。在假山叠瀑入湖处，通过设置"绿洲浮岛"的方式使观赏画面向外平移，有效延长假山景深画面。"绿洲浮岛"上配置两株银杏，可以构成框景。至于"绿洲浮岛"的具体位置有以下三种比选方案：

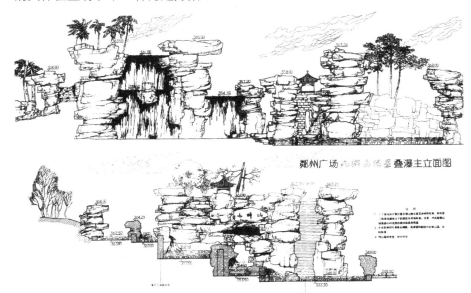

邻州广场　　　　　叠瀑主立面图

图 3–106

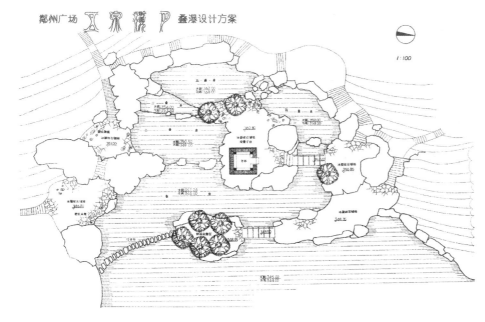

郑州广场 工家灣 P 叠瀑设计方案

1:100

图 3-107

(A) 居中位:易通过"轴线"设计刻画出景深画面,在这条"轴线"上为了"聚焦",植物最适于"成群"、"成丛"地配置。如桃花丛、梨花丛、紫荆丛、红枫丛、蜡梅丛、紫玉兰丛等(图 3-107)。

(B) 左置位:假山主视画面通过向左侧平移,消减了"轴线"约束性,从而使植物观赏面主体偏向左侧。从观赏美学上,可以多采用一些繁花与色叶植物丛植造景。

(C) 右置位:假山主视画面通过向右侧平移,消减了"轴线"约束性,从而使植物观赏面主体偏向右侧。从观赏美学上,可以多采用一些繁花与色叶植物丛植造景。

在"绿洲浮岛"的三种位置中,居中为上,居左次之,居右欠妥。

D. 植配注意事项

(A) 假山入画植物配置,应按照"主题→画面→植物→景深"的顺序进行设计;

(B) 假山入画重点在于"水口",故"水口"处宜多配置一些繁花、色叶、芳香等植物造景;

(C) 在一幅假山水景画面中,"绿洲浮岛"不宜多设;

(D) 在一幅假山入画效果图中,有时为了造景"配画"需要,而集中地将不同季节景观特征表现于一体。如春季桃花、紫荆等开花;夏季木芙蓉开花;秋季银杏金黄色叶变化;冬季蜡梅开花等。

3.7.3.2 仿喀斯特假山植配法

喀斯特(Karst),又名岩溶。喀斯特一词,源自南斯拉夫西北部伊斯特拉半岛碳酸盐岩高原的一个小地名,意为:岩石裸露。喀斯特地貌几乎遍及全世界。喀斯特作用机理:水对可溶性岩石"以化学溶蚀为主,冲蚀、浸蚀、潜蚀和崩塌等为辅"共同作用的结果，所以，又称为岩溶地貌。喀斯特地貌形态特征分为：正地形（包括：石芽、石柱、石花、石丛、石峰、天生桥等）和负地形（包括：溶沟、溶槽、地缝、水缝、天坑、塌陷地、裂隙、干谷、坡立谷等）。仿喀斯特假山，主要是针对"正地形"的塑造。常见设计手法有：石笋板根植配法、钟乳石花植配法、飞来石植配法等三种。

　　A. 石笋板根植配法：喀斯特"正地形"在发育过程中，由于地表雨水的淋溶、冲刷、浸蚀和切割等共同作用，形成了一种"连根土壤、呈板块状"的竖向"板根石"。如四川省华蓥山喀斯特"板根"景观。假山临摹此景，植物配置造景重点在于以下三个方面：

　　（A）笋峰孤赏树配置法：华蓥山喀斯特核心景区各个笋峰上，基本都生长着一种古榕桩，葛藤下悬或缠绕石笋，景观独特。假山临摹此景，可获得"孤赏"景观（图 3-108）。

　　（B）笋腰悬枝树配置法：原始喀斯特石笋，一般都有许多"水平状"节理面、裂隙、水缝、断层等。里面土壤富集，植物悬枝着生。假山临摹此景，可通过配置匍地柏、堰松、罗汉松、刺文竹、七姊妹、迎春、九重葛、紫藤等获得"悬枝"景观。

　　（C）板根灌木丛配置法：原始喀斯特板根中，一般都有地表土富集，常聚集着一些花灌木丛。假山临摹此景，可通过配置南天竹、杜鹃、罗汉松、五针松、肾蕨、柳叶十大功劳、海桐、大叶黄杨、含笑、佛顶珠桂花、毛叶丁香、小叶女贞、海棠等获得"板根"景观。

　　B. 钟乳石花植配法：喀斯特"正地形"在发育过程中，形成了许多状如"石花"的地形地貌。假山临摹此景，植物配置造景重点在于以下两个方面：

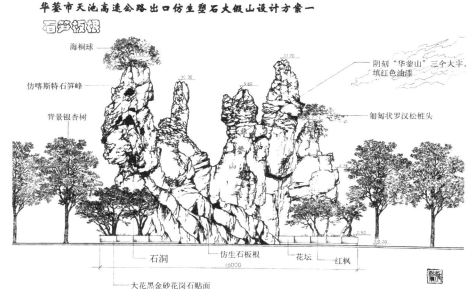

图 3-108

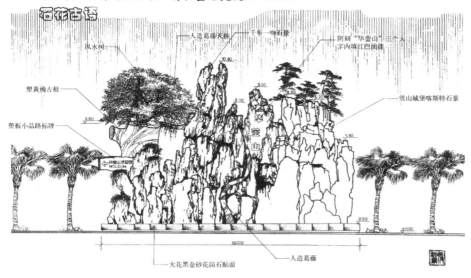

图 3-109

　　(A) 峰凹树 (灌) 丛植配法：各个钟乳石花之间的 "凹地"，常富集土壤，植物易于生长。土厚，则树丛多；土薄，则灌丛多。假山临摹此景，可通过配置榕树、棕竹、南天竹、杜鹃、罗汉松、五针松、肾蕨、柳叶十大功劳、海桐、大叶黄杨、含笑、佛顶珠桂花、毛叶丁香、小叶女贞、海棠等获得 "钟乳石花" 景观 (图 3-109)。

　　(B) 峰腰垂蔓植配法：为了刻画钟乳石花特色景观，于各峰腰水平裂隙缝中配置九重葛、常春藤、紫藤、迎春、七姊妹等垂吊形植物，构成 "钟乳石花束腰" 景观。

　　C. 飞来石植配法：在喀斯特 "正地形" 中，有些峰巅孤置悬石 (俗称 "飞来石") 蔚为壮观。假山临摹此景，植物配置造景 (图 3-110) 重点在于以下两个方面：

　　(A) 峰顶树丛植配法：按照假山主立面组景画面构成，选择性地于峰顶自然配置小苗树丛 (如罗汉松、海棠、南天竹、紫穗槐等)，构成飞来石 "配景"。

　　(B) 峰腰悬枝树配置法：参见 "笋腰悬枝树配置法"。

　　D. 植配注意事项

　　(A) 因自然界喀斯特地貌植被条件受局限，故在假山点状植配时，切忌数量和品种使用太多。

　　(B) 根据石色选配色叶植物。如青石假山，宜配置绿色、黄色、红色植物 (如杜鹃、南天竹、肾蕨、海桐、黄栌、红枫、平基槭、紫叶李、紫叶小檗、金叶女贞、红檵木等)；黄石假山，宜配置绿色植物 (如小叶榕、罗汉松、黑塔子、南洋杉、棕竹、女贞、苏铁、匍地柏等)。

　　(C) 假山正立面植物景观构成，应结合场地自然条件采取 "立地、立体" 复合设计。

华蓥市天池高速公路出口仿生塑石大假山设计方案三

华蓥美容

罗汉松实生苗丛植景观

阴刻"华蓥山"三个大字内填红色油漆

盘扎罗汉松桩头

仿喀斯特石笋

1600

图 3-110

3.7.3.3　挡墙塑山植配法

在山地城市建设中，常因竖向平台的建设而形成了许多高切坡、挡墙、护坡等硬质立面墙。通过表面塑石假山艺术处理，可以起到"柔和、贴绿、造景"等功效。常见设计手法有：青藤挂顶法、集锦添绿法、悬崖树丛法等三种。

A. 青藤挂顶法：对于一些较大型的挡墙塑石假山，为了展示其山体造型轮廓感，采取藤本植物（如常春藤、油麻藤、九重葛、七姊妹、黄虾花等）自然"挂顶"的配置方式构成景观。如重庆市黔江区书香门第花园小区主入口塑石大假山（图 3-111[12]），又如，重庆合川宝润国际公馆售楼部景观护坡塑石设计方案（图 3-112）。

B. 集锦添绿法：对于一些聚焦性较强的挡墙塑石大假山，由于假山立面的各种景深层次的造型与刻画，需要围绕着"点"进行艺术配置，以烘托主题。如邻水上甲1号公馆挡墙展开宽度25m、高度10.20m的掇石大假山（图3-113）。

C. 悬崖树丛法：对于一些高切坡的生硬转角，可以采取塑石假山的办法进行立体柔和造景。一方面，利用塑石假山的特殊造景方式，柔和高切坡转角

图 3-111　（左）
图 3-112　（右）

图 3—113

的生硬线条；另一方面，通过假山植物配置创造出一种"动感"，使高切坡景观整体性清晰。如重庆建筑工程职业学院篮球场高切坡塑石大假山（图 3—114）。

D．植配注意事项

（A）为了保证植物正常生长，挡墙塑石假山上的所有种植池规格应为：口径不小于 40cm；覆土深度不小于 30cm。种植池侧设置泥门。

（B）为了防止风吹倒伏，尽量选择矮化或造型植物品种。

3.7.3.4　登山道假山植配法

"跋躐搜巅，崎岖挖路"[5]。于登山道两旁采取临摹喀斯特地貌特征布置自然山石，既可护佑、组织交通，也可观景、纳凉等。常见设计手法有：山脊登山道假山植配法、休息平台假山植配法、山洼登山道假山植配法等三种。

A．山脊登山道假山植配法：在风景区、山地公园、郊野公园等游步道规划设计中，设计师首先关注的是山脊线利用问题。其中，关心最多的是"山脊登山道"的布置及景线编排问题。如何组织登山线路？如何打造登山道景观？如何配置登山道植物等。原始登山道一般位于山脊线上。如开江县牛山寺公园原始登山道。常见设计手法有：顺脊登山道法、绕脊登山道法等两种。

（A）顺脊登山道法：顺脊，即顺沿原始山脊线布置登山道的方法。特点：①可以借助于原始登山道布置"突兀山石"，顺势而上；②观赏性较高；③易于组织；④基础条件较好。于山脊登山道线路两旁，可以采取临摹石林、峰丛、　图 3—114

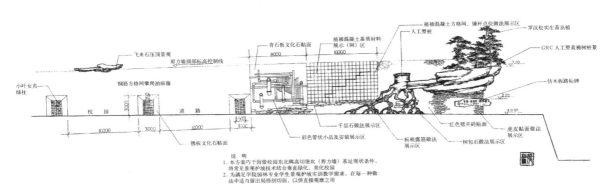

石芽、石花等喀斯特地貌特征等手法，将"峰丛"自然布置成各种组景单元体。然后，再巧妙配置假山植物。如错缝处配置南天竹、女贞、花叶良姜、杜鹃、黑塔子、小榕树以及其他草花等，构成自然"峰丛"感；于峰顶配置藤蔓植物向下自然垂吊，构成一种野趣；于假山石登山道两旁配置高大树丛和灌木丛等，构成郊野情调（图3—115）。

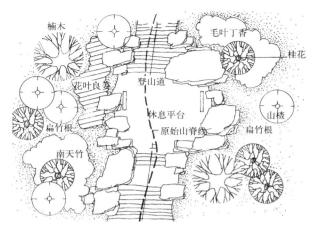

图 3—115

（B）绕脊登山道法：在沿着登山道布置塑石假山时，有时为了设置观景休息平台而将登山道绕行，使空间在节点平台处发生了转换。在植物造景上，除了假山错缝、峰顶等处艺术配置上，重点将转移到观景平台附近。即视线框景植物配置、登山道两旁高大树丛和灌木丛等组合配置（图3—116）。

B. 休息平台假山植配法：登山道中的休息平台有两种，即道中休息平台、道旁眺望平台。

（A）道中休息平台：指位于登山道上作为交通"节点"的休息平台。规划中常于背崖处通过塑石假山艺术设置，构成景观。上接登山道，面朝登山口。如开江县牛山寺公园登山道"牛滴圣泉"塑石大假山。于背崖处设置了一座长×宽=38m×11m的"石包牛形"拟态大假山，构成"牛滴圣泉"景观。在植物配置上，将假山正立面"自左而右"划分成南、中、北"三段"。南段，于仿喀斯特洞登山道旁侧丛植朴树、黄花槐、南天竹、罗汉松、常春藤等，与自然山林融为一体；中段，于"牛身"石缝中点缀铺地柏、常春藤以及金叶桧等，掩隐牛身，构成"龙隐跌泉"景观；北段，将"牛尾"藏于山林之中。此外，整座大假山基础采取自然式，配置了象牙红、海桐球、杜鹃球、红枫、苏铁、南天竹等，烘托主景。

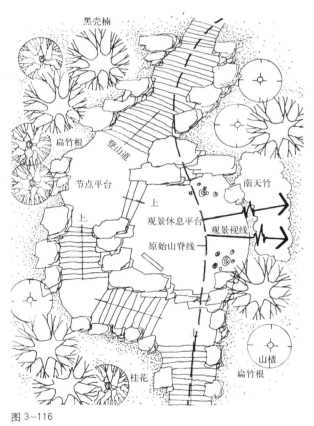

图 3—116

（B）道旁眺望平台：当登山道梯级不小于20级时，应当在其旁侧引出一座道旁眺望平台（又称为承露台），满足人们观景需求。平台入口处、面崖处以及背崖处等，都是不错的塑石假山设计区域。围绕着这些"点"可以随意地配置一些树丛或灌木丛，从"点"上去刻画植物景观形象。

C. 山洼登山道假山植配法：山洼，即山之低洼处。特点：自然汇水区域、覆土层较厚、地基稳定性较差、光线较弱、植被条件较好等。常见设计手法有：沟底登山道法、平台登山道法等两种。

（A）沟底登山道法：顺沿自然沟底登山道两旁点缀性地布置塑石假山，组成带状景线。因为沟底光照条件不好，所以最好将高大树丛配置在登山道两旁较远处，呈自然式丛植。而道旁则配置花灌木丛或草坪（图3-117）。

（B）平台登山道法：顺沿自然沟底登山道自然线形适当地布置观景平台。平台外沿设置塑石假山并环绕上行，接入原山洼登山道。平台上或孤赏，或树丛，或垂吊藤蔓植物等，皆可。另外，将高大树丛配置在登山道两旁较远处呈自然式丛植。而道旁则配置花灌木丛或草坪。

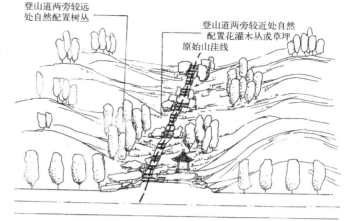

登山道两旁较远处自然配置树丛

登山道两旁较近处自然配置花灌木丛或草坪

原始山洼线

图3-117

D. 植配注意事项

（A）无论哪一种登山道在植物配景时，均须注意画面同一性和完整性。必要时，可选择主画面进行深层次植物"主题"刻画。

（B）登山道所有植物均应采取自然式设计。

3.7.3.5　假山绿冠植配法

假山环堵绿冠造型常给人一种"归林得志，老圃有余[5]"的感觉。山形裹绿的自然线条如同"泼墨染画"一般，生动、自如和婉转。常见设计手法有：混假于真绿冠植配法、假山绿冠植配法等两种。

A. 混假于真绿冠植配法：在风景区或山地公园中，一些自然山林因路基高切坡的破坏，而出现了裸露岩体，对景观破坏非常大。通过塑石假山的"补绿介入"，就可以大改其观。如开江县牛山寺公园东南隅，有一段自然山林因路基下切产生了总长度 × 高度 =30m×16.5m 的高切坡裸露面，景象极差。为此采取针对性塑造仿黄石大假山"补绿介入"的办法，恢复景观。利用高大假山造型中的"补绿"，与自然山林嵌合对接。远观时，则真假山难辨。

B. 假山绿冠植配法：一般来说，人工假山的野性来自于生态匹配、造型临摹、山势刻画、材质表现、工艺做法以及植物配置等六个方面。其中，植物配置尤其重要。一座裸山，无论生态匹配指数有多么高，造型临摹有多么像，山势刻画有多么细腻，材质表现有多么美妙，工艺做法有多么高超，但仍然属于"童山耳[7]"，一座不成熟的园林假山而已。常见设计手法有：针叶林绿冠法、阔叶林绿冠法、混合林绿冠法等三种。

（A）针叶林绿冠法：当松科、杉科、柏科等针叶树丛用作假山绿冠配置时，因其"参差不齐、犬齿跌宕、疏密有致、自然朴实"等特性，可以有效增强假山主视面野趣感。假设假山主立面高度为 X，则绿冠所配植物控高（H）不宜超过 X。另外，假山主画面区域不宜配置树丛（图 3—118）。

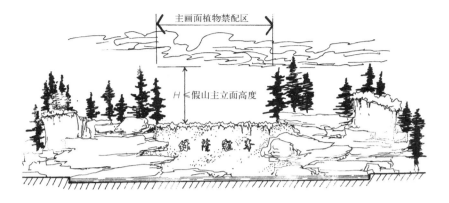

图 3—118

（B）阔叶林绿冠法：除了针叶林植物外的所有阔叶树，在用作假山绿冠配置时，因其"朵云起伏、自然圆润、横向扩展、富贵厚实"等特性，可以有效增强假山主视面华丽感。假设假山主立面高度为 X，则绿冠所配植物控高（H）不宜超过 X。另外，假山主画面区域不宜配置树丛（图 3—119）。

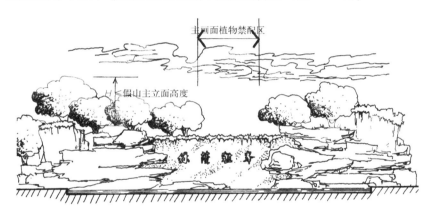

图 3—119

（C）混合林绿冠法：即将针叶林与阔叶林有机结合，可以获得一种"野趣感"。如云南白药集团"天颐茶庄"仿黄蜡石大假山即为此例。在"天颐茶庄"岔路口南端设计了一座长 × 高 =31.75m×4.5m 的大假山。为了打造"郊野荒地、自然野趣"的绿冠景观，自然丛植了芭蕉丛、小叶榕、冷杉、落羽杉、桂花、黄花槐、云南山茶、红枫、九重葛等景观植物（图 3—120）。

C. 植配注意事项

（A）假山绿冠树丛的配置高度不宜超过假山主画面的高度；

（B）假山绿冠的"野性"配置设计，应注意植物生态组群上的原始依存关系。

3.7.3.6　大假山集锦式植配法

植配注意事项

（A）假山集锦式植配的重点区域应相对集中在瀑布水口的旁侧，在数量分配上应相对均衡；

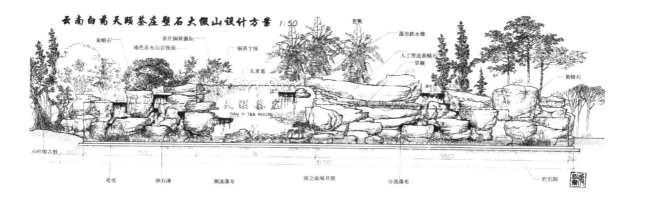

云南白药天颐茶庄塑石大假山设计方案 1:50

小叶榕古桩 黄蜡石 褐色系火山岩饰面 茶庄铜质徽标 铜质字体 九重葛 志蕉 瀑布跌水槽 人工塑造黄蜡石 旱蕨 黄蜡石 烂石洞

凫尾 卵石滩 侧流瀑布 南立面展开图 分流瀑布

(B) 所有植物规格大小须与假山体量相匹配。 图3-120

3.7.3.7 假山三远植配法

假山"三远",即高远、深远、平远。源自北宋郭熙（1023～约1085年）《林泉高致》:"山有三远:自山下而仰山颠,谓之高远;自山前而窥山后,谓之深远;自近山而望远山,谓之平远。高远之色清明,深远之色重晦,平远之色有明有晦;高远之势突兀,深远之意重叠,平远之意冲融而缥缥缈缈。其人物之在三远也,高远者明瞭,深远者细碎,平远者冲淡。明瞭者不短,细碎者不长,冲淡者不大,此三远也"。从郭熙"三远"山水画中不难看出,山之"三远"与植物构图密切相关。《宋学士集》:"河阳郭熙,以画山水、寒林得名;盖得李成熙笔法"。常见设计手法有:假山高远植配法、假山深远植配法、假山平远植配法等三种。

A. 假山高远植配法:假山高大形象设计主要有三点:①结合标高的竖向纹理造型设计;②收顶大乔木艺术配置;③观赏视线前移。例如四川省自贡市龙汇家园居住小区塑石假山设计方案。在小区A组团主入口东端对景处,现状为一座总高度约为23.5m、总长度128.40m的自然小丘。经高切坡处理后的断崖基础形成小区消防通道。为了展示"高远"的整体形象,在仿喀斯特竖向纹理造型的基础上,集中配置了桂花、红叶李、芭蕉、紫荆等树丛（图3-121[12]）。

B. 假山深远植配法:假山"深远"有三种理解:①假山设计景深较大;②假山观赏"纵深"较长;③假山观景"甜蜜点"较远。如北京静心斋太湖石 图3-121

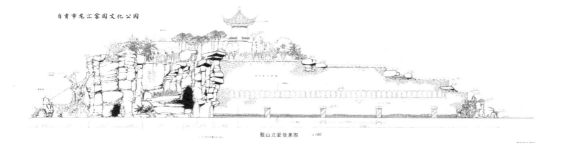

自贡市龙汇家园文化公园

假山立面效果图 1/100

大假山。郭熙《林泉高致》："世之笃论，谓山水有可行者，有可望者，有可游者，有可居者。画凡至此，皆入妙品……君子之所以渴慕林泉者，正谓此佳处故也。"由此可见，假山纵深及面积的增加，为植物配置设计增添了许多便利。选种、组合、构图等都更加随意。

C. 假山平远植配法：假山"平远"可以被理解为：人体平均视中线高度或以下的假山观赏效果（图 3-122[12]）。假山"平远"的植物配置设计重点在于：基础配置、层缝配置、收顶配置等三个方面。

（A）基础配置：属于场景配套设计范畴。"此制不第宜掇石而高，且宜搜土而下，令乔木参差山腰，蟠根嵌石，宛若画意"[5]。在假山基础配景中尤以植物最重要。通过植物模纹图案配置，可以构成假山"节点"性景观；通过植物框景配置，可以构成"端景"等。常见品种有：棕竹、南天竹、龟背竹、杜鹃、栀子、春羽、罗汉松、针葵、金叶女贞、红檵木、肾蕨、鸭脚木、苏铁、蚊母、红叶石楠、十大功劳等。

（B）层缝配置：假山"层缝"主要指"水缝、纹理缝、裂隙缝、断层缝"等。在这些缝中配置植物的最好办法就是"临摹"和"拟态"。根据所在位置选配浅根性、须根性、耐瘠薄、低矮、抗性强的植物品种，如小乔木、花灌木、地被、藤本植物等。常见品种有：常春藤、油麻藤、九重葛、紫藤、苏铁、针葵、南天竹、棕竹、栀子、南天竹、红檵木、黑塔子、罗汉松、五针松等。

（C）收顶配置：当假山高度较低时，应按比例多考虑一些较低矮的植物或造型桩头等。常见品种有：罗汉松、南天竹、常春藤、七姊妹、杜鹃、红檵木、肾蕨等。

D. 植配注意事项

（A）假山"三远"植物画面的构景，须遵循"山—木—人"三者的关系。郭熙《林泉高致》："山有三大，山大于木，木大于人。山不数十里如木之大，则山不大；木不数十百如人之大，则木不大。木之所以比夫人者，先自其叶，而人之所以比大木者，先自其头。木叶若干可以敌人之头，人之头自若干叶而成之，则人之大小，木之大小，山之大小，自此而皆中程度，此三大也"。

（B）假山"三远"植物配置的动感性很强，其甜蜜点可以假山整体画面来调控。

图 3-122

（C）假山〝三远〞基础植配色调，应以暖色系植物品种为宜。通过植物色温的提高，保持假山画面始终处于较高的观赏调子。

3.8　岛屿植

3.8.1　定义

指水中岛状绿地类型。〝江干湖畔，深柳疏芦之际，略成小筑，足徵大观也[5]〞。特点：用地较小、空间有限、团状收缩、倒影效果强、易于构成视线焦点等。

3.8.2　构景原理

（1）通过岛屿独特空间的自然林相配置，构成视线焦点。
（2）通过水面特性衬托，岛屿植物镜像成景。

3.8.3　常见设计手法

常见岛屿植物配置设计类型有：柳树岛、桃花岛、疏林岛、枫林岛、竹林岛、松树岛、棕榈岛、盆景岛、浮岛等九种。

3.8.3.1　柳树岛

〝晓风杨柳，若翻蛮女之纤腰[5]〞。整座小岛遍植柳树，近观〝摇曳枝〞；远观〝水中绿〞。如重庆白云湖柳树岛岸。常见设计手法有：杨树柳岸法、桃树柳岸法、杂树柳岸法等三种。

A. 杨树柳岸法：系我国传统岛屿植配技法。指杨树居岛中，柳树环岸植设计类型。岛芯配置杨树设计方法有：孤植、丛植等。柳树环岸设计方法有：环岸列植、岛内群植。杨柳配置比例不大于 10。

B. 桃树柳岸法：系我国传统岛屿植配技法。指桃树居岛中，柳树环岸植设计类型。曹勋诗：〝东风二月苏堤路，树树桃花间柳花。〞[13] 岛芯配置桃树设计方法有：丛植、群植等。柳树环岸设计方法有：环岸列植、岛内丛植。桃柳配置比例不大于 2。

C. 杂树柳岸法：系我国传统岛屿植配技法。指杂树居岛中，柳树环岸植设计类型。岛芯配置杂树，即不小于 2 种景观树种。其设计方法有：孤植、丛植、群植等。柳树环岸设计方法有：环岸列植、岛内群植。桃柳配置比例不大于 5（图 3-123）。

D. 植配注意事项

（A）柳枝婀娜多姿、下垂成景的自然景象，无论在与哪一种植物相配时，都应尽量配置于环岸近水处。在品种选择上尽量选择垂枝能够轻拂水面的线柳。

（B）柳树与其他品种的配置比例是相对动态的比例。

3.8.3.2　桃花岛

我国传统桃花岛常指以桃花配置为主的岛屿。常见设计手法有：品种桃树法、桃柳混植法、桃柳相间法等三种。

A. 品种桃树法：全岛配置桃花品种群，通过花色对比构成岛屿景观。常见桃花品种有：红花系列（如千叶桃、绛桃、紫叶桃、千瓣花桃、红花碧桃等）；白花系列（如单瓣白桃、千瓣白桃、洒金白桃、寿星桃、大花白碧桃、小花白碧桃、绿花桃、毛桃等）。配置设计手法有：红花岛、白花岛、红花＋白花岛等三种。红花与白花配置比例不定。

B. 桃柳混植法：全岛垂柳与各种桃花品种混植在一起。配置比例不定。

C. 桃柳相间法：主要指滨岸垂柳与碧桃（红花品种或白花品种）的间植，透过柳枝观赏碧桃花色景观。明文震亨《长物志》："种子成林，如入武陵桃源，亦自有致，第非盆盎及庭院物，碧桃人面，桃差久，较凡桃更美，池边宜多植，若桃柳相间，更美"。桃柳间植比例为 1∶1。岛内可配置其他植物，如丛植碧桃、蜡梅、贴梗海棠、紫玉兰等。

D. 植配注意事项

（A）利用自然地形群植桃花，是构成桃花岛景观的最有效手段。因此，岛礁、乱石滩、卵石滩等都可以与桃花配景。

（B）桃柳相间法，主要是垂柳与碧桃的 1∶1 环岸列植技法。一般来说，垂柳在前，碧桃稍后，二者不在一条线上。

3.8.3.3 疏林岛

指全岛稀疏配置树木的设计类型。植物竖向结构一般由"上木、中木和草坪"等 2 ~ 3 个简单层次构成，"岛间透视"和"岛岸透视"性好。如天津水上公园东湖红莲岛、延风岛和翠亭洲"三座疏林岛"景观。常见树种有：木麻黄、重阳木、银杏、银桦、柳叶桉、香樟、广玉兰、毛白杨、钻天杨、楠木、楠竹、鸡爪竹等"高干挺拔、顶端生长优势较强"的品种（图 3-124）。

植配注意事项：

（A）疏林岛的通透性较强，在竖向层次配置时，尽量保留"岛间透视线"和"岛岸透视线"的自然通畅；

（B）疏林岛彼此之间的景观联系，是靠透视线组织的。所以，透视线的艺术编排尤为重要。

图 3-123 （左）
图 3-124 （右）

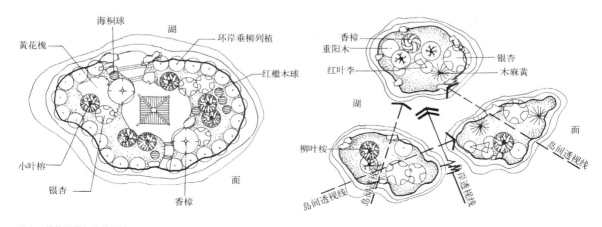

3.8.3.4 红叶岛

指全岛配置以红叶、黄叶或秋季色叶等植物为主的设计类型。红叶岛色温较高，易造成景观个性表现。常见设计手法有：常年红叶植配法、秋季红叶植配法等两种。

A. 常年红叶植配法：指全岛以配置常年红叶、黄叶等植物为主的设计类型。体型较大的树种向主视线两侧呈展开平面配置，体型较小树种则自然丛植于其中，整体上构成较强烈地红叶倒影画面感。常见树种有：红叶李、红枫、红叶桃、紫玉兰、红檵木、红叶小檗、红瑞木、变色木等。

B. 秋季红叶植配法：指全岛以配置秋季红叶或黄叶植物为主的设计类型。入秋后，气温与土温开始降低，植物生长机能开始由"合成"转向"分解"，叶绿素减少，胡萝卜素、类胡萝卜素、花青素则富集增多，从而导致叶片由绿色变成黄色、黄褐色或红色。常见树种有：金钱槭（*Dipteronia sinensis* Oliv.）、鸡爪槭（*Acer palmatum* Thunb.）、三角槭（*Acer buergerianum* Miq.）、青榨槭（*Acer davidii* Franch.）、樟叶槭（*Acer cinnamomifolium* Hayata）、罗浮槭（*Acer fabric* Hance）、中华槭（*Acer sinense* Pax）、三峡槭（*Acer wilsonii* Rehd.）、建始槭（*Acer henryi* Pax）、飞蛾槭（*Acer oblongum* Wall.）、青皮椴（*Acer davidi* Franch.）、枫香、银杏、法国梧桐、黄栌、红叶石楠等。

C. 植配注意事项

（A）红叶岛大树群（丛）的定位，有时能引起观赏画面的彻底改变，故须慎之又慎；

（B）为了保证红叶岛"主题"景观特色，在配置其他植物时，须注意体量上较之矮小些，数量上较之少一些。

3.8.3.5 竹林岛

竹科植物普遍具有"秆中空、形有节、叶单生、横出脉、鞭状根以及色润、形奇"等特点，配置岛中，文化十足。明文震亨《长物志》："种竹宜筑土为垄，环水为溪。"常见设计手法：单种配置法、混种配置法等两种。

A. 单种植配法：全岛配置一种竹子，可以构成"整齐划一、空间紧凑、倒影婆娑"的景观效果。常见设计手法有：紫竹岛、毛竹岛、方竹岛、慈竹岛、水竹岛等。

B. 混种植配法：全岛通过配置多品种竹子，构成竹林群相景观。常见混植品种有：毛竹＋慈竹＋斑竹；碧玉间黄金竹（var.*castilloni-inversa* Muroi）＋斑竹（f.*tanakae* Makino ex Tsuboi）＋黄金间碧玉竹（var.*castilloni* Muroi）；槽里黄刚竹（f.*houzeauana* C.D.Chu et C.S.Chao）＋黄皮刚竹（f.*youngii* (McClure).D.Chu et C.S.Chao）；凤尾竹（var.*nana* (Roxb.) Keng f.）＋花凤尾竹（f.*alphonsekarri* (Mitf.) Sasaki）＋斑叶凤尾竹（f.*albo-variegata* Makino.注：叶上有白色斑纹）＋斑叶凤尾竹（f.*viridi-striata* Makino.注：秆黄色或浅红色，并有绿色斑纹）；橡篱竹（var.*albo-striata* Mcclure）＋紫线青皮竹（var.*maculata* Mcclure）＋橡竹（var.*fusca* Mcclure）＋黄竹（var.*glabra* Mcclure）＋崖州竹（var.*gracilis* Mcclure）。

C. 植配注意事项

（A）竹林岛对品种竹的配置数量要求极低，只要能够保证竹林丛植特征即可；

（B）因为竹科植物与被子、裸子植物的形态差别太大，故在竹林中以不配置其他植物为宜。

3.8.3.6　松岛

松科与罗汉松科植物，因"冠美浓绿、树皮褐色、小枝纤细、虬曲多姿、龙态苍劲、易于造型"等特点，自秦朝起即成为我国主要"社树"之一。"盖乃松之配景术也。如于水滨、池畔植之，则低垂水上，宛如龙蛇饮水之状，尤为幽美。"[13] 松科植物有许多特殊冠形，如有塔形、圆锥形、伞形、广圆形、广卵形等五种。将它们归类配置于小岛上，景效独特。常见设计手法有：塔锥形混植法、伞形混植法等两种。

A. 塔锥形混植法：指冠形"上小下大，呈圆塔锥形"的松科植物集中配置于一座岛屿的设计类型。包括塔形树冠和圆锥形树冠两大类松树品种。塔形种类有：垂枝雪松（cv.*Pendula*）的尖塔形；银叶雪松（cv.*Agrentea*）、金叶雪松（cv.*Aurea*）、翘枝雪松、弯枝雪松（cv.*Robusta*）的宽塔形；雪松（*Cedrus deodara*（Roxb.）G.Don）、北非雪松（*C.atlantica* Manetti）、黎巴嫩雪松（*C.libani* Loud.）的宝塔形等。圆锥形种类有：单叶黑松（cv.*Monophylla*）、白发黑松（cv.*Variegata*）、蛇纹黑松（cv.*Oculus-draconis*）、虎斑黑松（cv.*Tigrina*）、万代黑松（cv.*Globosa*）、旋毛黑松（cv.*Tortuosa*）、垂枝黑松（cv.*Pendula*）、一面黑松（cv.*Pectinata*）、黄金黑松（cv.*Aurea*）、旋毛蛇纹黑松（cv.*Oculus-draconis-tortuosa*）、多果黑松（cv.*Multiconifera*）、锦松（cv.*Conticosa*）、细皮红松（f.*leptodermis* Wang et Chi）、粗皮红松（f.*pachidermis* Wang et Chi）等。松树岛景观表现出向上的力度感，独立性非常强（图3-125）。

B. 伞形混植法：指冠形"翠盖如伞、夭娇似龙"的松科植物集中配置于一座岛屿的设计类型。张商英诗云："如障如屏如绣画，似幢似盖似旌旗。"[13] 明文震亨《长物志》："最古者以天目松（注：黄山松）为第一，高不

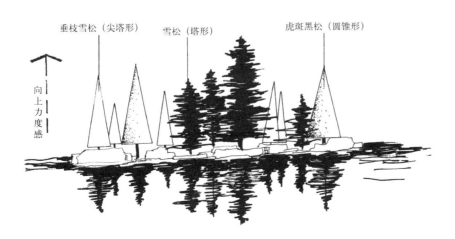

垂枝雪松（尖塔形）　　雪松（塔形）　　虎斑黑松（圆锥形）

向上力度感

图3-125

过二尺，短不过尺许，其本如臂，其针若簇，结为马远之'欹斜诘屈'，郭熙之'露顶张拳'，刘松年之'偃亚层叠'，盛子照之'拖拽轩翥'等状，栽以佳器，槎牙可观。"包括伞形、广圆形、广卵形等三大类松树以及罗汉松等种类。伞形种类有：黑皮油松（var.*mukdensis* Uyeki）、短叶油松（var.*tokunagai* (Nakai) Taken）、扫帚油松（var.*umbraculifera* Liou et Wang）、红皮油松（var.*rubescens* Uyeki）、球冠赤松（var.*Globosa*）、黄叶赤松（var.*Aurea*）、平头赤松（var.*Umbraculifera*）、垂枝赤松（var.*Pendula*）等。广圆形及广卵形种类有：马尾松（*Pinus massoniana* Lamb.）、黄山松（*Pinus taiwanensis* Hay.）。松树岛景观表现出横向扩展，野性十足的特点（图3-126）。

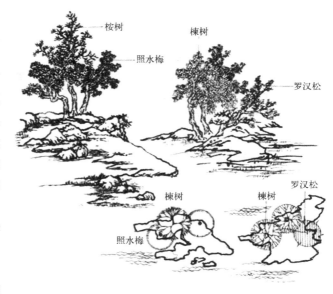

图3-126

C. 植配注意事项

(A) 在利用松树冠形造景时，须注意典型差别之间的混配关系。一般来说，同类冠形易造景。

(B) 罗汉松实生苗可以间配于松树之中，而罗汉松造型桩头就须设置独立空间以表现景观特质。

3.8.3.7　棕榈岛

棕榈科植物共同特点：常绿乔木或灌木，茎单干直立，常不分枝，叶大革质，掌状，集生于顶以及抗性强等。因其品种多属于热带或亚热带海滨植物，故用于岛屿则表现出热带海滨风光。常见树种主要集中在棕榈科中的椰子属（*Cocos*）、蒲葵属（*Livistona*）、槟榔属（*Areca*）、油棕属（*Elaeis*）、刺葵属（*Phoenix*）、棕榈属（*Trachycarpus*）、鱼尾葵属（*Caryota*）等七个属、种中。常见设计手法有：葵林植配法、椰林植配法等两种。

图3-127

A. 葵林植配法：全岛上自然式群（丛）植蒲葵、老人葵、扇叶蒲葵、棕榈、短叶棕榈等掌状叶形极为相似的树种，构成热带岛屿植物雨林植物景观。假如将全岛有机地划分成前景、中景、远景等三个层次时，则蒲葵（主景树）应配置在"前景"和"远景"两个区域内，既增加了"前景"观赏度，又增强了空间透视效果。而"中景"区域可以配置一些老人葵（配景树）进行点景联系（图3-127）。

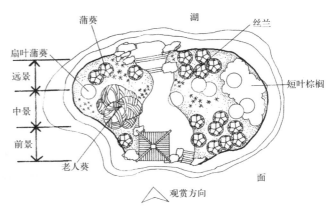

B.椰林植配法：全岛上自然式群（丛）植椰子、油棕、孔雀椰子、针葵、长叶刺葵、加拿利海枣等披针状叶形极为相似的树种，构成热带岛屿雨林植物景观。假如将全岛有机地划分成前景、中景、远景等三个层次时，则围绕着亭子（景点）配置高大、形优树种（如加拿利海枣、伊拉克海枣、中东海枣等）组成"前景"；"中景"则采用体形较高大的油棕树丛作为自然过渡；"远景"则配置椰丛构成"角隅望海"景观。近、中、远"三者"有机结合，互为景观。在基础配置上，则多采用一些诸如针葵、长叶刺葵等体形较小的树种作为地被配置。

C.植配注意事项

（A）棕榈科植物大多数生长于热带、亚热带地区，所以我国北方地区慎用；

（B）棕榈岛观赏方向性较强，所配植物都应该按其"近景、中景、远景"的基本顺序进行艺术编排。

3.8.3.8 盆景岛

全岛临摹些子景（即盆景）"咫尺山林，缩龙成寸"、"中底铺白沙，四隅盆鳌"、"利染千余里，山河叹百程"、"怪石小而起峰，多有岩岫耸秀"、"长者屈而短之，大者削而弱之"等艺术手法，将造型植物、蟠扎桩头、白沙、山石以及风景饰物等"载以佳器"之中，构成特色岛景。盆景岛上所有植物，可以按照预设方案进行巧妙布置。在树丛艺术组合上，可以按照明屠隆《考槃余事》中记载的"更有一枝两三梗者，或栽三五窠，结为山林排匝，高下参差，更以透漏窈窕奇古石笋，安插得体"手法配置。在植物造型盆景处理上，可采取临摹山水盆景制作的办法制作成"立山式、斜山式、横山式、悬崖式、峭壁式、怪石式、峡谷式、瀑布式、孤峰式、对山式、群峰式、石林式、溪涧式、江湖式、水畔式、岛屿式、综合式、沙漠式等"[3] 20式景观。常见树种有：黄山松、罗汉松、榕树、缨络松、榆树、水杉、红枫、冬青、杜鹃、翠柏、柳叶桉、西府海棠、雀梅、大花栀子、绒针柏、大叶黄杨、紫藤、凤尾竹、梅花、桃花、海桐等（图3-128）。

植配注意事项：

（A）一座盆景岛上的山水布置与植物造型等，应尽量统一在一种"盆景流派"之中。目前，我国盆景十大流派分别为：苏派、扬派、川派、岭南派、海派、浙派、徽派、通派、赵派、贺派。各派对植物桩头的造型技法差异较大，如"苏派之圆片，扬派之云片，川派之弯拐，岭南派之大树型、高耸型，海派之自然形，浙派之高干型合栽式，徽派之游龙式，通派之二弯半，

图3-128

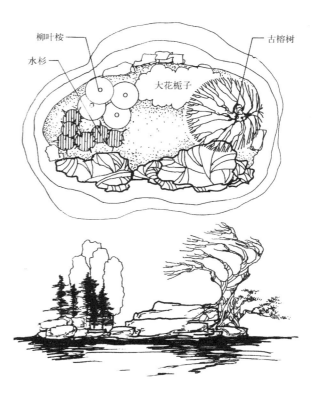

赵派之水旱式，贺派之风动式"[3]。桩式造型有：直干式、斜干式、卧干式、曲干式、悬崖式、枯干式、劈干式、附石式、提根式、连根式、垂枝式、枯梢式、游龙式、扭曲式、鞠躬式、疙瘩式、象形式等。

（B）岛上宜多配置实生苗，利用野性造景。常见实生苗品种有：罗汉松、金钱松、桧柏、朴树、栾树、柳树、榆树、油松、红枫、榉树、黑松、竹子等。

（C）盆景岛的主视观赏面设计尤其重要。

3.8.3.9 浮岛

指漂浮于水面之岛。特点：按需定位、任意组合、功能独特、私密性强、空间有限、全面观赏。设置浮岛的水域一般较大，观赏条件较好（如海、江、河、湖、水库等）。所以，浮岛组景空间的建立完全是向水域延伸的一种用于"休闲、赏景、饮食"等功能要求的设计手段。常见设计手法有：休闲性浮岛、观赏性浮岛、养殖性浮岛等三种。

A. 休闲性浮岛：因借水域空间开敞、空气清新、亲水自然、环境独特等优势，按照景观总体规划设计要求设置若干浮岛。在浮岛上再按照功能及景观要求配置植物。如由美国诺斯集团设计的辽宁省营口市河海龙湾别墅区熊岳河浮岛温泉设计方案。在宽约120m的熊岳河上呈双排错落式地布置了九座船形浮岛，并且，每座浮岛上均设置了休闲小木屋、圆形温泉泡池、葡萄架以及其他盆花等。浮岛通过铁锚固定于河床上。

B. 观赏性浮岛：利用竹木排筏设置漂浮绿地的方式，构成可移动绿地。为了保证植物基本生存需求，排筏上的花池覆土厚度不小于30cm。

C. 养殖性浮岛

D. 植配注意事项

（A）浮岛植物生长空间非常有限，所以，宜采用盆栽或种植箱的办法配置植物。土壤及植物的总重量须满足竹木排筏静荷载要求。为了排筏安全，土壤饱和重量应不大于150kg/m²。

（B）排筏材料宜采用楠竹、杉圆木、松圆木等，并经防腐处理。排筏固定宜采用铁锚或长锚杆等方式。

3.9 屋顶花园植

3.9.1 定义

屋顶花园（Arooftop Garden），又称为空中花园、悬苑、屋顶绿地、露台绿地、天台绿地等。《园林基本术语标准》CJJ/T 91-2002："指在建筑物屋顶上建造的花园。"最早源于公元前604～562年建造的巴比伦空中花园（The Hanging Gardens of Babylon）。相传巴比伦（今伊拉克巴格达城南约90km）国王尼布撒二世（Nebuchadnezzer）为了取悦娶自波斯国的公主赛米拉米斯王妃，于幼发拉底河右岸建造了巴比伦王城。王城中建有若干座土堆形构筑物。其中，以边长120m、高度25m并由石、砖、铅、土等材料共同建造的方形南宫花园（即悬苑）为最。在悬苑七层平台上种植了大量来自世界各地的奇花异草。其规模之大，被史学界誉为"世界七大奇观"。悬苑七层总覆土厚度高达 20m，种有 22m 高大树。由龙尾车将幼发拉底河水抽引浇灌。为了防止水土流失，先铺设石板和浸透柏油的柳条垫，再铺设两层砖和一层铅饼，最后再填土 4～5m 厚度的腐殖土等。"悬苑"结局：因伊德战争和幼发拉底河改道约 9 英里等因素，最终导致巴比伦城毁灭。到了公元 2 世纪，"悬苑"终成废墟。据美国《卫报》载：伊拉克政府再次向德国政府发出呼吁："要求德国政府归还 20 世纪初被德国商人和考古学家们盗走的巴比伦城砖、金狮子等历史文物。"目前，伊拉克巴格达已临摹重建了"巴比伦空中花园"，供游人参观。

3.9.2 国内外屋顶花园动态

3.9.2.1 国外

现代城市鳞次栉比的"钢筋混凝土森林"，正在无时无刻地侵蚀着人类赖以生存的自然空间。绿地减少，建筑增多。生态减少，棕地增多。可怕的是地球生态比例结构正朝着不利于人类生存的方向急速逆转。因此，向屋顶要绿地已刻不容缓。于屋顶上建造花园，是人类积极"面对环境、契合自然"的一种特殊造绿手段。目前，世界各国的态度都非常积极。如：德国政府于 1982 年率先立法，强制推行"屋顶绿化"政策。规定："任何新建筑业主都必须根据生态补偿要求建造屋顶绿化，或在他处新建与屋顶等面积的绿地。如违反规定则需缴纳罚款。"截至 2006 年底，德国屋顶绿化率已达到了 15%，是世界上公认的"绿色屋顶"较好的国家。日本东京地方政府 2000 年规定："凡占地面积不小于 1000m² 或公共设施面积达到 250m² 的新建、改建、增建等项目占屋顶总面积的 20% 都必须强制绿化，否则将处以 20 万日元的罚款。"政府希望各公司或个人把所拥有的建筑物屋顶都变成绿色空间，并且费用较高的屋顶花园项目最高可以申请 2000 万日元的政府补贴。同时，凡屋顶绿化规划设计都必须与建筑方案同时报政府审批。加拿大政府于 2005 年通过了一项法规，要求"超过 6 层的多单元住宅、学校、非营利性住房、商业和工业建筑等，都必须达到一定的屋顶绿化覆盖率"。政府设立了一系列措施，鼓励建筑商和业主"共同建造绿色屋顶"。美国通过大规模推行"屋顶绿化"运动，加大城市储存太阳能和过滤雨水的能力。首先，将屋顶绿化纳入"绿色建筑评估体系"（Leadership in Energy and Environmental Design 简称 LEED）中，通过"LEED"分值的评定后即可获得联邦、州或市级政府的有关基金资助。如芝加哥于 2005 年推出了"绿色屋顶奖励津贴项目"鼓励措施，对拥有屋顶花园的项目实行更快捷的审批程序服务；政府拨出更多的奖励津贴协助居民和小企业建立绿色屋顶项目；纽约州政府于 2008 年 6 月出台了一系列针对屋顶花园建设的减税政策，如只要业主绿化达到屋顶面积的 50% 以上，就可减免地产税；并且减免税总额上限可达 10 万美元。瑞士日内瓦市内 7% 的绿色食品均来自于屋顶种植。

3.9.2.2　国内

深圳市于 1999 年颁布了我国第一个屋顶花园政府性文件《深圳市屋顶美化绿化实施办法》。上海市于 2007 年 1 月颁布了《上海市绿化条例》，其中第十七条："本市鼓励发展垂直绿化、屋顶绿化等多种形式的立体绿化。新建机关、事业单位以及文化、体育等公共服务设施建筑适宜屋顶绿化的，应当实施屋顶绿化。"青岛市于 2008 年开始推广"空中花园"项目试点，但因各种原因而举步维艰。到 2013 年 8 月 25 日为止，"全市屋顶绿化面积不足 2 万平方米"。总之，我国屋顶花园建设渠道不畅、后劲不足、各抒己见、萎靡不振。究其原因：一是立法不明确，导致各地政策偏差较大；二是建设主体权属难定，导致争论不休，且行且止；三是管理严重滞后，导致质量无从把关。业界呼吁：在城市建设高速立体化发展的今天，为了绿化、美化人们赖以生存的城市，有效减少城市"热岛效应"以及因"钢筋混凝土森林"导致的种种不利，政府应尽快制定出屋顶花园政策法规，积极引导、鼓励和推进城市屋顶花园建设，从根本上改善我国屋顶花园建设"且行且止、萎靡不振"的现状。

3.9.3　构景原理

（1）通过屋顶花园建设，有效提高绿地覆盖率，改善城市居住环境。

（2）通过技术增绿手段，满足屋顶花园多功能需求。

（3）通过屋顶及墙面绿化，有效降低高层建筑光辐射、光反射、光污染。

3.9.4　常见设计手法

人类建筑屋顶形式通常有两种：坡式屋顶、平台屋顶。因此，屋顶花园设计受其影响也划分为：坡式屋顶花园、平台屋顶花园等两种。

3.9.4.1　坡式屋顶花园

系原始屋顶绿化形式。指以建筑坡式屋顶作为绿化的类型。特点：浅坡（不大于 5°）绿化、覆土层浅、荷载有限、配置地被及草坪为主、功能低、不能进入、无需构图设计等。常见设计手法有：民克式屋顶植配法、奥普蒂玛式屋顶植配法等两种。

（1）民克式屋顶植配法

系德国第一代坡式屋顶绿化技术，又称为四层做法屋顶花园。核心内容[14]：①屋顶坡度控制在不大于 5° 或小于 8.75%；②四层屋顶做法（由下而上）：第一层为椽子暴露在外的建筑木板屋顶；第二层为防水层；第三层为焙烧过的黏土＋种植土；第四层为草坪种植层；③屋顶荷载不大于 55kg/m²。在饱和湿度状况下，其重量不大于 150kg/m²。屋顶草坪种类：杂草、观赏草坪（图 3-129）。

注意事项：

A. 焙烧过的黏土因未加入化学发泡剂而本身就具有封闭型气孔，为保证植物生长层松软和通气良好，可以通过养殖蚯蚓达到目的；

B. 施工中遇有管道和天窗时，应当设置屋顶空洞维护设施。

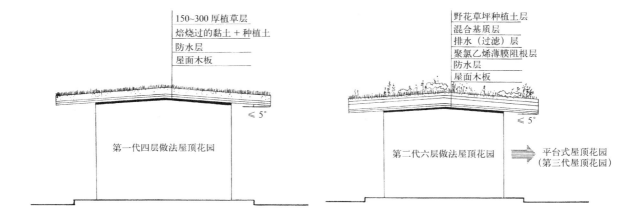

150~300 厚植草层
焙烧过的黏土 + 种植土
防水层
屋面木板

第一代四层做法屋顶花园 ≤ 5°

野花草坪种植土层
混合基质层
排水（过滤）层
聚氯乙烯薄膜阻根层
防水层
屋面木板

第二代六层做法屋顶花园 ≤ 5° 平台式屋顶花园（第三代屋顶花园）

（2）奥普蒂玛式屋顶植配法

图 3-129 （左）
图 3-130 （右）

系德国第二代坡式屋顶绿化技术，又称为六层做法屋顶花园。核心内容[14]：①屋顶坡度控制在不大于 5° 或小于 8.75%；②屋顶六层做法（由下而上）：第一层为椽子暴露在外的建筑木板屋顶；第二层为防水层；第三层为聚氯乙烯薄膜阻根层；第四层为排水（过滤）层；第五层为混合基质层，通常由焙烧过的黏土 + 种植土层 + 砂砾 + 扎根网 + 腐殖质 + 煤泥等组成；第六层为野花草坪种植土层；③屋顶荷载不大于 115kg/m²。在饱和湿度状况下，其重量不大于 370kg/m²。"通过一系列试验研究之后表明，草的嫩根中含有一种醚油，这种醚油能溶解密封材料，致使材料破坏，但至今仍未找到更科学的理论根据。"屋顶野花草坪种类：杂草、观赏草坪、二月兰野花草坪、紫云英野花草坪、苜蓿野花草坪等（图 3-130）。

植配注意事项：

A. 为了防止草种在干旱季节失水过快，应在种植土层中加铺 1cm 厚的砂砾保湿层；

B. 根据需要可以在基质层内增铺一道扎根网，以稳固地被及野花的根系；

C. 排水层厚度应大于 5cm，必要时可增设自动浇水设备，以便均匀供水；

D. 奥普蒂玛式屋顶绿化技术通过改良可以用于平台式屋顶花园建造。即在加厚种植土层的条件下，栽植一些乔木、花灌木和地被等较高大的植物。

3.9.4.2 平台式屋顶花园

指以建筑平台式屋顶或入户平台作为绿化的类型。特点：多功能性、覆土层增厚、荷载有限、多品种植物配置等。常见设计手法有：强化式屋顶花园、广场式屋顶花园、游园式屋顶花园、休闲式屋顶花园、入户平台式花园等五种。

（1）强化式屋顶花园

系德国平式屋顶绿化技术。核心内容[14]：①用于平台式屋顶花园；②屋顶六层做法（由下而上）：第一层为建筑屋面板密封层；第二层为中间隔层（中性材料层）；第三层为防根穿损保护层；第四层为排水层；第五层为过滤层，即由一种特制的过滤网组成，此网可以防止土壤基质中的微粒流入排水层；

第六层为轻质种植土层，即腐殖质＋耕作土＋煤泥，或腐殖质＋耕作土＋泡沫材料碎渣。常见植物种类有：意大利柏（*Chamaecyparis pisisfera "filifera Nana"*）、接骨木属（*Juniperus Communis "Compressa"*）、小檗属（*Berberis thungbergii*）、黄精属（*Deutzia gracilis*）、山紫菀属（*Aster amellus*）、红金光属（*Rudbeckia purpurea*）、百合花属（*Kniphofia uvaria grdfl.*）等。

植配注意事项：

A. 为了防止植物根系长期处于过湿环境而生长不利，过滤网性能一定要高；

B. 排水层通过增设膨胀蛭石、黏土、浮石粒或泡沫塑料排水板等办法，调节屋顶绿化土层的含水量；

C. 在建筑屋面板密封层与防根穿损保护层之间铺设一层中性材料作为隔离层，以避免上下两层发生不必要的化学反应，而造成屋顶防水层体系的破坏；

D. 强化式屋顶绿化的土壤基质厚度一般为 30cm 左右，适于配置一些小乔木、花灌木和地被植物；

E. 屋顶花园在植物配置时，应避免选择"根系对屋顶密封层有侵蚀作用"的植物。如：桤木属（*Alnus, Verschiedene Arten*）、金合欢属（*Robinia Pseudoacacia*）、桦属（*Betula Verrucosa*）、落羽杉属（*Taxodium distichum*）、飞廉属（*Cirsium arvense*）、羽扇豆属（*Lupinus albus*）、沙棘（*Hippophae rhamnoides*）、山毛榉（*Nothofagus antaretica*）、欧洲黑松（*Pinus nigra* var. *austriaca*）、欧洲红松（*Pinus silvestris*）、鹿角漆树（*Rhus typhina*）、山毛柳（*Salix caprea*）、竹科（*Sina rundinaria*）等。

（2）广场式屋顶花园

随着城市立体建设的不断介入，一些"大面积、大空间、大功能、大形象"的公共设施形成了"大型广场"。小者，占地面积几百平方米；大者，占地面积几十亩。这些"大型广场"基本上可划分为：城市市民广场类（如重庆朝天门广场）、步行街广场类（如重庆三峡广场）、地下车库顶层广场类等三种类型。特点：结构性好、场地优越、荷载大、使用植物品种多等。常见设计手法有：墙柱梁大树植配法、屋顶防倒伏植配法等两种。

A. 墙柱梁大树植配法：利用城市公共建筑强大荷载的"框架结构体系"配置高大树种，是城市"大型广场"绿地首选方式之一（图 3–131）。位于广场"墙柱梁"上的大树单位体积重量，可按日本新田伸三方法进行计算。即：

大树总重量（*E*）＝树干单位体积重量（*N*）＋根部单位面积重量（*F*）＋树叶重量（*G*）

图 3–131

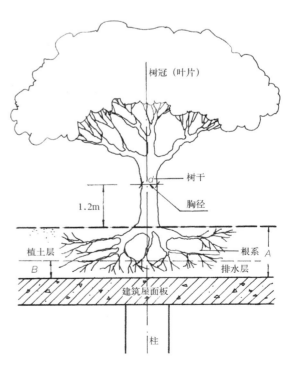

树冠（叶片）

树干

胸径

1.2m

植土层

根系 *A*

排水层

建筑屋面板

柱

(A）树干单位体积重量（N）：指屋顶上除了"根系"和"树叶"之外的单位体积树干总重量。单位：kg/m³。

假设：大树胸径（1.2m 高处测量）目测直径为 d，树高为 H，树干形状系数（因树种树龄而不同，估算时约为 0.5）为 K，树干单位体积的重量为 N，依树叶多少的增重率（注：林木 0.2，孤植树 0.1）为 P，π 为 3.14。则树干单位体积的重量（W）计算公式为：

$$W=K\pi (d/2)^2 HN (1+P)^{[15]}$$

常见大树树干单位体积重量表　　　　　　　表3-5

景观树种	单位体积重量（kg/m³）
橡树类、栎树、杨梅、厚皮香、构骨、黄杨等	1340 以上
榉树、白云木、辛夷、野山茶、榆树等	1300～1340
槭树、山樱、交让木、黑松、银杏、桧柏、富士松等	1250～1300
悬铃木、柯树、七叶树、青梧桐、红松、扁柏等	210～1250
香樟、厚朴、枞树、唐桧、杉树、金松、杉木等	1170～1210
泽胡桃、花柏	1170 以下

（B）根部单位面积重量（F）：指屋顶上除了"主干"和"根系"之外的单位面积根系总重量。单位：kg/m²。

假设：目测直径为 d，树高为 H，树干形状系数（因树种、树龄而不同，估算时约为 0.5）为 K，树干单位体积的重量为 N，依树叶多少的增重率（注：林木 0.2，孤植树 0.1）为 P，π 为 3.14。则根系单位面积的重量（F）计算公式为：

$$F=4W/\pi d^2=KHN (1+P)$$

（C）树叶重量为：树干重量乘以增重率。

（D）树木对楼板的荷载重量：指大树总重量（E）。单位：kg。

假设：根部单位面积重量为 F，根团直径为 D，土层厚度为 A，屋顶土层排水层厚度为 B。则大树总重量（E）计算公式为：

$$E=FD^2/[2 (A+B) +D]^2$$

B. 屋顶防倒伏植配法：屋顶花园因土层薄且风力大，极易发生植物"风倒"现象。所以，应选择植株较为低矮、树冠紧凑、抗风性强、不易倒伏的树种。中国科学院植物园龙雅宜认为："第一，考虑到安全问题，屋顶绿化中尽量不要搞太大规格的乔木。花灌木只要结构允许、土层够的都可以上；第二，屋顶栽植要注意植物的生态习性，选用耐干旱、耐瘠薄的植物。如果土层太厚，再大肥大水，不仅疯长倒伏，甚至会衰败死掉。"在北京市园林局公布的《屋顶花园规范》中，将油松、银杏、西府海棠等深根系、对肥水需求量较大的乔灌木列入参考植物名录中，立刻引起了一些植物学家对防倒伏安全问题的质疑（表 3-6）。

北京市屋顶花园乔木一览表 表3-6

植物名称	观赏特征	植物名称	观赏特征
油松	阳性、耐旱、耐寒、观姿	玉兰	阳性、耐阴、观花、观叶
华山松	耐阴、观赏树形	垂枝榆	阳性、极耐旱、观赏树形
白皮松	阳性、耐阴、观赏树形	紫叶李	阳性、稍耐阴、观花、观叶
西安桧	阳性、耐阴、观赏树形	柿树	阳性、耐旱、观果、观叶
龙柏	阳性、不耐盐碱、观赏树形	七叶树	阳性、耐半阴、观姿、观叶
桧柏	偏阴性、观赏树形	鸡爪槭	阳性、喜湿润、观叶
龙爪槐	阳性、稍耐阴、观赏树形	樱花	阳性、观花
银杏	阳性、耐旱、观叶、观树形	海棠	阳性、稍耐阴、观花、观果
栾树	阳性、稍耐阴、观果、观叶	山楂	阳性、稍耐阴、观花

常见防倒伏措施有：支架土球固定法、钢网土球固定法等两种。

（A）支架土球固定法：于乔木土球所在的土层中设置一座三角形支架进行稳固。三脚架材料：圆木、脚手架、钢管、钢筋等。三脚架基础应采用现浇混凝土座的方式加以固定。

（B）钢网土球固定法。于乔木土球处所在土层中设置一座角钢底盘座，采用钢绳拉结的方式进行固定。钢板（网、架）的尺寸规格视土球大小而定（图3-132）。

C. 植配注意事项

（A）在使用圆木（或其他材料）支架固定时，须先拆除土球包装后再与角钢底座架紧密连接。连接方式：铁丝绑扎、螺栓固定等。

（B）在使用钢网固定时，须先拆除土球包装后再与角钢底盘座紧密连接。连接方式：铁丝绑扎。

图3-132

（3）游园式屋顶花园

对于一些面积较大，隶属于社区、居住小区或单位建筑（如大型仓库屋顶、地下车库屋顶等）的屋顶花园，因功能需求较多而常设计成游园式屋顶花园。特点：结构性较好、场地优越、荷载较大、使用植物品种较多等。常见设计手法有：墙柱梁大树植配法、屋顶防倒伏植配法、轻质土层植配法、梯度植配法等四种。

A. 墙柱梁大树植配法：利用框架建筑"墙、柱、梁"受力高的特点，布置大树。尽量使乔木栽植重心与建筑墙、梁、柱等结构承重构建的几何中心相吻合，使植物配置更加安全。

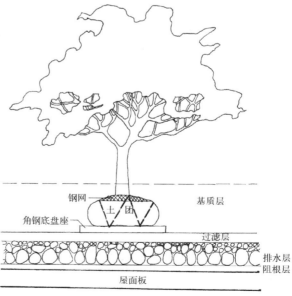

钢网土球固定法示意图

B. 屋顶防倒伏植配法：参见 3.9.4.2,（2）广场式屋顶花园"屋顶防倒伏植配法"。

C. 轻质土层植配法：轻质土，又称为改良土。指土壤湿容重不大于 1200kg/m³ 的配方土。常见轻质土种类有：泥炭土、泡沫土、田园土、腐叶土、膨胀蛭石、沙土、草炭、蛭石和肥、松针土、珍珠岩、轻砂壤土、腐殖土、无机介质以及其他轻质骨料等。一般来说，这些基质配方后的湿容重，均未超过普通建筑屋面荷载所控制的 1300kg/m³ 正常指标，故使用安全（表 3-7、表 3-8）。

常见屋顶花园基质配方表　　　　　　　　　　表3-7

基质类型	主要配比材料	配制比例	湿容重（kg/m³）
改良土	田园土：轻质骨料	1：1	1200
	腐叶土：蛭石：沙土	7：2：1	780 ~ 1000
	田园土：草炭：（蛭石和肥）	4：3：1	1100 ~ 1300
	田园土：草炭：松针土：珍珠岩	1：1：1：1	780 ~ 1100
	田园土：草炭：松针土	3：4：3	780 ~ 950
	轻砂壤土：腐殖土：珍珠岩：蛭石	2.5：5：2：0.5	1100
	轻砂壤土：腐殖土：蛭石	5：3：2	1100 ~ 1300
超轻量基质	无机介质	—	450 ~ 650

屋顶花园土层厚度表　　　　　　　　　　表3-8

土壤类别	单位	地被植物	花灌木	大灌木	浅根乔木	深根乔木
植物生存最小土厚	cm	15	30	45	60	90 ~ 120
植物生育最小土厚	cm	30	45	60	90	120 ~ 150
平均荷载	kg/m²	150	300	450	600	600 ~ 1200

D. 梯度植配法：在靠近墙、柱、梁等结构承重较好的部位，采取增添土层厚度（如堆土丘、设置种植箱、砌花台等），而相邻处则以逐渐递减土层厚度的方法进行种植层设计。实现"梯度配置，保证安全"的目的（图 3-133）。乔木配置区常见树种有：桂花、红叶李、黄桷兰、蒲葵、木芙蓉、假槟榔等植物。花灌木区常见树种有：大叶黄杨、红檵木、南天竹、毛叶丁香、矮柳杉、棣棠、红瑞木、杜鹃等（表 3-9、表 3-10）。

E. 植配注意事项

（A）游园式屋顶花园覆土层厚度，必须控制在建筑屋面静荷载要求以内，并满足植物基本生存土层厚度要求；

图 3-133

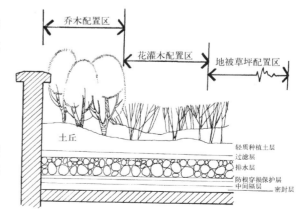

珍珠梅	喜阴、观花	碧桃	阳性、观花
大叶黄杨	阳性、耐荫、较耐旱、观叶	迎春	阳性、稍耐荫、观花、观叶
小叶黄杨	阳性、稍耐荫、观叶	紫薇	阳性、观花、观叶
凤尾丝兰	阳性、观花、观叶	金银木	耐荫、观花、观果
金叶女贞	阳性、稍耐荫、观叶	果石榴	阳性、耐半荫、观花、观果
红叶小檗	阳性、稍耐荫、观叶	紫荆	阳性、耐荫、观花、观枝
矮柳杉	阳性、观赏树形	平枝栒子	阳性、耐半荫、观花、观果
连翘	阳性、耐半荫、观花、观叶	海仙花	阳性、耐半荫、观花
榆叶梅	阳性、耐寒、耐旱、观花	黄栌	阳性、耐半荫、耐旱、观色
紫叶矮樱	阳性、观花、观叶	锦带花	阳性、观花
郁李	阳性、稍耐荫、观花、观果	天目琼花	喜荫、观果
寿星桃	阳性、稍耐荫、观花、观叶	流苏	阳性、耐半荫、观花、观枝
丁香类	稍耐荫、观花、观叶	海州常山	阳性、耐半荫、观花、观果
棣棠	喜半荫、观花、观叶、观枝	木槿	阳性、耐半荫、观花
红瑞木	阳性、观花、观果、观枝	蜡梅	阳性、耐半荫、观花、闻香
月季类	阳性、观花	黄刺玫	阳性、耐旱、耐寒、观花
大花绣球	阳性、耐半荫、观花	猬实	阳性、观花

玉簪类	喜荫、耐寒、耐热、观叶	大花秋葵	阳性、观花
马蔺	阳性、观花、观叶	小蜀葵	阳性、观花
石竹类	阳性、耐寒、观花、观叶	芍药	阳性、耐半荫、观花、观叶
随意草	阳性、观花	鸢尾类	阳性、耐半荫、观花、观叶
铃兰	阳性、耐半荫、观花、观叶	萱草类	阳性、耐半荫、观花、观叶
荚果蕨	耐半荫、观叶	五叶地锦	喜阴湿、观叶、可匍匐栽植
白三叶	阳性、耐半荫、观叶	景天类	阳性、耐半荫、观花
小叶扶芳藤	阳性、耐半荫、观叶、可匍匐栽植	京8号常春藤	阳性、耐半荫、观花、观叶、可匍匐栽植
砂地柏	阳性、耐半荫、观叶	苔尔蔓忍冬	阳性、耐半荫、观花、观叶、可匍匐栽植

（B）种植槽高度须严格控制，其墙体应尽量隐藏于植物丛中。

（4）休闲式屋顶花园

对于一些面积较小，隶属于单位建筑、住宅或多功能建筑（如茶楼、健身房、售楼部等）的屋顶花园，因功能需求较多而常设计成休闲式屋顶花园。特点：结构性较好、场地局限、荷载较低、使用植物品种较多等。常见设计手法有：墙柱梁大树植配法、屋顶防倒伏植配法、轻质土层植配法、梯度植配法、藤蔓垂吊法、功能植配法等六种。

A. 墙柱梁大树植配法：参见3.9.4.2，（3）游园式屋顶花园"墙柱梁大树植配法"。

B. 屋顶防倒伏植配法：参见 3.9.4.2，（3）游园式屋顶花园"屋顶防倒伏植配法"。

C. 轻质土层植配法：参见 3.9.4.2，（3）游园式屋顶花园"轻质土层植配法"。

D. 梯度植配法：参见 3.9.4.2，（3）游园式屋顶花园"梯度植配法"。

E. 藤蔓垂吊法：参见 3.6 攀缘植物类。

F. 功能植配法

案例Ⅰ：重庆力华科技园高级公寓楼屋顶花园设计方案。整座屋顶平面为"E"形，总面积为 9300m²。自北而南由四座外凸平台组成了"A、B、C、D"等四座相对独立的花园空间。其中，A 平台面积为 1590m²；B 平台面积为 1431m²；C 平台面积为 1215m²；D 平台面积为 1239m²。按照建设"一座网球场、三座羽毛球场"的总体设想，巧妙设计融入其中（图 3-134）。

（A）坐憩点植配法：整座屋顶花园为了与运动场地配套建设，共设置了七座 6m×6m 的方形坐憩点和五座自然式坐憩点。在植物配置设计手法上，各具特色。

①方形坐憩点：A 平台佛顶珠绿篱外的木芙蓉（丛植）＋黄桷兰（孤植）＋紫荆（孤植）＋红枫（丛植）等艺术组合；B 平台樱花（丛植）＋蜡梅（列植）＋紫荆（列植）＋黄桷兰（列植）等艺术组合；C 平台火炬红（色块篱植）＋南天竹（色块篱植）＋含笑球（列植），黄花槐（丛植）＋樱花（丛植）＋黄桷兰（丛植）＋棕竹（散植）＋红檵木球（散植）＋山茶（丛植）＼凤尾竹（群植）等艺术组合；D 平台木芙蓉（丛植）＋花叶良姜（色块篱植）＋棕竹（列植）等艺术组合。

②自然式坐憩点：A 平台黄桷兰（丛植）＋蜡梅（丛植）等艺术组合；B 平台黄桷兰（列植）＋樱花（丛植）＋凤尾竹（丛植）＋紫薇（丛植）等艺术组合；C 平台木芙蓉（丛植）＋凤尾竹（丛植）＋丝兰（丛植）等艺术组合。

（B）骨干树植配法：整座屋顶花园选择"常绿、芳香、冠浓"的黄桷兰　图 3-134

作为骨干基调树种，在运动场、溪畔、绿地以及 2m 宽的实木栈道旁共"孤植、丛植、列植"等有机地配置了 74 株，构成"点、线、面"骨架型景观。

案例Ⅱ：重庆市盐业公司现代工贸中心物流仓库屋顶花园设计方案。仓库矩形屋顶平面距地面高度 7.0m，总长度 120.0m，最窄处 77.1m，最宽处 83.7m，屋顶总面积为 9600.0m²，由南侧天桥与科研物流综合楼主入口进入。

（A）设计方案(一)：节点广场编序列，绿荫簇拥引溪流。因借屋顶花园东南隅天桥主入口场地特征，作为园林空间序列设计的起点，进行总体艺术编排。通过一种"软硬景动态曲线"巧妙地将整个屋顶花园划分为圆形广场、休闲区、品茗运动区以及眺望区等四个功能区域。在植配手法上，按照序列编排依次为：圆形广场——桂花（树阵植）+ 老人葵（弧形列植）+ 黄桷兰（放射状列植）+ 假槟榔（丛植）+ 红枫（丛植）+ 红檵木（色块植）+ 金叶女贞（色块植）等→休闲区——黄桷兰（丛植）+ 垂柳（丛植）+ 红枫（丛植）+ 草坪等→品茗运动区——法国梧桐（孤植）+ 杜英（列植）+ 罗汉松桩头（丛植）+ 湿地植 + 假山植 + 草坪等→眺望区——佛顶珠桂花（绿篱植）+ 红叶李（丛植）+ 银杏（散植）+ 红檵木（色块植）+ 金叶女贞（色块植）等。

（B）设计方案(二)：中西合璧模纹趣，凭栏筑波浪漫情。因借屋顶花园东南隅天桥主入口场地特征，将大型模纹花坛直接与网球场进行对接构图。然后，再加入一些中式自然式游园设计手法，使两者在产生空间对比的同时将整个屋顶花园有机地划分为模纹花坛广场、运动区、品茗区以及休闲区等四个功能区域。在植配手法上，按照序列编排依次为：模纹花坛广场——金叶女贞（色块植）+ 红檵木（色块植）+ 夏鹃（色块植）+ 火红（色块植）+ 老人葵（丛植）+ 红叶石楠球（丛植）+ 棕竹（丛植）等艺术组合→运动区——老人葵（列植）+ 红叶桃（丛植）+ 红叶李（丛植）等→品茗区——凤尾竹（丛植）+ 桂花（丛植）+ 樱花（丛植）+ 红枫（丛植）+ 棕竹（丛植）等→休闲区——桂花（孤植、丛植）+ 假槟榔（丛植）+ 红叶石楠（色块植）+ 红檵木（色块植）+ 金叶女贞（色块植）+ 紫鸭趾草（色块植）+ 棕竹（丛植）+ 杜鹃（色块植）+ 肾蕨（色块植）等。

案例Ⅲ：重庆朝天门金海洋大厦 29 层屋顶花园方案设计。基址位于重庆渝中半岛朝天门地标建筑屋顶，向东可远眺长江与嘉陵江汇合之"朝天扬帆白云涧，两江曲合东流去"景观。由大厦北侧主入口作相贯式"诗境"总体空间序列布局，一步一景添图画，卉木浓荫作诗文。通过"起景→过渡区→眺望区→尾景"的总体艺术编排，获得雅趣（图 3-135）。

（A）起景区植配设计：巧借七柱构架带状空间布局特点，将场地一分为二。以油麻藤缠绕立柱的带状花坛为界，横竖对比构景。花坛中配置了红檵木、金叶女贞二色块以及含笑球和山茶点缀等，为入园游趣提供了方向。紧接着于西端"节点"设置了一座占地面积约为 24m² 形似"豆芽"的迷你高尔夫推杆球场，

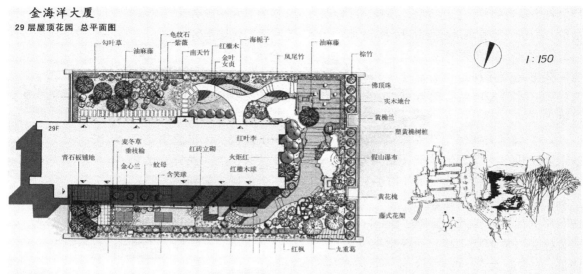

金海洋大厦
29 层屋顶花园 总平面图

1:150

勾叶草　油麻藤　龟纹石　红檵木　海桐子　油麻藤　棕竹
　　　　　　紫薇　南天竹　金叶女贞　凤尾竹

佛顶珠
实木地台
黄桷兰
塑黄桷树桩
假山瀑布
黄花槐
藤式花架

29F
青石板铺地　麦冬草　红砖立砌　红叶李
垂枝榆　　　　　　　火炬红
金心兰　蚊母　　　　红檵木球
含笑球

红枫　九重葛

金海洋大厦
29 层屋顶花园北侧休闲运动区 效果图

29 层屋顶花园

为自然过渡空间提升了品质（图 3-136）。

（B）过渡区植配设计：金海洋大厦 29 层屋顶平台西端现有许多高约 1.1m 的通风口、烟道、给水排水管等固定设施，为了造景将其全部进行隐藏。首先，于起景转换平台处设置了一座假山叠瀑梯道，使标高自然提升。围绕着假山叠瀑立面呈自然式配置了棕竹、红枫、紫荆、花叶良姜、杜鹃、佛顶珠桂花、琴丝竹等，恰是：峰出楼宇气轩昂，绿野仙踪独一景（图 3-137）。

（C）眺望区植配设计：巧借假山梯道标高自然提高优势，于西南隅女儿墙处设置了一座 9m×8m 的矩形实木观景平台，周边通过孤植黄桷兰、列植棕竹以及佛顶珠桂花绿篱等构成景观。

（D）尾景区植配设计：利用南侧较为宽敞的特点，于墙基列植红叶李、红花六月雪绿篱和九重葛花架等范围空间，然后，采用模纹花坛的设计方式形成步道休闲景观。恰是：江岸曲波绿如霞，模纹彩虹有人家。

G. 植配注意事项

（A）整座屋顶花园植物景观编排序列与总体规划设计相吻合；

图 3-135　（上）
图 3-136　（左下）
图 3-137　（右下）

（B）因屋顶花园总荷载限制，覆土厚度、植物、规格等须严格控制；

（C）植物模纹色块应严格控宽、控高；

（D）假山叠瀑处植物配置宜为自然式丛植。

（5）入户平台式花园

入户平台，指与住宅建筑主入口相连且略呈悬空状的户外平台。特点：面积较小、荷载小、空间限制、交通功能性强、入口形象强等。常结合花架、景墙、坐憩点、秋千等小型"点"配置绿篱、花灌木丛、植物色块以及藤蔓植物等造景（图3-138）。

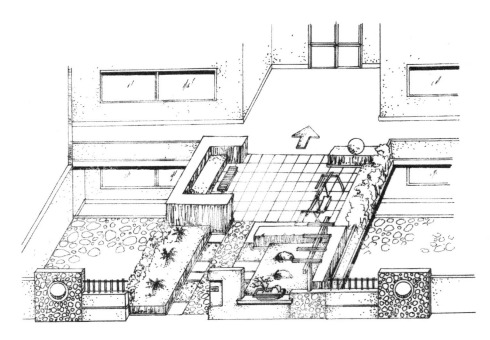

图3-138

植配注意事项：

（A）在入户平台较小空间中，须注意各种小型植物的比例性艺术配置；

（B）在空间序列编排上，须注意方向性一致的整体设计手法表现。

3.10 功能植

3.10.1 定义

功能，即用途。植物多用途的造景功能常被誉为"软黄金"、"环境改良剂"、"视觉柔和剂"等。"在景观中，植物的功能作用表现为构成室外空间，遮挡不利景观的物体，护坡，在景观中导向，统一建筑物的观赏效果以及调节光照和风速……在任何一个设计中，植物除了上述功能外，还能解决许多环境问题。如净化空气、水土保持、水源涵养、调节气温以及为鸟提供巢穴。"[10]

3.10.2　构景原理

（1）通过植物自然艺术有机配置，柔和硬质景观生硬线条。

（2）通过植物功能性配置，调节并改善环境品质。

3.10.3　常见设计手法

3.10.3.1　建筑立面柔和植配法

建筑造型多线条的立体表现十分强烈，特别是横平竖直所带来的"生硬"视觉冲击力，仅靠建筑造型本身是难以缓解的。所以，利用自然树姿、天然冠幅、季相色叶以及植配形式等进行柔和，应是最佳选择。柔和，是一种"虚幻浓郁，光影重叠"的自然现象。常见设计手法有：轮廓柔和法、角隅柔和法等两种。

A. 轮廓柔和法：此法主要针对的是建筑物正立面（观赏面）外轮廓线条的植物柔和技法。从观赏角度来看，建筑物檐口与墙体竖线条之间的夹角给人的印象最生硬，故被称为"第一敏感柔和区"；较长的硬山脊为"第二敏感柔和区"；墙体竖线条为"第三敏感柔和区"等。"第一敏感柔和区"所处高度恰好在"视中线"上下，因此，可采取高大阔叶常绿乔木"横斜疏影外裹"的办法进行柔和；"第二敏感柔和区"可采取高大乔木树冠（稍）"虚实换影"的办法进行柔和；"第三敏感柔和区"所处位置较低，可采取花灌木或地被植物"多层覆盖"的办法进行柔和（图 3-139）。

B. 角隅柔和法：相邻建筑物之间因规划布局形成各种角隅。其中，由建筑物正立面组合夹角所构成的"中心角隅"，是植物最佳敏感柔和区；而建筑物"边角隅"为次要敏感柔和区。一般来说，"中心角隅"植物配置要求较高。树种不同，则柔和效果不同。若选用常绿、浓荫、阔叶树种进行柔和时，植物水平状冠幅与建筑屋脊线相吻合，表现出一种"自然层次叠加"；若选用落叶、

挺拔、阔叶树种进行柔和时，植物竖向冠幅与建筑水平屋脊线对比强，表现出一种"藏多露少——深藏"或"藏少露多——浅藏"自然景象。若选用棕榈科植物进行柔和时，则"柔枝飘逸，婀娜多姿"。相反，"边角隅"植物配置要求就较低些，选用一般植物即可。

C. 植配注意事项

（A）植物柔和建筑物造景的程度，取决于树种、位置、数量及其植配形式；

（B）建筑物正立面柔和技术的核心，实际上是围绕该建筑物构图之间的"补偿"设计问题。当建筑物平面有凹凸变化时，则需要竖向"补偿"；竖向错层时，则需要横向植配"补偿"。

图 3-139

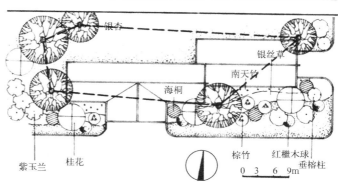

银杏

银丝草

南天竹

海桐

紫玉兰　桂花

棕竹　红檵木球

垂榕柱

0　3　6　9m

3.10.3.2　私密性空间植配法

私密性空间，指需要屏蔽设防的场地空间。形式上类似于一堵"墙"，功能上遮挡"视线"。在城市公共绿地设计中，常利用植物枝叶致密结构、组景手段、树种配置以及视线控制等，构成场地私密性空间。如位于重庆渝北区铁山坪玉峰花园内的露天情侣温泉池植物配置。常见设计手法有：篱带法、生态墙法、树丛法等三种。

A. 篱带法：将坐憩点巧妙地隐藏于绿篱深处，构成私密性功能空间。按照篱带布置方式可划分为：平行篱带法、弧形篱带法、曲尺形篱带法等三种。

（A）平行篱带法：指平行于道沿设置篱带的设计方式。篱带设置条数越多，私密性越强。如果将汀步巧妙地引入其中，则私密性会陡然增加（图3-140）。

（B）弧形篱带法：指平面构图呈弧形的篱带设计方式。分散于草坪中的弧形篱带，在长短变化构图中构建私密性空间。篱带弧线越自然、条数越多，私密性越（图3-141）。

（C）曲尺形篱带法：指平面构图呈曲尺形的篱带设计方式。篱带曲尺形的任意组合，使开阔草坪上的私密性空间自然形成，别有情趣。曲尺转角的相互叠加，增强了坐憩点的私密性（图3-142）。

B. 生态墙法：构建生态墙的方法有很多，有因地形变化及山顶植物配置所形成的；有植物栽植密度所形成的；有假山、景墙、小品等竖向景物及植物配置所形成的等。不同的方法，其私密性效果不同。常见设计手法有：地貌生态墙、密林生态墙、景物生态墙等三种。

（A）地貌生态墙：于浅丘地形的坡顶配置植物，有助于建立私密性空间。坡形越陡，高差越大，私密性空间效果越好（图3-143）。

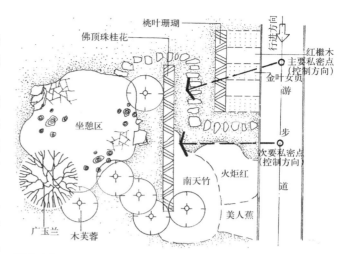

图3-140

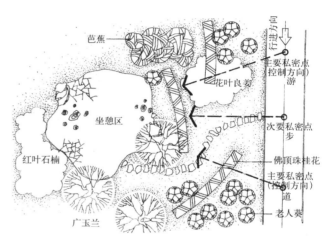

图3-141

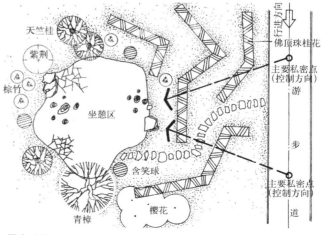

图3-142

（B）密林生态墙：在开阔草坪或浅丘上设置密林，有助于建立私密性空间。林带越宽阔，私密性空间效果越好（图3-144）。

（C）景物生态墙：利用硬质景观（如假山、花架、建筑小品等）的空间隔离性，将植物有机地配置其中，塑造私密性空间。

C. 树丛法：利用自然树丛的功能围合性配置，构建私密性空间。如位于重庆渝北区铁山坪玉峰花园内的露天情侣温泉池树丛配置（图3-145）。将三座小型温泉泡池（约5.0m²）呈"三点式"布置在山崖下，由汀步与干道相连。每座泡池旁均配置有：十大功劳、山茶、棕竹、杜鹃球、南天竹、红檵木球、滴水观音以及扁竹根等，构成私密性空间。

D. 植配注意事项

（A）私密性场地对植物功能性配置要求较高，在选种上宜"少、精、特、趣"；

（B）私密性空间植物组景的范围不宜太大。一般控制在200m²内为宜。

3.10.3.3 露天游泳池休闲点植配法

露天游泳池除了运动锻炼项目外，还承载着许多诸如休闲、等待、交友、小憩、会谈等其他功能。因此，为了满足绿荫休闲与坐憩要求，将植物功能性配置融入造景之中。如海南三亚金银岛海景大酒店露天游泳池散尾葵休闲点。常见设计手法有：池畔休闲点丛植法、花坛休闲点植配法等两种。

A. 池畔休闲点丛植法：除了露天标准游泳池外，我国南方露天游

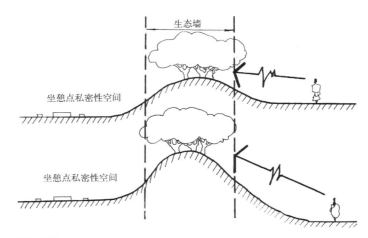

图 3-143

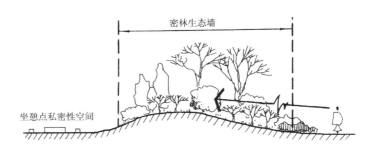

图 3-144

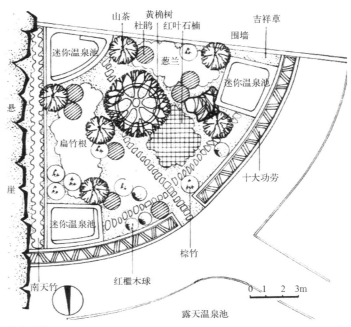

图 3-145

泳池大多数为混合式。如圆形系列套池、方形系列套池、矩形系列套池以及自然式游泳池等四种类型。在规划设计中，设计师常结合池畔地形地貌、池体布局形态以及功能需求等，将休闲坐憩点巧妙地布置于其中。常见设计手法有：丛林风光式树丛间插式、

（A）丛林风光式：于池畔面积较宽阔处，采取自然式布置热带树丛方式，构建休闲点（图3-146）。常见树种有：槟榔、假槟榔、鱼尾葵、鼠尾葵、老人葵、椰子、油棕、海枣、散尾葵等棕榈科植物。

（B）树丛间插式：于池畔树丛构图"节点"处，设置休闲点。将坐憩点巧妙地融入其中。常见树种有：广玉兰、黄桷兰、垂柳、银杏、水杉、落叶松、香樟、桉树等。

（C）列植法：将休闲点布置在列植树丛中。既可遮荫纳凉，亦其乐融融

B. 花坛休闲点植配法：露天游泳池其他休闲点一般都采用花坛群方式进行孤赏树及色块植物配置。常见植物品种有：红檵木、金叶女贞、小叶榕、黄桷兰、菩提树、广玉兰、桂花、鸡蛋花、杜英、天竺桂、马尾松等（图3-147）。

C. 植配注意事项

（A）露天游泳池树丛之间的"露白"空间，即为坐憩点设计范围。其造型设计应结合场地功能与植物配置要求，统筹考虑。

（B）露天游泳池植物品种不宜配置太多。

3.10.3.4　气候区季相坐憩点植配法

我国地理气候分布极不均衡，从北到南横跨"寒带、温带、亚热带、热带"等四种气候带，温度相差约50°C。从城市主导风向上看，北方地区受来自于西伯利亚的寒流影响较为明显，冬季漫长、寒冷；南方地区则受来自于印度洋及太平洋暖湿环流季风影响较为明显，夏季炎热、潮湿。因此，在南北方林荫坐憩点配置时需重点考虑。常见设计手法有：避风港式植配法、迎风式植配法等两种。

A. 避风港式植配法：主要指我国北方地区绿地坐憩点植配设计。为了冬

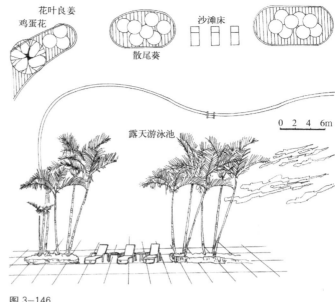

花叶良姜
鸡蛋花
沙滩床
散尾葵
露天游泳池
0 2 4 6m

图3-146

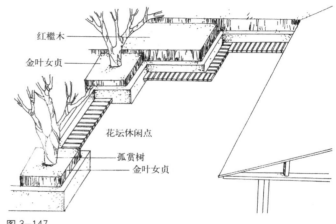

红檵木
金叶女贞
花坛休闲点
孤赏树
金叶女贞

图3-147

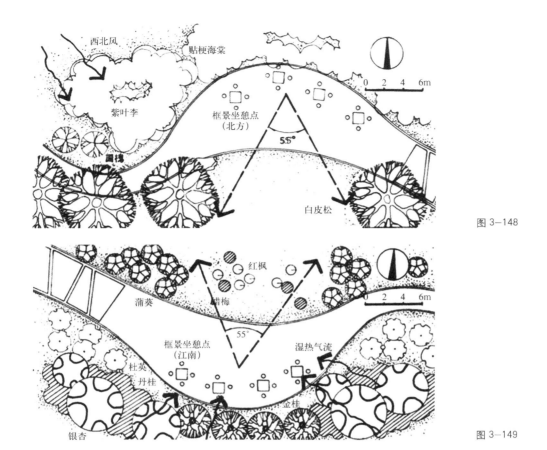

图 3-148

图 3-149

季防风、避风坐憩要求，常于坐憩点上风方向配置防风林带（丛）。通过构建立体"半通透林"或"密林"等方式，满足功能要求（图 3-148）。

B. 迎风式植配法：主要指我国南方地区绿地坐憩点植配设计。南方夏季潮湿炎热，在进行坐憩点植物配置设计时，常通过设置通风走廊的方式，吹风、遮荫、夏凉（图 3-149）。

C. 植配注意事项

按照国家卫生规范要求，北方绿地冬季坐憩点防风林带厚度应不小于50m，并适当增加植配竖向结构层次。

3.10.3.5　山口建筑防风植配法

地处山区豁口的建筑，极易遭受山口风侵袭而危及安全。山势越大，山口风就越强。为了有效降低山口风的直接影响，可以通过植物配置方式进行"降风"调控。常见设计手法有：迎风梯度植配法、迎风树阵植配法等两种。

A. 迎风梯度植配法：于山口建筑迎风方向设置自然树丛，通过植物"梯度配置"改变或疏导风向，从而减弱对建筑物的直接侵袭。植物配置"梯度"（即由建筑物面向山口方向）依次是：上木－中木－下木－灌木丛。"种植中层树充当低空屏障，既可挡风，又可增添视觉趣味……中层树种包括许多优秀的基调植物和装饰植物，还可用作特别的孤赏树；用灌木丛作为补充的低层保护和屏障，它们还可以作为围墙、强化道路的直线性和节点，强调规划中重要的点和特征，还有它们由花、叶构成的优美的外观。"[31] 植物配置形式：自然式丛植（图3-150）。

B. 迎风树阵植配法：于山口建筑迎风方向设置规则树阵，通过植物"树阵"改变或疏导风向，从而减弱对建筑物的直接侵袭。常见设计手法有：三角形树阵法、梯形树阵法、矩形树阵法等三种。

（A）三角形树阵法：指山口建筑防风林呈三角形树阵的设计类型。树阵间距为3.0m×3.0m。必要时，可于迎风面配置耐瘠性较高的花灌木丛，如毛叶丁香、柳叶绣线菊、麻叶绣球、茉莉、红叶石楠、尖叶冬青、女贞、日本女贞、柽柳、紫穗槐、圆柏、锦熟黄杨、黄栌、胡颓子、山里红、木槿以及蔷薇科植物等。常见树种有：樟子松、小青杨、小叶杨、小叶锦鸡儿、雪松、旱柳、构树、黄檀、榆树、朴树、皂荚、侧柏、桧柏、臭椿、杜梨、槐、黄连木、君迁子白栎、栓皮栎、石栎、苦槠、合欢、紫藤、油松、华山松、白皮松、红松、湿地松、火炬松、黑松、柳杉、盐肤木、大叶黄杨、桂香柳、核桃、月桂、七叶树、刺槐、国槐、紫薇、楝树、大叶桉、蓝桉、柠檬桉、悬铃木、石榴、枣树、桔、银白杨、天杨、垂柳、栾树、臭椿等（图3-151）。

（B）矩形树阵法：指山口建筑防风林呈矩形树阵的设计类型。树间距为3.0m×3.0m（图3-152）。

（C）梯形树阵法：指山口建筑防风林呈梯形树阵设计类型。树阵间距为3.0m×3.0m（图3-153）。

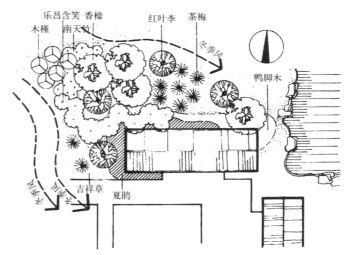

图3-150

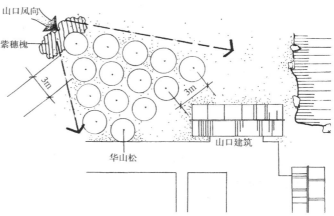

图3-151

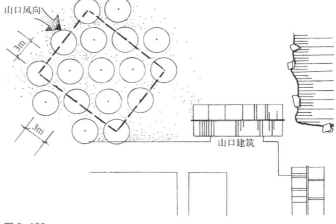

图3-152

C. 植配注意事项

（A）山口建筑物防风林丛的设计宽度至少应超过该建筑物总长度，其防风效果较好；

（B）山口防风林以自然为宜。

3.10.3.6 场景导向植配法

植物软景的一些"符号"特征以及布置手法，在场景中可用作导向设计。如万绿丛中一点红的色叶引导标识；由一棵树转向一丛树的数量引导标识；由地形高位特殊配置的位置引导标识；由植物组合形态所产生的构图引导

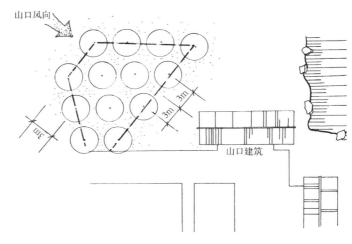

图3-153

标识等。有时设计师的设计方向感就来自于这些点点滴滴。常见设计手法有：色叶引导标识法、数量引导标识法、位置引导标识法、构图引导标识法等四种。

A. 色叶引导标识法：红（黄）色叶植物在以绿色为背景的环境中始终给人以醒目感。所以，将其配置在入口、岔路口、滨水处、尾景处等，均能起到一定的引导作用。如果再将其进行有序编排，则引导功能定会加强。如重庆建筑工程职业学院园林工程实训基地植物配置设计方案。主入口（孤植银杏）→高潮区（丛植三株银杏）→尾景区（孤植银杏），每值秋季场地空间动感引导性非常强烈（图3-154，[12]）。

图3-154

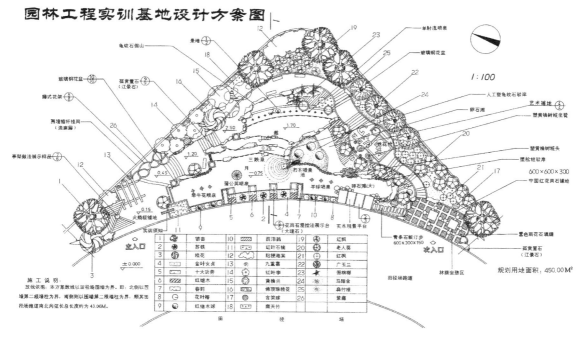

B. 数量引导标识法：植物群（丛）植是以数量表现形式、形态或一种空间感。所以，植物配置数量的变化可以起到引导作用（图3-155）。图中由北往南走，苏铁（3株→5株→11株），红檵木球（1个→3个→5个）鱼尾葵（1株→3株→6株……

C. 位置引导标识法：沿着蹬山梯道采取孤植或丛植的配置手法，起到引导人们蹬山用（图3-156）。

D. 构图引导标识法：将植物色块艺术构图融入道路线形之中，引导行进方向。同时，也可以配置一些乔木、花灌木、地被等植物配合引导（图3-157）。

E. 植配注意事项

（A）在场景导向植配设计中，应以艺术编排为基本手段进行构图；

（B）植物配置数量以奇数为宜。

3.10.3.7　山地挡土墙植配法

在竖向地形改造及其他土石方工程中，使用最多的是挡土墙。垒石叠筑、剪力现浇、围堰夯实等。由此带来了一系列需要景观化处理的问题。如边缘问题、生硬线条艺术处理问题、观赏面景观塑造问题等。"挡土墙能构成鲜明清晰的边缘和平面，这一切在视觉上是较显著的。"[10] 常见设计手法有：线形植配法、立面植配法、挂网植配法、钢筋混凝土网格植配法草垛植配法等五种。

A. 线形植配法：挡土墙边缘线形同时构成了平、立面空间感。一方面，由平面线形围合空间构成场地景深感；另一方面，进一步刻画出竖向绿地空间大小。挡土墙线形景观塑造的核心任务就是"适景柔和"。即通过植物艺术配置手段柔和挡土墙边缘线形条。如曲线形挡土墙凸部和曲尺形挡土墙转角处等对视线碰撞较多，生硬感较强，宜采取

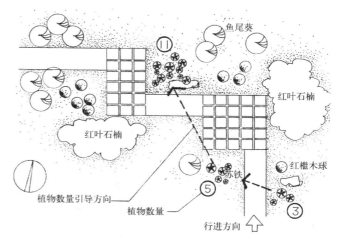

图3-155

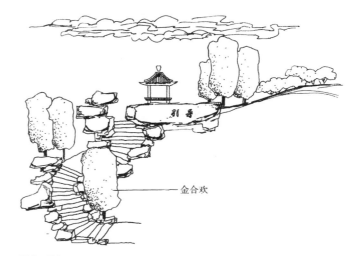

图3-156

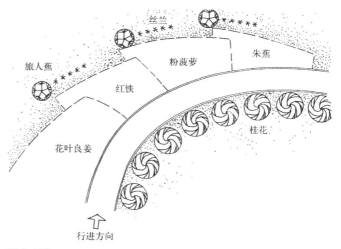

图3-157

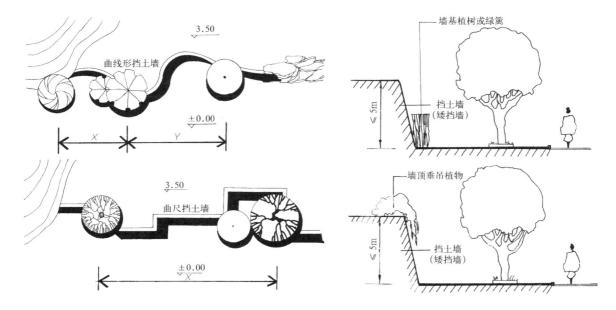

图 3—158 （左）
图 3—159 （右）

孤植或丛植进行局部柔和处理（图 3—158）。如万州长江南岸燕山植物园主入口广场有一座高 3.5m, 长 50m 的 S 形挡土墙，于凸部配置高大银杏孤赏树以及丛植树的办法"适景柔和"造景。

　　B. 立面植配法：一般来说，挡土墙立面随着高度的增加，而植物造景难度增加。当挡土墙高度不大于 5m（矮挡墙）时，可通过墙基植树或墙顶垂吊植物造景；当挡土墙高度为 6～15m（中挡墙）时，可通过同时使用墙基植树、墙顶垂吊植物的办法进行墙面绿化（图 3—159）；当挡土墙高度不小于 16m（高挡墙）时，则配置植物须考虑"上、中、下"三段式配置。常见垂吊或普爬蔓植物品种有：九重葛、紫藤、油麻藤、常春藤等。绿篱植物有：桃叶珊瑚、冬青、大叶黄杨、侧柏、佛顶珠桂花、蚊母、毛叶丁香、红叶石楠、南天竹、龟背竹、春羽等。

　　C. 挂网植配法：当挡土墙高度不小于 16m（高挡墙）时，则特别需要加强对"中、上"二段景墙的挂网艺术处理。按使用网材划分为：钢筋网（简称"钢网"）、钢丝网、尼龙网、竹格网等四种。挂网以 200mm×200mm 方格网为主。为了使挂网与岩体基本保持水平状，每相隔 200mm 设置一根长度为 100mm 的短锚杆；为了保证挂网与岩体的结构稳固性，每相隔有 2m 设置一根长度不小于 500m 的长锚杆（图 3—160）。

　　D. 钢筋混凝土网格植配法：对于较大不稳固岩体，可以采取钢筋混凝土网格结构方式设置挡土墙。常见钢筋混凝土网格形式有：菱形格、拱圈格、方形格、艺术格等四种。植物配置设计常以双色块搭配为主。如色块顶格式（红檵木＋金叶女贞）、色块田字式（红檵木＋金叶女贞）、色块间条式、色块回纹式（红檵木＋金叶女贞）、色块九宫式等。

　　E. 草垛植配法：对于高度不大于 5m 的矮挡墙，可以采取草垛方式进行艺术护坡处理。先将铁线莲、狗牙根、结缕草以及其他杂草等种植在装满种植

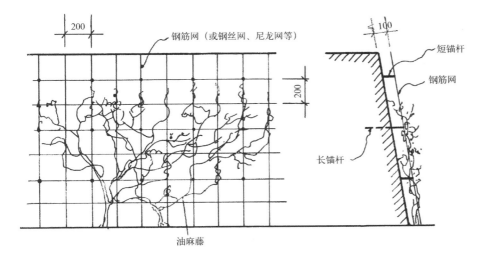

钢筋网（或钢丝网、尼龙网等）

短锚杆

钢筋网

长锚杆

油麻藤

图 3—160

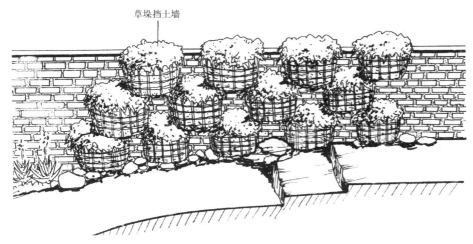

草垛挡土墙

图 3—161

土的竹或木筐中，然后，于挡土墙位"背斜式"垒起草垛。待草长满后，自然起到稳固作用（图3—161）。

F. 植配注意事项

（A）山地挡土墙的植物柔和处理形式十分重要。只有在确定了形式后才可再作切实可行的设计方案；

（B）植物基调树种的柔和处理位置，应有较为明显的区位优势；

（C）为取得画面"聚焦"艺术效果，山地挡土墙的两端应配置密林。

3.10.3.8 隔噪植配法

城市噪声是人们最不喜欢的音响，如机器马达声、汽车发动机声、飞机起落声以及各种机械加工轰鸣声等。当声音"音压阶"（Sound Pressure Level，注：指把音压的绝对值以分贝为单位表示的噪声）超过一般健康人的最小可听音压（注：白天62～68分贝，夜间47～55分贝）时，即为噪声。实践证明：城市噪声可以通过植物配置方式减弱或控制。常见设计手法有：点声源噪声植配隔离法、线声源噪声植配隔离法等两种。

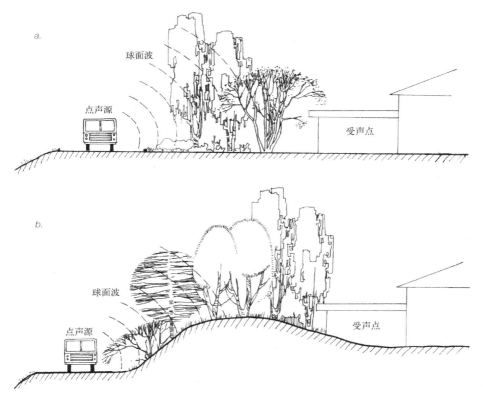

图 3-162

A. 点声源噪声植配隔离法：点声源噪声，指以球面状向外扩散的噪声源，一闪即逝。如行驶中的汽车发动机噪声等。"点声源的声，以球面状向外扩散，随着距离的增加，美单位球面积的能量越小，声的强度便越弱。"[15] 常见隔离措施有三：①有效拉开点声源与受声点之间的距离；②在点声源与受声点之间建立隔声墙；③在点声源与受声点之间配置浓密植物。植物配置方式以"乔木＋灌木＋地被＋草坪的复合林"隔声效果最好（图 3-162，上）；其次，利用坡地形优势叠加隔声效果最妥。（图 3-162，下）

B. 线声源噪声植配隔离法：线声源噪声，指以球面状向外扩散的持续噪声源，如机械加工噪声等。在隔离手段上与"点声源噪声隔离方法相似"。

C. 植配注意事项

（A）为了有效减弱汽车行驶中的点噪声，植物梯度配置的设计方向宜朝向道路一侧；

（B）在隔声树丛结构中，应注意常绿树与落叶树之间的比例关系。即常绿：落叶≥2：1；

（C）所有噪声源与受声点的规划距离应不小于30m。在二者之间适当设置1～2道植物防噪声缓冲带，每一条宽度至少为10m。

3.10.3.9　森林防火植配法

森林常因雷击、闪电、火花或其他原因而发生火灾，危害之大，难以预料。所以，防火栽植刻不容缓。森林火灾行进途径一般是顺风上扬、辐射状前进，所以，在其受风面设置防火林隔离带将是人们最佳的选择。常见设计手法有：二带式、三带式等两种。

A．二带式：指防火隔离带由空旷地带、耐火植树带组成。其结构为：面临失火森林一侧设置耐火植树带（不小于10m）——空旷地带（不小于6m）。耐火树，指过火后的枝干和树叶自身恢复生机的能力较强品种。耐火树选择标准为：①必须选择常绿树种。因为落叶树均有叶片较薄、易干燥、落叶层较厚等不利因素。②必须选择密生阔叶树种。当叶片密生时，树冠空隙就少而防火与隔热条件相对好些。③必须选择叶片厚而含水量较多的树种。常见耐火植物品种有：银杏、罗汉柏、金松、榧树、珊瑚树、白樫、交让木、细叶冬青、多罗叶、野山茶、沈丁花、杜仲、马刀叶锥、厚皮香、女贞、枸骨、油茶、八角、茴香、夹竹桃、南天、青梧桐、槭树、松杨、海桐、苦楝、栎树、芭蕉、棕榈等（图3-163）。

B．三带式：指防火隔离带由两侧耐火植树带、中间空旷地带等组成。其结构为：面临失火森林一侧设置耐火植树带（6～10m）——空旷地带（不小于6m）——耐火植树带（6～10m）（图3-164）。

C．植配注意事项

（A）森林防火林带禁配叶片富含油脂成分较多的树种，如松树、桃花、香樟、杉树、玉兰、木槿等；

（B）防火林带设置越宽，防火效果越好。

3.10.3.10 围海陆地生态植配法

滨海地区的开发迅猛势头已波及了大海。围海造陆、堰堤填土……以前滨海各国"疏浚海底的沙和泥；切削背面山上的土石；建筑工地的挖掘废土以及垃圾废物"[15]等传统造陆地做法对生态恢复十分不利。长期采用建筑与生活废弃物填筑的方式，导致"围海陆地"通气性不良、腐败发热、气体颇多以及空洞下沉等。针对上述问题，日本提出了"生态改良四步法"。

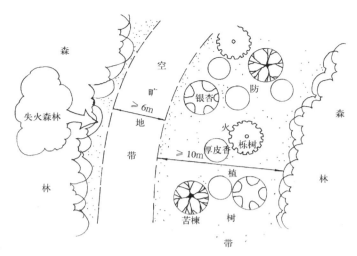

图3-163

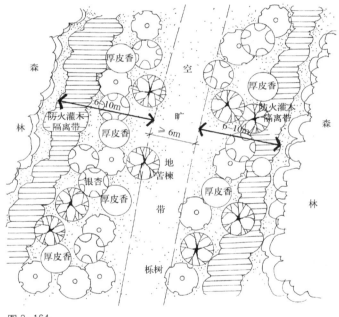

图3-164

A. 第一步:改良海滩土壤。日本经验是:"用疏浚海底的土砂作为填筑土时,初期盐分的浓度大。随着岁月的流逝,盐分由于受雨水的影响而逐渐溶出。溶出速度依土壤质地和密度的不同而有差别。一般是,在透水性小的黏土中,溶出速度慢。例如:砂质土壤地表下10cm的盐分浓度在填筑后第三个月即降到了0.0284%;黏土填筑八个月以后,仍然浓度很高,为0.2%～0.5%。植物生育上盐分的浓度界,蔬菜为0.04%,树木为0.05%,日本草为0.1%。所以,在填筑土地上进行栽植,必须妥善除去盐分,使其盐分浓度在临界值以下。"[15]具体措施有三:一是挖沟脱盐法。即每隔2m挖一条宽度×深度=1m×0.5m沟,沟内填沙,再加入一定量的土壤改良剂脱盐分;二是雨水降盐法;三是换客土法。

B. 第二步:防止风沙。日本经验是:"在土沙表面覆盖约10cm厚的一层红土(山土)或挂竹帘、苇帘、塑料网等作为防风沙的墙。此外,地面若宽裕时,还可筑堤防御。"[15]

C. 第三步:处置海滩垃圾。海滩垃圾分解所释放的热量有时可高达70～80℃,且因埋至太深有时需要几年才结束。具体措施有三:一是生物降解法。在地表深度不大于3m时,可以采取好气性细菌分解;在地表深度3m以下时,由于空气流通性差而采取厌气性细菌分解。二是导管疏气法。海滩垃圾在分解时会产生大量的气体,如果停留在土壤孔隙中就会导致植物根部呼吸性缺氧,所以必须采用插入管道的办法将气体排出地面。三是从海滩垃圾缝隙渗入的地下"痔水"十分有害,必须及时排出。

D. 第四步:分梯度栽种植物。日本经验是:"最先进入填筑地生长的植物是耐潮性强的。如矛方藜、里白藜、帚菊等。随后相继出现姬昔蓬、荒地菊。在其他有积水的地方,可见到芦苇、黑三棱、香蒲的群落。在十分干燥的地方能看到荆芥、道旁柳等群落"[15](图3-165)。

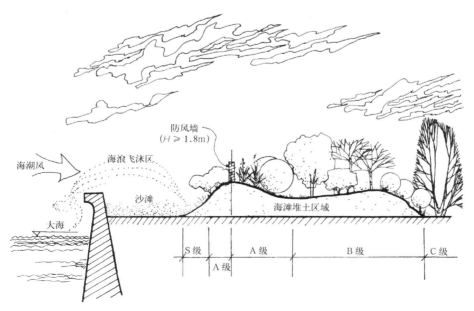

图3-165

E. 植配注意事项

(A) 海滩植树地点必须退后至海潮不能到达的区域，否则，难以存活；

(B) 慎选围海造陆地的植物品种（表 3-11）。

日本围海造陆的栽植树种

表3-11

适用场所	植物名称
遭受海水飞沫影响的地方的地表植物	鬼短草、行仪草、日本短草等
迎着潮风的最前方树林（特 A 级）	黑松、矮桧、姥女槠、海桐花、浜野茶、车轮梅、丝兰等
接续特 A 级的前方树林（A 级）	夹竹桃、胡颓子、柽柳、杜仲等
前沿的后方树林（B 级）	比较耐潮的树种
内陆树林（C 级）	一般造园树木

注：①此表引自文献 [15]。

②特 A 级，指海潮迎风面区域；A 级，指海潮迎风面（特 A 级）之后区域；B 级，指海潮迎风（A 级）之后可能波及的区域；C 级，指内陆。

3.11 庭院（园）植

3.11.1 定义

《中国大百科全书》："建筑物前后左右或被建筑物包围的场地通称为庭或庭院。在庭院中经过适当区划后种植树木、花卉、果树、蔬菜，或相应地添置设备和营造有观赏价值的小品、建筑物等以美化环境，供游览、休息之用的，称为庭园"。庭院常划分为：皇城、王城、大院、里、弄、坊、街区、三合院、四合院、天井、围屋等 11 种形式；庭园常分为：前庭、中庭、后庭、侧庭、小院、平庭、山庭、坪庭、壶庭等类型。总而言之，庭园可以理解为"在庭院的有限空间里，以花木、水石、禽鱼等物质表现手段，创造出视觉无尽的，具有自然精神境界的环境。"[17]

3.11.2 构景原理

3.11.2.1 有效增加绿地覆盖率，提高建筑环境品质。

3.11.2.2 通过植物配置，创造建筑文化内涵。

3.11.2.3 常见设计手法

(1) 前庭障景植配法

在建筑庭院"前、中、后"三庭的布局顺序中，位于主入口处的"前庭"植物景观尤其重要。一曰：形象；二曰：引导。巧妙利用主入口植物自然属性及配置艺术，可以塑造整个庭园"欲扬先抑"的景观形象。常见设计手法有：树丛法、纯林法、疏林法等三种。

A. 树丛法：指前庭配置树丛遮掩外界视线的障景设计手法。特点：形态自然、景象生态、易与环境相协调、植配手法灵活等。树丛障景控制范围为主入口甜蜜点向内不大于60°的视角区域。其竖向设计层次一般为2～5个,即配置梯度(由前至后)为:草坪＋地被＋下木＋中木＋上木 (图3-166)。

B.纯林法:指前庭配置纯种树丛遮掩外界视线的障景设计手法。特点:形态自然、景象独特。除了水杉林外,还有楠竹林、樱花林、贴梗海棠林、椰林、蒲葵林、香樟林、桂花林等。

C.疏林法:指前庭配置疏林遮掩外界视线的障景设计手

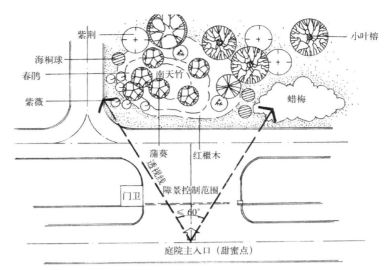

图3-166

法。特点:形态自然、疏林草坪、热带风光、景象独特。其竖向设计层次一般为2～3个,即草坪＋地被＋上木。少有配置大灌木。常见树种有:加拿利海枣、伊拉克海枣、散尾葵、栋棕、椰子、老人葵、鼠尾葵、槟榔、假槟榔、蒲葵、木瓜、无花果、针葵、变叶木等。

D.植配注意事项

(A)前庭植物障景配置,并不代表所配植物完全遮挡了视线,两者概念应予区分;

(B)前庭植物障景配置设计手法,应统一在庭院风格之中。

(2)山水中庭植配法

我国"山水入中庭"景观设计现象由来已久,其理由大致有三点:①风水论。《水龙经》:"水积如山脉之住……水环流则气脉凝聚……后有河兜,荣华之宅;前逢池沼,富贵人家。左右环抱有情,堆金积玉"[18]。②山水画论。《美学辞典》:"一切以模拟自然山水为目的,把自然的或经人工改造的山水、植物与建筑物按照一定的审美要求组成的综合艺术"[17]。③植物造景论。彭一刚《中国古典园林分析》:"以人工的方法或种植花木,或堆山叠石,或引水开池,或综合运用以上各种手段以组景造景,从而具有观赏方面的意义,简言之就是赋予景观价值。而庭或院间或也点缀一点花木、山石,但究竟还不足以构成独立的景观。由此看来,凡园都必须有景可观,而没有景观意义的空间院落,即便规模再大,也不能当做园来看待。"[19]如重庆龙景花园居住中庭设计方案。常见设计手法有:集锦式、主题式等两种。

A.集锦式:又称功能式。指按照山水庭院总体规划布局要求,呈"点"状配置植物造景的设计方式。如假山背景密林植,组成"绿荫源泉"之景;坐憩点丛植,组成"林荫小驻"之景;功能区丛植,组成"浓荫集锦"之景;中庭广场树阵植,组成"树荫清凉"之景。巧妙地将各种植物景观空间集锦成"形"、成"趣",构成文化意境 (图3-167)。

B. 主题式：指按照山水庭园总体文化主题设计要求，呈"意境"式配置植物造景的设计方式（图3-168）。意境①："水际安亭，斯园林而得致者……意尽林泉之僻，乐余园圃之间"[5]；意境②："信足疑无别境，举头自有深情"[5]；意境③："调度犹在得人，触景生奇，含情多致，轻纱环碧，弱柳窥青"[5]；意境④："处处邻虚，方方侧景"[5]皆取意于明计成所著的《园冶》。

C. 植配注意事项

（A）山水中庭植物配置，宜"疏密有致绘精彩，功能明晰意境深"；

（B）中庭植物配置方向感设计十分重要。一般来说，空间主动流向、南面以及溪流方向等为植物主观赏面设计方向；

（C）中庭植物配置设计风貌，应与建筑环境相匹配；

（D）中庭植物品种使用量应予以严格控制，不宜太多、太杂。

（3）滨水后庭植配法

滨水后庭，指位于宅庭后院（或别墅）的滨水绿地。特点：依附性强、空间局限、私密性强、滨水视线开敞等。常见设计手法有：功能式、主题式等两种。

A. 功能式：设计师在滨水后庭规划时，首先进行功能分区。如滨水眺望区、坐憩点眺望区、假山水景区、户外运动区等四个。然后，再针对性地配置植物（图3-169）。由别墅到方亭眺望点之间设置"观湖透视线"，在这条线上按视线组织要求配置"疏林草坪"和"主景树丛"两个设计区域；于眺望点处配置疏林树丛；观山水区域配置自然树丛以及别墅两侧"死角区域"的背景树丛等。

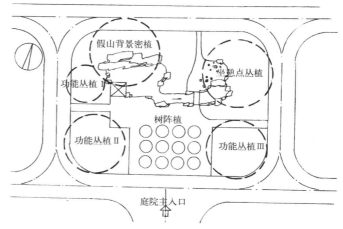

图3-167

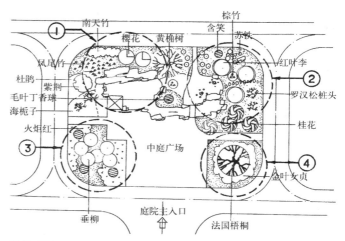

图3-168

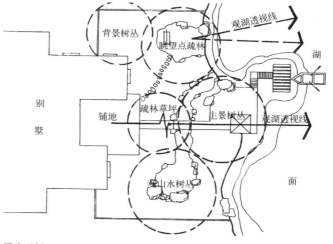

图3-169

B.主题式：因借滨湖自然浅坡地形，设置构景主题。如重庆渝州宾馆二号楼景观环境设计方案（图3-170）。由后庭西南隅人工塑黄石大假山上下叠大瀑布金带流淌，构成"深奥曲折，通前达后，全在斯半间中,生出幻境也。凡立园林，必当如式[5]"意境；为了构建后庭独立私密性空间以及"观山水"景观，于临干道处配置了银杏、桂花、天竺桂、红檵木、南天竹、金叶女贞等自然树丛，构成"开林择剪蓬蒿，景到随机，在涧共修簟芷[5]"意境；于游船码头绿地处通过设置疏林草坪的方式满足两栋别墅远眺湖光山色的需求。于37栋别墅观湖方向，配置垂柳、红叶李、黄桷兰、紫薇等构成"蹑山腰，落水间，任高低曲折，自然断续蜿蜒，园林中不可少斯一断境界[5]"意境，皆取意于明计成所著的《园冶》。

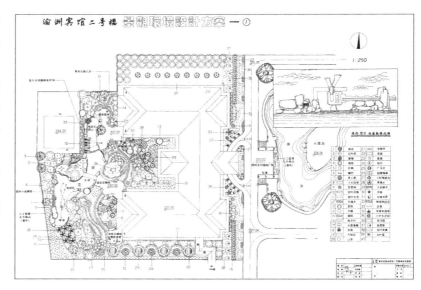

图3-170

C.植配注意事项

（A）滨水后庭绿地在树丛配置上，应多留出一些透视线通道，保证观湖赏景；

（B）滨水后庭在向水面拓展景观时，千万不要超越红线。

（4）日本茶庭植配法

茶庭，起源于日本桃山时期（1583～1603年），由日本艺术家千利休（1522～1591年）首创。它是一种将茶道"和、静、清、寂"禅宗精神融于庭院的一种特殊绿地形式。茶庭绿地，谓之"露地"或"表场所"；演习茶道的场地，谓之"草庵风茶室"或"里场所"。日本茶庭规定：凡入庭者，均应按照《法华经》"若见惑虽除，思维仍在，则不名露地也，若三界思尽，方名露地耳"的方式"晏坐行吟，清谈把卷"。历史上，日本最著名的茶庭有"三千家"：京都的表千家（不再庵）露地、里千家（今日庵）露地、武者小路千家（官休庵）露地等。从造园体裁形式上,按照日本篱岛轩秋里《筑山庭造传》"日本庭园三种设计体裁形态模式为：楷体式布局、行体式布局、草体式布局"的要求，日本茶庭应归类为草体式庭园。常见设计手法有：自由丛植法、飞白丛植法等两种。

A.自由丛植法：日本茶庭主要植物配置区域是茶室、数寄屋、溪畔、蹲踞旁。常见设计手法为：茶室、数寄屋"黑松＋柏＋杉＋苔藓等"自由丛植组合；溪畔"日本樱花＋荷花玉兰＋朝鲜花楸＋山茱萸＋三角枫＋红枫＋枫香＋圆柏＋杜鹃球等"自由丛植组合；蹲踞旁"樱花＋梅花＋羊齿棕＋日本桃叶珊瑚＋马醉木＋钝齿冬青＋冬山茶＋小叶黄杨＋栀子＋石楠杜鹃＋圆柏等"自由丛植组合（图3-171）。

B．飞白丛植法：日本茶庭中自然式耙沙步道，俗称"飞白"。通常由耙沙、753石组、植物景观等三部分组成。其中，753石组旁"厚叶香斑木、瑞香、阔叶十大功劳、圆柏、杜鹃类、海桐、光叶柃木、金丝桃、大叶黄杨、龟甲冬青、朱砂根、八角金盘、乌药等"自由丛植组合；耙沙中"日本黑松、日本花柏类、日本扁柏类、日本樱花、日本辛夷、日本紫荆、日本吊钟花以及日本桃叶珊瑚、苔藓等"孤植或自由丛植。

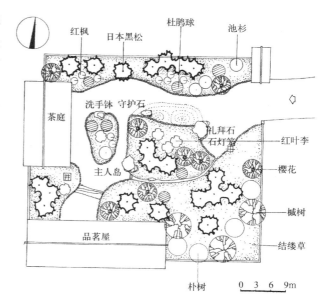

图3-171

C．植配注意事项

（A）日本传统茶庭为避免斑斓的色彩干扰品茗情绪，地面除草坪之外几乎不种植草花；

（B）日本茶庭自由丛植设计有两种典型倾向：①以"丛植＋孤植＋草坪＋苔藓"为主的自由丛植；②以"丛植＋孤植＋球形造型＋色叶林＋草坪＋苔藓"为主的自由丛植。

（5）日本筑山庭植配法

筑山，中国称为理丘、筑丘、山岗；日本称为岗、野筋。筑山庭，指依山而建庭园。日本飞鸟时期（593～701年）受我国秦汉"神仙说"和印度佛教文化的影响，开始将"山－水－岛－植物"组合体用于庭院之中。《日本书记》："推古天皇三十四年（626年），大臣苏我马子在飞岛河畔营造府邸。在庭中开水池、仍兴小岛于池中。"总之，日本庭院"四分之三都由植物、山石和水体构成庭园"的手法，构成了造园主流。日本橘俊纲（1028～1094年）《作庭记》的出版，使日本明确了"筑山庭"的建造与设计方向，《作庭记》即"筑山庭"之始。到了江户时期（1603～1867年）造园界才普遍知晓《作庭记》与"筑山庭"的关系。随后木刻版《筑山庭造传》开始在国内大量发行。《作庭记》："凡作庭立石，先将大小诸石运集于一处，当竖立之石，以头朝上；横卧之石，以面朝上，皆排列于庭上。察形辨性，比拟诸石之特点，依其须要，逐一立之"。常见设计手法有：一池三山式、立石配景式等两种。

A．一池三山式：日本筑山庭的发展可细分为"嵯峨流庭"（飞鸟时期）、"寝殿式庭园"（平安时期）、"舟游式庭园"（平安时期）等三个典型设计阶段。在植物造景方面，从飞鸟时期的中国汉式"一池三山"松、柏、杉、竹"仙境"的模仿逐渐过渡到了东西方混杂的"筑山庭"式植物造景。从简单的礼仪模仿过渡到了较为复杂的"舟游"、"郊游"（图3-172～图3-174）。

如到了平安时期后期，日本受意大利"西方极乐净土世界"的影响，在筑山庭中开始增设中轴线（如岩手县毛越寺庭园），观景方式由陆地延伸到了水中，植物造景则更加丰富多彩。日本筑山庭常见植物有：①乔木类：日本辛夷、樱花类、红豆杉、榧树、麻栎、日本鸡爪槭、光叶榉、短柄枹、日本花柏类、刺柏、圆柏、矮紫杉、紫薇、桦树类、铺地柏、日本扁柏类、柏树类、白桦、朝鲜花楸、光叶柃木、木槿、梧桐、梅花、安息香、枫树类、宽叶山月桂、栎树类、光叶石楠、樟树、铁冬青、月桂、山茶、荚迷锥栗树、荷花玉兰、女贞、日本女贞、姬虎皮楠、桂花类、冬青、厚皮香、杨梅、虎皮楠等；②灌木类：日本桃叶珊瑚、钝齿冬青、冬山茶、小叶黄杨、栀子、石楠、杜鹃、厚叶香斑木、瑞香、华南十大功劳、杜鹃类、海桐、阔叶十大功劳、金丝桃、十大功劳、大叶黄杨、龟甲冬青、厚叶香斑木、朱砂根、八角金盘等。

B.立石配景式：日本筑山庭因受"依山就势，傍水礼仪"等人文与自然因素综合影响，在建造中增设了许多"因石设用、相石合用、石态配树、石树韵律"等一系列设计手法。如于表示地位的底石、前石、胁石、中石、离石、藏豹石、游鱼石、礼拜石等处配置樱花、黑松、瑞香、十大功劳、苔藓等，隐喻"礼仪文趣，虔诚碧虚"景象；于表示水磐石组景效的水落石、受水石、水越石、诘石、承瀑石、传石、衬景石、上座石、庆云石、分波石、分水石、客拜石等处配置日本鸡爪槭、月桂、山茶、矮紫杉、紫薇、石楠、栀子、杜鹃等，隐喻"端方悟情，饮啄艰辛"自然景象；于表示形态的追石、逃石、俯石、仰石、立石、卧石、二神石、杯带石、莲花石、五行石、龟头石、龟尾石、龟足石、鹤头石、鹤羽石等处配置日本樱花、海桐、朱砂根、八角金盘、苔藓、草坪等，隐喻"沧海一粟，各司职责"景象。

C.植配注意事项

（A）因日本筑山庭分为"土筑山"、"土筑岛"、"土载石"和"筑山理石"等四种基本设计手法，所以植物选择应注意覆土深度对植物生存及造景的直接影响；

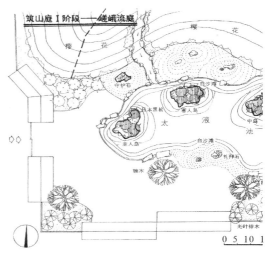

图 3-172

图 3-173

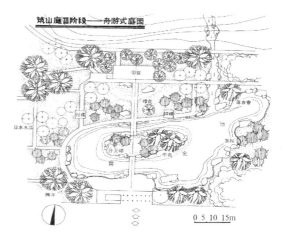

图 3-174

（B）筑山庭植配应关注"坡脚"与"坡顶"二处景观构成。坡脚丛植松、柏、杉等可以表现野性；坡顶群植日本樱花、日本辛夷、日本女贞等，则表现一种民族文化。

3.12 抗性植

3.12.1 定义

植物的抗性来自于机体对外界环境中某种物质的敏感程度。敏感者，则抗性低；不敏感者，则具有抗性。如炼钢厂所产生的二氧化硫（SO_2）气体在侵入一些植物（如红松）叶片的气孔后，即"和植物体内存在的醛相化合，形成 α-氧磺酸，破坏植物细胞"[15]；又如当汽车在有二氧化氮（NO_2）气体存在的环境中行驶时，所排放的尾气中含碳氢化合物若超过一定排放量标准时，在阳光照射下即会发生"光氧化反应"形成臭氧（O_3———一种强氧化剂），对植物呼吸系统造成极大的危害；又如滨海植物普遍对盐分浓度反应有"临界值"要求，即草本 0.1%，树木 0.05%，超过临界值，植物细胞即刻脱水，"发生原生质分离现象，以至细胞死亡，这种现象叫做生理上的干燥"[15]等。所以，有严重污染或干扰的二类（M2）、三类（M3）企业，在进行植物配置时，均应按其企业污染源具体情况选择抗性树种。

我国工业用地共划分为：一类工业用地（M1）、二类工业用地（M2）、三类工业用地（M3）等三种类型。

一类工业用地（M1）：指对环境几乎没有污染或干扰的工业类型。如：手工业、小作坊、酿造厂、面粉加工点、工艺品加工厂等。按照《中华人民共和国城乡规划法》和《村镇规划标准》等规范要求，"一类工业用地可选择在居住建筑或公共建筑用地附近"。

二类工业用地（M2）：指有一定污染或干扰的企业。如：机械制造厂、木材加工厂、食品加工厂等。按照《中华人民共和国城乡规划法》和《村镇规划标准》等规范要求，"二类工业用地，应选择在常年最小风向频率的下风侧及河流的下游，并应符合现行的国家标准《工业企业设计卫生标准》的有关规定"。

三类工业用地（M3）：指有严重污染或干扰的企业。如：化工厂、制药厂、纺织厂、水泥厂、玻璃制品厂等。按照《中华人民共和国城乡规划法》和《村镇规划标准》等规范要求，"三类工业用地，应按环境保护的要求进行选址，并严禁在该地段内布置居住建筑"。

3.12.2 构景原理

（1）利用植物生物学、遗传学、病理学、栽培学、物候学等自然抗性特征，减弱污染源对环境的直接污染或干扰；

（2）通过抗性植物的有机配置，提高企业用地环境品质；

（3）通过抗性植物艺术构图，塑造企业绿色景观形象。

3.12.3 常见抗性植物种类

3.12.3.1 抗二氧化硫（SO₂）气体植物类

A.污染源：钢铁厂、火电厂、化工厂等二、三类工业用地。

B.抗性强植物品种：银杏、榕树、广玉兰、重阳木、油橄榄、国槐、槐树、刺槐、龙爪槐、棕榈、梧桐、北美鹅掌楸、木麻黄、枇杷、金橘、相思树、山茶、纹母、芭蕉、女贞、白蜡、大叶黄杨、十大功劳、雀舌黄杨、凤尾兰、核桃、无花果、九里香、板栗、合欢、侧柏、枸杞、旱柳、复叶槭、刺柏、皂荚、海桐、夹竹桃、青冈栎、构骨、紫穗槐、黄竹、小叶女贞等。

C.抗性一般植物品种：罗汉松、垂柳、桃树、木槿、紫荆、龙柏、石榴、蓝桉、厚皮香、印度榕、蜡梅、椰榆、华山松、棟树、菠萝、白皮松、榆树、丁香、苏铁、八仙花、泡桐、椰子、银桦、桑树、臭椿、加拿大杨、八角金盘、榉树、厚朴、枣树、连翘、丝兰、桧柏、板栗树、无患子、油茶、卫矛等。

D.反应敏感植物品种：悬铃木、苹果树、梅花、梨树、雪松、湿地柏、樱花、玫瑰、油松、落叶松、贴梗海棠、月季、郁李、马尾松、白桦、毛槭等。

3.12.3.2 抗氯气（Cl₂）气体植物类

A.污染源：化工厂、化肥厂等二、三类工业用地。

B.抗性强植物品种：榕树、广玉兰、夹竹桃、棕榈、龙柏、凤尾兰、臭椿、皂荚、苦楝、侧柏、槐树、白蜡、大叶黄杨、蒲葵、柘树、构树、九里香、黄杨、杜仲、纹母、紫藤、小叶女贞、白榆、厚皮香、山茶、无花果、沙枣、柳树、樱桃、枸杞、合欢、构骨等。

C.抗性一般植物品种：香樟、黄桷树、悬铃木、鹅掌楸、棟树、蒲葵、小叶榕、天竺桂、假槟榔、柳杉、云杉、桧柏、江南红豆杉、银桦、杜松、石楠、米兰、月桂、珊瑚树、乌桕、细叶榕、栀子、梧桐、油茶、地锦、笔柏、罗汉松、桂香柳、芒果、石榴、榉树、紫薇、泡桐、丁香、朴树等。

D.反应敏感植物品种：葡萄、木棉、水杉、枫杨、樟子松、法国梧桐、紫椴、薄壳山核桃等。

3.12.3.3 抗氟化氢（HF）气体植物类

A.污染源：电解厂、磷肥厂、炼钢厂、砖瓦厂等二、三类工业用地。

B.抗性强植物品种：银杏、棕榈、桂花、小叶榕、蒲葵、木麻黄、杜仲、桑树、凤尾兰、丝绵木、龙柏、大叶桉、香椿、金银花、槐树、朴树、侧柏、沙枣、厚皮香、纹母、石榴、皂荚、夹竹桃、栌木、柑橘、山茶、海桐、大叶黄杨、构树、青冈栎、白榆、橡胶榕、竹柏等。

C.抗性一般植物品种：桂花、广玉兰、凤尾兰、山楂、枣树、桧柏、榆树、楠木、丝兰、油茶、女贞、垂枝榕、太平花、鹅掌楸、白玉兰、臭椿、含笑、珊瑚树、刺槐、紫茉莉、蓝桉、紫薇、无花果、合欢、白蜡、梧桐、地锦、垂柳、杜松、云杉、乌桕、柿树、白皮松、拐枣、棕榈、丁香、木槿、柳杉、小叶女贞、凹叶厚朴等。

D.反应敏感植物品种：雪松、葡萄、桃花、山桃、慈竹、白千层、红千层、杏树、水杉、榆叶梅、金丝桃、池杉、南洋楹、梅花、紫荆等。

3.12.3.4 抗乙烯（C_2H_4）气体植物类

A．污染源：化肥厂、化工厂等二、三类工业用地。

B．抗性强植物品种：夹竹桃、棕榈、悬铃木、凤尾兰等。

C．抗性一般植物品种：黑松、枫杨、乌桕、柳树、罗汉松、女贞、重阳木、红叶李、香樟、白蜡、榆树等。

D．反应敏感植物品种：月季、大叶黄杨、苦楝、臭椿、合欢、玉兰等。

3.12.3.5 抗氨气（HN_4）气体植物类

A．污染源：化肥厂、化工厂等二、三类工业用地。

B．抗性强植物品种：女贞、柳杉、石楠、无花果、紫薇、樟树、银杏、皂荚、玉兰、丝绵木、紫荆、朴树、木槿、广玉兰、蜡梅、杉木等。

C．反应敏感植物品种：紫藤、虎杖、杜仲、枫杨、楝树、小叶女贞、悬铃木、珊瑚树、芙蓉、刺槐、杨树、薄壳山核桃等。

3.12.3.6 抗二氧化氮（NO_2）气体植物类

A．污染源：化肥厂、化工厂等二、三类工业用地。

B．抗性强植物品种：女贞、龙柏、无花果、刺槐、旱柳、黑松、樟树、桑树、丝绵木、夹竹桃、构树、楝树、乌桕、垂柳、大叶黄杨、玉兰、合欢、石榴、蚊母、棕榈、臭椿、枫杨、酸枣、泡桐等。

3.12.3.7 抗臭氧（O_3）气体植物类

A．污染源：化肥厂、化工厂等二、三类工业用地。

B．抗性强植物品种：枇杷、银杏、樟树、夹竹桃、连翘、悬铃木、柳杉、青冈栎、海州常山、八仙花、枫杨、日本扁柏、冬青、美国鹅掌楸、刺槐、黑松等。

3.12.3.8 抗烟尘植物类

A．污染源：炼钢厂、电厂、水泥厂、化工厂、建筑工地等二、三类工业用地。

B．抗性强植物品种：珊瑚树、槐树、苦楝、皂荚、厚皮香、臭椿、榉树、樟树、广玉兰、银杏、三角枫、麻栎、女贞、构骨、榆树、桑树、紫薇、樱花、苦槠、桂花、朴树、悬铃木、蜡梅、青冈栎、大叶黄杨、木槿、泡桐、黄金树、楠木、夹竹桃、重阳木、五角枫、大绣球、冬青、栀子、刺槐、乌桕等。

C．滞尘能力强植物品种：臭椿、珊瑚树、麻栎、凤凰木、冬青、厚皮香、槐树、白杨、海桐、广玉兰、构骨、楝树、柳树、黄杨、皂荚、悬铃木、青冈栎、石楠、朴树、刺槐、女贞、夹竹桃、银杏、白榆、榕树等。

3.12.3.9 飞絮植物类

A．忌飞絮企业：仪表厂、精密仪器厂、制药厂、食品厂等工业用地，最忌讳飞絮植物影响。

B．飞絮植物品种：毛白杨、国槐、旱柳、垂柳等。

3.12.3.10 耐荫植物类

A．耐荫植物品种：丝兰、龙须树、八角金盘、扁竹根、麦冬草、吉祥草、棕竹、叶子花、春羽、蕨类、榧树、花柏、黄金柏、香柏、紫杉、红豆杉、厚皮香、杨梅、六月雪、天竺、海桐、珊瑚、构骨、大叶黄杨、瓜子黄杨、雀舌黄杨、豆瓣黄杨、锦熟黄杨、棕榈、蚊母、黄馨、细叶十大功劳、阔叶十大功劳、常春藤、发财树、绿巨人等。

B.耐半荫植物：杜鹃、红檵木、含笑、山茶、苏铁、石楠等。

3.12.3.11　移植特别困难植物类

唐桧、枞树、黄心树、楠木、柿树、栎树、胡桃木、栗树、桫椤树等。

3.12.3.12　耐旱植物类

柽柳、红松、黑松、落叶松、唐桧、杜松、矮桧、枞树、油橄榄、桉树、椴木、大花六道木、海桐、南天竹、油茶、梅花、日本山杨、木通、樱花、白桦、赤杨、木瓜、杨柳类、丝兰、万年木、苏铁、结缕草、侧柏、白皮松、泡桐、刺桐、青桐、构树、刺槐、杜鹃、紫薇、夹竹桃、栀子等。

3.12.3.13　耐瘠植物类

侧柏、黑松、棕榈、刺桐、白榆、女贞、小蜡、海州常山、构树、水杉、柳树、枫香、黄连木、臭椿等。

3.12.3.14　耐水湿植物类

水杉、池杉、湿地松、墨西哥落羽杉、广玉兰、苦楝、乌桕、枫杨、香樟、桉树、重阳木、火炬树、茂树、垂柳、水曲柳、蚊母、桤木、红树等。

3.12.3.15　耐盐碱植物类

棕榈、柽柳、侧柏、胡颓子、白榆、合欢、苦楝、乌桕、白蜡、泡桐、紫薇、刺槐、国槐、丝兰、紫穗槐、油橄榄、加拿大杨、小叶杨、意大利杨、皂荚、臭椿、黄连木、梓树、榉树、杜仲、银杏、香椿、枣树、桃树、杏树、梨树、君迁子、桑树、构树等。

3.12.3.16　防风植物类

黑松、女贞、椰子、水杉、香樟、池杉、墨西哥落羽杉、合欢、皂荚、银杏、榉树、白榆、朴树、竹类、紫穗槐、杞柳、椰子、矮桧、姥女槠、海桐花、浜野茶、车轮梅、丝兰、夹竹桃、胡颓子、柽柳、杜仲等。

3.12.3.17　在强酸性土壤里生长的植物类

笔头菜、车前草、剪刀股、酸模草、莎草、鼠麴草、大木草、马唐草、木莓等。

3.12.3.18　在石灰岩地带生长的植物类

沙蔓、黄楝、椡树、盐地、落羽松、黄杨、枇杷、杨梅、绣线菊、胡枝子、山藤、鼠李、梅花空木、常山、本州星、菁荚叶、连翘、棣棠、雪柳、麻叶绣球、大花六道木、南天竹、草黄杨等。

3.12.3.19　深根性植物类

枞树、大王松、杉树、榧树、柯树、朱砂根、赤樫、樟树、犬樟、山茶、杨梅、木麻黄、梧桐、榉树、百合树、黄桷树、茶树等。

3.12.3.20　耐汽车尾气植物类

A.抗性强植物品种：银杏、罗汉松、榧树、竹柏、扁柏、月桂、杨桐、油茶、珊瑚、櫨树、白达木、泰山木、楠木、构骨、木犀、马刀叶锥、细叶冬青、厚皮香、山茶、杨梅、交让木、夹竹桃、海桐、八角金盘、梧桐、榆树、柽柳、安石榴、垂柳、唐槭、朝鲜连翘、火棘等。

B. 反应敏感植物品种：金松、杉树、喜马拉雅杉、枞树、柯树、白樫、石岩、白杜鹃、野桐、无花果、梅树、朴树、柿树、榉树、辛夷、梨树、卫矛、百合、桃树、紫阳花、满天星、雪柳、美丽胡枝子、紫丁香花等。

3.12.3.21　制药厂特殊要求

因植物花粉敏感性问题，制药厂忌讳配置开花、芳香性植物，而多以草坪为主。《药品生产质量管理规范》：不能配置开花、芳香型植物。因为，花粉进入制药车间容易引起药品质变化。但是，中草药生产基地除外。如：四川省中草药植物研究所。

3.12.3.22　变电站、高压线植配法

变电站及高压线附近，因安全需要必须设置高压走廊。走廊宽度一般不小于25m，走廊下方不得配置乔木或高大灌木等（图3—175）。

3.12.4　常见设计手法

3.12.4.1　沙漠网状植配法

我国西北戈壁滩大沙漠变化无穷，月形沙丘、纵向沙垄、抛物线沙丘、金字塔沙丘、新月形沙丘链、梁窝状沙地、蜂窝状沙地等地形变化不停。所以，绿化沙漠的重点在于：①相对固定树种；②保证植物正常生长。常见设计手法有：无纺布网格技术、沙坑点网格技术、滴灌网技术等三种。

A. 无纺布网格技术：先将含蛋白石粉、生物有机肥、树种、固态水等，混合装入无纺布口袋中，制作成一种特殊装置。然后，再将各个无纺布口袋之间采用纤维材料相互连接成网格状单元，彼此再不断重复形成大型网格，以此固定于沙漠表面（图3—176）。

B. 沙坑点网格技术：首先，设置网状沙坑。于坑底铺设吸水织物层，其上覆盖土壤与肥料混合层。然后，再在土壤与肥料混合层上重复设置吸水网状织物层，依次重复设置。再采用纤维材料

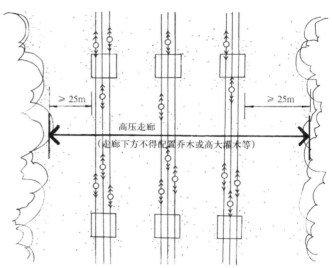

图3—175

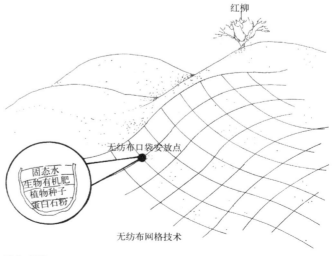

图3—176

相互连接成网格状单元，彼此再不断重复形成大型网格，以此固定于沙漠表面。

C. 滴灌网技术：引自以色列沙漠绿化研发项目。技术核心：在设置深井强制找水的基础上，建立沙漠滴灌网，并按照不同沙质中植物所需含水量标准要求进行适时滴灌。它适用于沙漠公路两旁绿化带建设。如新疆塔里木沙漠公路绿化带建设。沿沙漠公路每相隔 4km 便设置一座深水井，构建供水源。然后，沿公路两侧各铺设一条 10m 宽左右的网状织物种植带，其下铺设由防堵塑料管、接头、过滤器、控制器等组成的滴灌网。滴灌原理：让水均衡地滴渗到每株植物的根部。一般来说，1m 深的贫瘠沙漠中如果有 300mm 水分，可以被植物利用的约为 100mm。所以，只要沙漠水分不达到植物永久枯萎点 (PF4.2)，植物便有生长的机会。否则，必死无疑。在初期枯萎点 (PF3.9)，必须开始浇水 (表 3-12)。

永久枯萎点 (PF4.2) 的含水量 表3-12

土质	含水量（%）
粗沙	0.88 ~ 1.11
细沙	2.70 ~ 3.60
砂黏土	5.60 ~ 6.90
黏土	9.90 ~ 12.40
重黏土	13.0 ~ 16.60

注：①此表引自文献 [15]。
②土壤永久枯萎点，指土粒和水分子的结合力大小，通常采用水柱高度的厘米数的对数表示。

一般来说，植物所利用的水是毛细水（即：PF2.7 ~ 4.5 之间，有效范围为 PF2.7 ~ 4.2）。土壤水分与土壤物理性质有关。自然界中的土壤颗粒与水分子有三种结合形态。①吸附水：指靠分子间力吸附在土壤颗粒的表面的水分子；②毛细水：指靠土壤颗粒空隙间的表面张力而保持的水分子；③重力水：指靠重力向下方移动的水分子（图 3-177）。

图 3-177

D. 植配注意事项

（A）方格网形状多为方形、菱形，其纤维材料强度应能维持使用三年以上；

（B）当固态水使用完毕后，应及时补换上；

（C）沙化对植物的严重侵害除了缺乏水分以外，还有可能缺乏植物生育的其他微量元素（如氮、磷、钾、钙、镁、碳、氢、氧、硫等）。所以，在沙漠补水的同时，还应补偿上述微量元素。

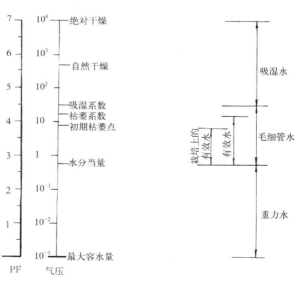

土壤水分和 PF 的关系（此表引自文献 [15]）

3.12.4.2　厂区浅丘防护林植配法

城市规划中的一对显著矛盾因子，就是"居住区用地"与"工业用地"的规划布局问题。其中，M2、M3企业"三废"问题以及工业噪声问题等，常造成环境恶化。因此，"工业区与居住区之间按要求隔开一定距离，称为卫生防护带，带内遍植乔木。这段距离的大小随工业排放污物的性质与数量的不同而变化。"[20] 常见设计手法有：浅丘防护林法、气流引导法等两种。

A. 浅丘防护林法：在厂区规划中，首先应充分利用自然地形作为居住区与生产区之间的天然屏障；然后，再通过设置防护林的方式加以强化。居住区应位于上风方向。"成片成丛的绿化布置可以阻挡或引导气流，改变建筑组群气流流动的状况。"[20] 卫生防护林结构是：常绿树应靠近居住区一侧，落叶树靠近生产区一侧。

B. 气流引导法：进入居住区的"废气"流动规律是"下沉前进，遇阻上升"，通过植物配置便可以积极疏导与自然排放。

C. 植配注意事项

（A）应以M2或M3等主要污染源作为抗性树种选择的客观依据；

（B）厂区卫生防护林带以自然式配置为宜。

3.13　风水植

3.13.1　定义

风水植，系源于我国道教的一种特殊植物配置形式。晋郭璞《葬经内篇》："气乘风则散，界水则止。古人聚之使不散，行之使有止，故谓之风水"。风水，即自然之术。老子曰："人法地，地法天，天法道，道法自然"。孔子曰："以无为的态度去做就叫自然，以无为的态度去说就叫顺应"。风水师在"堪"天道、"舆"地道以及"道生一，一生二，二生三，三生万物"的整个"悟道"过程中，自成理论体系。归纳起来为：①天地之间自然平衡物为"树"。地上树冠与地下庞大根系通过地平线得到平衡。在这个平衡系统中，地上枝干部分谓之"十大天干"。即甲、乙、丙、丁、戊、己、庚、辛、壬、癸；地下根系谓之"十二地支"。即子、丑、寅、卯、辰、巳、午、未、申、酉、戌、亥。"天干"与"地支"两两相对，得出"六十甲子"推演表。从"甲子"年始至"癸亥"年终，每六十年为自然界"一个轮回"（图3-178）。②中国道教祖山源自西部昆仑山，由此向天下派生出五条"龙脉"。其中有三条在我国

图 3-178

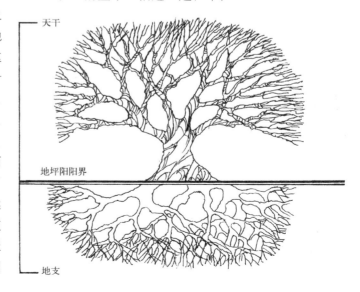

逶迤蔓延。即黄河以北地区的"北干"；黄河与长江之间的"中干"；长江以南地区的"南干"。再由龙脉派生出支脉，支脉又派生出支脉……如此自然繁衍，如同人体经络和血脉一样，遍及全国。"龙脉的生气、停驻、融结的位置，即我国历史上修筑城池、陵墓的位置。被称之为'穴'"[21]。穴，即山环水抱相"聚"之处。庄子："一年成聚，二年成邑，三年成都。""聚"者，因场地大小而有别。"大聚为都会，中聚为大郡，小聚为乡村、阳宅及富贵阴地。"[21] 据考证：我国凡筑有城墙的城池几乎都是按此理选址建成的。在此基础上，再融入《易系辞》中"太极生两仪，两仪生四象"与"前朱雀，后玄武，左青龙，右白虎"等理论后，所有"穴"之成像皆如"树"形（图3-179）。

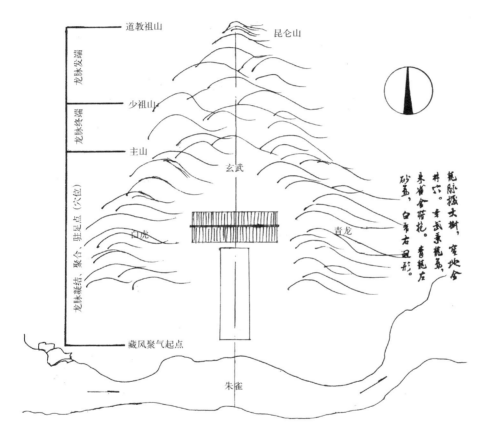

图3-179

3.13.2 构景原理

(1) 通过民俗"圣树"（如社树、风水树、吉祥树、科第树等）配置，构建生态环境。

(2) 通过疆域"护佑树"（如禅宗护佑树、疆界护佑树、墓冢护佑树、华盖护佑树等）配置，构建防范体系。

(3) 通过民俗"文趣树"（如岁寒三友植、华封三祝植、五瑞图植、尺幅窗植、五清图植、四君子植、椿庭萱堂植、月中落桂植、喜上眉梢植、齐眉祝寿植、杏林春暖植、金玉满堂植、玉树临风植、百事如意植、桃林仙境植、桑海苍田植等）配置，构建文化意境。

（4）通过禅宗"功德林"（如禅宗布金林、禅宗古德林、禅宗万木林、禅宗万杉林、禅宗旃檀林、禅宗华严林等）配置，构建禅宗文化生态。

（5）通过道教"洞天风水植"配置，构建道观文化生态。

3.13.3 常见设计手法

3.13.3.1 三门风水树法

三门，又称安口、气口，指寨门、院落门、宅第门。《皇帝宅经》："宅有五虚令人贫耗，五实令人富贵。"所谓"贫耗"，即"三门"风水虚境。配置大树则"五实令人富贵"。树体高大，则心实；树冠浓郁，则踏实；繁花似锦，则颖实；树壮品格，则厚实；子孙满堂，则果实。三门外配置风水树的位置一般有：门外轴线左（右）侧位、正（寨）门左（右）侧位、照壁左（右）侧位等三种。常见设计手法有：樟树法、榕树法、槐树法、杂树法等四种。

A. 樟树法：我国南方樟树栽植历史悠久，因其常绿、干直、冠浓、芳香、驱蚊虫、材质优良等，自古冠以"社树"、"神树"、"神明树"、"风水树"之称。《礼纬·斗威仪》："君政讼平，豫章（香樟）常为生。"其中，以江西为最。据明朝江西《清江（今江西樟树市）县志》载："土产以樟为最，樟之最大者，居人或作神祠其下，以防剪伐。人家所植，多以树之荣为兴征。"江西素有"有樟就有村，无樟不成村"的美誉。据资料记载：我国明清时期的江西村口植樟运动达至顶峰。明朝《庐陵（今江西吉安县）县志》载："古樟在长冈庙前，树大五十围，垂荫二十亩，垂枝接地，从枝末可履而上。上有连枝，下无恶草，往来于此休息，傍有庙神最灵，不可犯。"樟树下，不生虫，不生病，卜卦灵，是人们乐植村口、卜卦小憩的最佳选择。传说，樟树底下卜卦最准、最灵验。所以，自古江西风水先生常选择在村口古樟树下卜卦、算命与看相（图3-180）。

江西民间尊称三门前所植香樟为"樟树爷爷"。每年正月、七月、十月的初一和十五，大人携小孩都要去树下供奉与叩拜。

B. 榕树法：系桑科榕属植物。我国岭南地区普遍称榕树为菩提树、圣树、神明树、榕树娘、榕树公、大树公、大树妈。据传："最早种植于梁武帝天监元年（公元502年），由僧人智药三藏大师从西竺国（印度）带回菩提树，并亲手种植于广州王园寺（后改名光孝寺）。"[18] 榕树，因常绿、冠浓、遮荫、抗性强、生命力旺盛等特点，在岭南地区被普遍用于三门风水树。每年正月十五有三门插榕枝祭祀"榕树娘"的习俗；老人寿终时三门灵堂有摆放榕树桩头盆景的习俗等。为了"尊榕"，闽台地区民间至今仍保留"禁用榕枝、榕叶烧火做饭"，意为"烧榕万年穷"。

云南广大地区也有三门前栽植大青树（注：高山榕）作为风水树的习俗。如西双版纳州在村口栽植大青树时，普遍要举行植树仪式，"唱《栽树歌》：吉

三門外曾捧樹
下的卜卦先生

图 3-180

祥啊，圣洁的树，不栽在高山上，不栽在深箐，就栽在寨子边，就栽在水田边，就让它生长在路边。在这里扎根，在这里茂盛生长。"[18]

C. 槐树法：槐树，又名中槐、国槐。是我国唯一"以国命名"的植物。自古用作三门风水树时，可光宗耀祖，科第门贵。《地理心书》记载："中门种槐，三世昌盛"。《花镜》记载："人多庭前植之，一取其荫，一取槐吉兆，期许子孙三公之意。"此外，国槐也常植于城（院）内。周朝《太公金匮》记载："武王问太公曰：'天下神来甚众，恐有试者，何以待之。'太公请树槐于王门内，有益者入，无益者拒之。"《西京杂记》记载："上林苑植槐六百四十株，守宫槐十株；西京城内行道树皆为槐树，故称槐衙；一些街名曰：槐陌、槐街。"明清时期的北京城三大风水景观是：四合院、紫藤、国槐。现在我国有20余座城市将国槐命名为"市树"。这些城市是：河南省安阳市、濮阳市、新乡市、商丘市、驻马店市；北京市；山西省太原市、长治市；山东省济宁市；安徽省淮北市；辽宁省辽阳市、盘锦市；陕西省西安市；甘肃省兰州市等。

D. 杂树法：我国大多数地区对风水树的选择并不固定。如有市树者、名木古树者、历史纪念意义者，全国难以统一。此外，华南地区有：油棕、凤凰木、广玉兰、大花紫薇、白兰、蒲葵、香樟、橄榄、泰国槟榔、老人葵、柠檬桉、乌榄、黄兰、旅人蕉、海红豆、荔枝、椰子、印度紫檀、南阳楹、罗望子（酸豆）、菩提树、观光木、腊肠树、人面子、印度橡皮树、小叶榕、铁冬青、中东海枣、加拿利海枣、伊拉克海枣、木棉、大叶榕、芒果、国王椰子等；江南地区有：雪松、广玉兰、糙叶树、垂丝海棠、苏铁、桂花、玉兰、鹅掌楸、梅花、蒲葵、老人葵、香樟、黄桷树、黄桷兰、薄壳山核桃、碧桃、香椿、金钱松、小叶榕、银杏、樱花、枫香、马尾松、鸡爪槭、悬铃木、合欢、桂圆、七叶树、华楠、乌桕、重阳木、石栎、大叶榉、紫叶李、馒头柳、苦槠、喜树、紫薇、无患子、假槟榔等；北方地区有：油松、白皮松、白桦、槐树、银杏、平基槭、薄壳山核桃、国槐、桧柏、糠椴、朴树、樱花、丛生蒙古栎、枳椇、桑树、紫叶李、毛白杨、君迁子、白榆、天女花、青杨、洋白蜡、春榆、碧桃、小叶杨、白蜡、臭椿、梨树等。

E. 植配注意事项

（A）三门外风水树多为孤赏树配置，其位置应在中轴线两旁半径约 20m 的范围内，切忌正对大门。以旺冠朝东为佳，南北为次。

（B）三门风水树多应以古树名木，市树，稀有、珍贵、具有历史价值以及重要纪念意义的树木等为主，配置环境宜相对独立。

3.13.3.2 尺幅画植配法

窗，源于"牖"。老子："不出户，知天下；不窥牖，见天道。"于"窥牖"虚静之中得道也。西汉刘安《淮南子》中记载："穿隙穴，见雨零，则快然而叹之，况开户发牖，从冥冥见炤炤乎？从冥冥见炤炤，犹尚肆然而喜。"南朝齐诗人谢朓："辟牖栖清旷，卷帘候风景"，一语中的。由"牖"发展到"尺幅窗"，经过了漫长的"卷帘候风景"过程。"尺幅窗"源于"无心画"。明末清初造园家李渔于其居所"芥子园"中悬挂墙贴画时，无意之中发现了这种"悬空做画"技法，并自誉为"无心画"、"尺幅画"。"浮白轩中，后有小山一座，高不逾丈，宽止及寻，而其中则有丹崖碧水，茂林修竹。鸣禽响瀑，茅屋板桥，凡山居所有之物，无一不备。盖因善塑者肖予一像，神气宛然，又因予号笠翁，顾名思义，而为把钓之形……是此山原为像设，初无意于窗也。后见其物小而蕴大，有'须弥芥子'之义，尽日坐观，不忍阖牖。乃蘧然曰：是山也，而可以作画；是画也，而可以为窗……遂命童子裁纸数幅，以为画之头尾，及左右镶边。头尾贴于窗之上下，镶边贴于两旁，俨然堂画一幅，而但虚其中。非虚其中，欲以屋后之山代之也。坐而观之，则窗非窗也，画也；山非屋后之山，即画上之山也……而'无心画'、'尺幅窗'之制，从此始矣。"[22]（图 3-181）常见设计手法有：竹梅石法、五清图法、华封三祝法、鹿角海棠法等四种。

A. 竹梅石法：尺幅窗"卷幔园景"形成尺幅画，其植物组合比例易于"精巧成景"。如竹、

图 3-181

梅、石三景之配，构成"竹梅合石"、"竹梅双喜"景观（图3-182, a.花石悬梅影横斜，紫竹林下修正果；b.竹根盘石蜡梅溪，傲骨虚无尺幅画；c.竹里洒金梅花弄，尤物问石清香坪；d.望琼枝纤千梅，月明雪静四德贵）。

B.五清图法：梅、兰、竹、菊、松配置在一起，称为"五清图"。一清为清朝《广陵名胜全图》中"一望琼枝纤千，皆梅树也。月明雪静，疏影繁花间，为清香世界"；二清为兰草"座久不知香在室，推窗时有蝶飞来"；三清为竹即佛清；四清为菊润清新；五清为松风清扬。明钱宰《陶氏听松轩记》："风非松无以寓其声，松非风无以变其声。故风至自东，则松之声和以柔；风至自南，则松之声畅以达；风至自西，则松之声凄以厉；风至自北，则松之声猛以烈。至于八风齐动，乍大乍细，乍疾乍徐，盘旋太虚，其为声也，或高或下，或清或浊，或疏或数，而成音焉"（图3-183）。

C.华封三祝法：梅花、兰草、清竹配置在一起，称为"华封三祝"。傲梅配景石谓之"一祝"；兰草配雅竹谓之"二祝"。二者合称"华封三祝"（图3-184）。

D.鹿角海棠法：由我国古代山水画家独创。指杂树配景时的鹿角形通用平面构图技法。

E.植配注意事项

（A）"尺幅画"空间感，限制了植物景观的配置比例和大小。所以，一幅画中应立意完整。

（B）为了满足"尺幅画"立体组景效果，"窥牖"之处地形应随画面高度而定。

3.13.3.3　日本坪庭太极植配法

公元668年，中国道教文化伴随着印度佛教一道传入了日本，并在日本掀起了"易学太极建庭园"的热潮。如橘岛宫苑池（682年）、平泉毛越寺庭园（1117年）等。在面积较小的坪庭中，通过坐观"黑沙仿海水，卧石似岛屿，植物拟生态"的风水布局手法，表现主人"精、气、神、韵"境界。常见设计手法有：松竹梅法、沙蕨法、竹里法等三种。

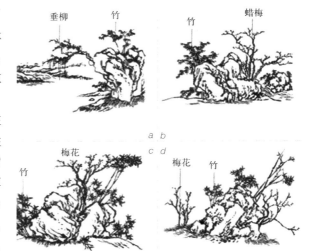

图3-182

图3-183

华封三祝图

图3-184

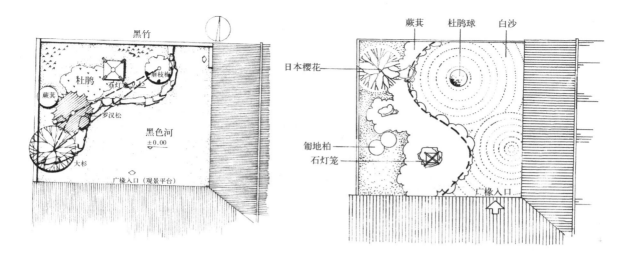

图 3—185 （左）
图 3—186 （右）

A. 松竹梅法：我国"松竹梅"被誉为"岁寒三友"。而日本则以"阴阳耦合"解读。如建于 1960 年的日本兵库县芦屋市蓬坂邸里和室前庭。在面积仅为 27m² 的前庭中，采取"阴阳耦合"的设计手法，将东海与西土临摹太极进行构图。东侧一半黑砂代表"水、阴、柔"；西侧另一半松、竹、梅则代表"陆、阳、刚"。在松、竹、梅平面构图上，仍遵循中国传统不等边三角形法则（图 3—185）。

B. 沙蕨法：将坪庭按照太极"阴阳图"一分为二。白沙耙地寓意宽阔海洋，其中孤植杜鹃球象征"极点"坐标；绿地蕨其沿边覆盖配置构成"岛岸"，岛上配置日本樱花和匍地柏，一番岛国景象（图 3—186）。

C. 植配注意事项

（A）日本坪庭"广椽观赏"方向十分清晰，因此，整个坪庭景深设计是通过植株配置控制的；

（B）"太极"平面构图，最适于方形坪庭设计。

3.13.3.4 水口植配法

水口，一词源于我国唐朝赣州风水师杨筠松"关巧相通"。关，即穴位；巧，指水口。意为：当山势龙脉汇聚于水口时，则内承生气，外接堂气，形成一种滨水"穴位"。其中，以东南水口曰汭，为最佳风水宝地。《仁里明经胡氏支谱》描述古徽州婺源考川仁里村水口："……水口两山对峙，涧水闸村境……筑堤数十步，栽植卉木，屈曲束水如之字以去。堤起处入孔道两旁为石板桥度人行，一亭居中翼然……有阁高倍之……榜其楣曰：文昌阁。"我国古代山水画中描绘"水口"为最多。如唐·李昭道《春山行旅图》、五代·董源《潇湘图卷》、北宋·巨然《秋山问道图》、北宋·李成《寒林平远》、北宋·范宽《溪山行旅图》、北宋·郭熙《雪山行旅》、北宋·李唐《万壑松风图》、元朝·黄公望《富春山居图》等，南宋夏桂《雪堂客话图》、《溪山清远图》、《临流赋琴图》、《烟岫林居图》、《梧竹溪堂图》、《西湖柳艇图》、《遥岑烟霭图》、《风雨行舟图》、《松崖客话图》、《观瀑图》、《雪溪放牧图》、《风雨归舟图》等。按照风水"穴位聚合"理论，水口"左青龙"与"右白虎"需要茂密植物护佑（图 3—187）。常

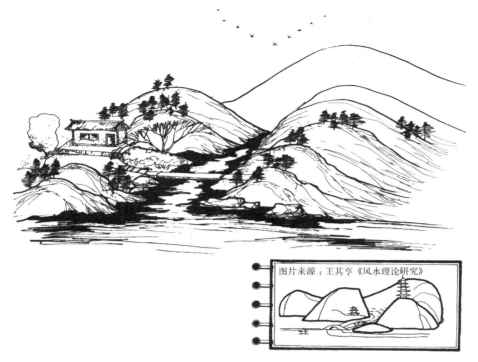

图片来源：王其亨《风水理论研究》

图 3-187 传统农舍水
口布局示意图

见设计手法有:孤赏树法、松竹梅法、古树法、桃林法、果树林法、万松林法、万竹林法、柳林法等八种。

A. 孤赏树法：水口配置孤赏树，系我国传统做法。"晋干宝《搜神记》卷十八记载，魏晋南北朝时期扬州庐江郡龙舒县陆亭的流水边有一棵大树，高数十丈，常有黄鸟数千只在上面做巢。当时久旱不雨，村中的长老认为这棵大树常有黄气，可能有神灵，于是以酒脯前往祈雨。后来村中有人于夜间见一妇人，自称是树神黄祖，能兴云作雨，答应明日有大雨，到时果然下雨，于是村民遂立祠祭之[18]"。常见树种有:黄桷树、楠木、小叶榕、梧桐树、高山榕、木棉树、香樟、凤凰木等（图 3-188）。

B. 松竹梅法：水口植松，系我国传统做法。"如翠盖斜堰，或蟠身骄首如王虺搏人，或捷如山猿伸臂，掬涧泉饮"[23]孤傲神态，迎来客往。与竹子相配，则"竹称君子，松号大夫"（《幼学故事琼林》）。水口植竹报平安，岁口辞旧迎清新。加入梅花后，岁寒三友，全年观赏。唐·宋璟《梅花赋》："独步早春，自全其天"。常见松树品种有:东北的红松、樟子松、落叶松、长白松;华北的油松、赤松、白皮松;西北的华山松;华东的黄山松;江南的五针松、马尾松、黑松、云南松、思茅松等。竹子品种有:楠竹、水竹、斑竹、硬头黄、箭竹等。梅类品种有:照水梅、红梅、蜡梅等。

C. 古树法：我国清朝徽州著名的"八山一水一分田"山区六县（今安徽省歙县、休宁、宣州、黟县、祁门以及江西省上饶市等），十分重视水口古树御寒气的"抵煞林"建设。常见树种有:香榧、银杏、古柏、柞树、朴树、小

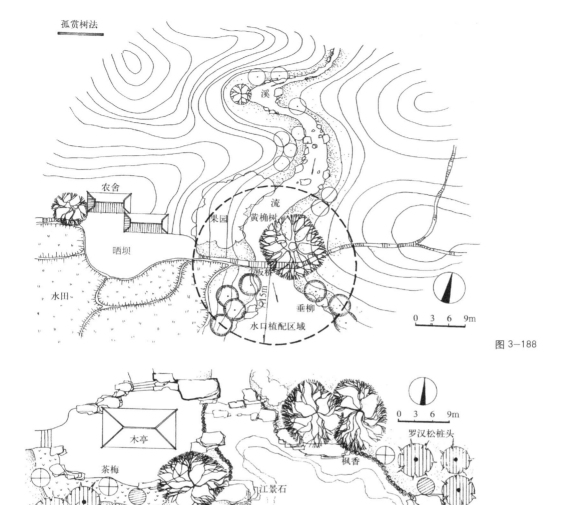

孤赏树法

图 3—188

图 3—189

叶栎、苦槠、甜槠、南方红豆杉、南方铁杉、红楠、豹皮樟、香樟、枫香、白栎、古罗汉松、古槐、柳杉、三尖杉、光叶石楠、野漆、青冈栎、浙楠、大叶锥、罗浮栲、构树、观光木、土沉香、银叶树、桂花、酸枣、桂圆、人面子树、黄桐、鹅掌楸等（图 3—189）。

　　D. 桃林法：水口配置桃花林，系我国传统做法。"晋·干宝《搜神记》："忽逢桃花林，夹岸数百步，中无杂树，芳草鲜美，落英缤纷[18]"。唐·王维《桃源行》："渔舟逐水爱山春，两岸桃花夹去津；坐看红树不知远，行尽青溪不见人……春来遍是桃花水，不辨仙源何处寻"。唐·张旭《桃花溪》："桃花尽日随流水，洞在清溪何处边"。南宋·谢枋得《庆全庵桃花》："寻得桃源好避秦，桃红又是一年春。花飞莫遣随流水，怕有渔郎来问津。"由此可见，水口桃花林植配是仙境之源。另外,《山海经·中山经》中记载"夸父之山,其北有林焉,名曰桃林",说明桃树被誉为追赶太阳的"神木",植于水口可"辟邪、镇鬼、祛灾、神化……"

E. 果树林法:水口配置果树,系我国传统做法。春秋时期道教创始人张道陵为了"寻仙丹妙药"始创了"一池三山"(即太液池、蓬莱山、瀛洲山、方丈山)的梦幻意境。以采摘"三元"圣果(桂圆、核桃、荔枝)为悟道"三清"。由德尊道而养性,由性崇德而养心。唐白居易《荔枝图序》:"荔枝生巴峡间。"故水口常配置桂圆、核桃和荔枝树。

F. 万松林法:植松以固堤,系古代水口"生态保育林"建设的一项重大措施。清道光时期云南永昌(今保山市)知府陈廷育《永昌种树碑记》载:"郡有南北二河环城而下者数十里……二河之源来自老鼠等山,积雨之际,滴洪湔湃,赖以聚泄诸菁之水者也。先是山多材木,根盘上固,得以为谷为岸,藉资捍卫。今则斧斤之余,山之木濯濯然矣。而石工渔利,穷五丁之技于山根,堤溃沙崩所由致也。然则为固本计,禁采山石,而种树其可缓哉……余乃相其土,宜遍种松秧,南自石象沟至十八坎,北自老鼠山至磨房沟,斯役也,计费松种二十余石,募丁守之,置铺征租以酬其值。日冀松之成林,以固斯堤。"

G. 万竹林法:水口配置竹林,系我国传统做法。明朝徽州水口植竹蔚然成风,如歙县人方承训《复初集》卷九中的门前植竹歌:"前江碧水喜之玄,仍訾南山对未专。青囊授秘丛植竹,苍翠森森沙浮旋"。又如歙县《黄氏重修族谱》:"遍植水竹,一片翠绿。又有枫树成林,深秋之际,红绿相映,无上景致"。客家称水口植竹为建造"林盘"。

H. 柳林法:水口配置柳树,系我国传统做法。柳树,又称"鬼怖木"。水口植柳可驱邪、避毒、固堤、防风、护佑和遮阴。常用树树种有:垂柳、旱柳、河柳、杞柳、台湾柳、云南柳、水柳、灰柳、银柳、筐柳、朝鲜柳、簸箕柳、白柳、水曲柳等。

J. 植配注意事项

(A) 我国古代各时期对水口林建设都十分重视,并立有诸多法规。如江西《于都峡溪萧氏族谱》:"吾族以庵山为后龙,以中坝为水口,其间之树木皆一族众掌,但有不肖子弟往往偷伐,不知后龙之有树木犹人之有衣服,水口有树木犹人之有唇齿,无衣服则人必寒冻,无唇齿则人且立毙。忆昔年,吾族因后龙树密多虎,而且易藏奸人,众议出售得七百金,期将此广置众田,以大门风。孰知既卖之后,斧斤入山不半岁,而合村鸡犬不安,人丁损败,且连年兴讼,百孔千疮,即或将些须置买田产,讼事复于别售外人所用。祸当近乃严加禁蓄,稍得安静,始知风水捷于影响。此二树木永不可卖,前车可鉴,切宜记之。倘不肖子孙有偷伐者,查出则必严加重责,为父兄者不可不时加训励也。至于后岗来脉金星,乃过龙之胎脉,犹人身之有头项也,务宜培补为美。前人所筑围墙其误已极,自后永禁挖锄以及作厕,凡我族人各宜体恤,有不遵约束者,通众公罚。"所以,水口林应纳入当地政府的统一林业规划中,进行统筹考虑。

（B）水口林，应结合民俗特色进行植物造景。

3.13.3.5 三元会植配法

自唐朝起，我国建立了等级森严的科考制度，选拔"三元"人才。在主要郡府都修建了文庙、书院、贡院等考场。每年举行一次乡试、会试、殿试。为了满足"三元登科"考试，常在文庙、书院、贡院等考场庭院中栽植荔枝、核桃、桂圆三种果树。南宋叶梦得《避暑录话》记载："世以登科为折桂，此谓郤诜对策东堂，自云桂林一枝也，自唐以来用之。"常见设计手法有：中门配置法、庭院配置法等两种。

A. 中门配置法："三元登科"考场，系我国古代科举制度的神圣殿堂。除了会考求吉利之外，三种树冠也非常优美，寓意颇多。桂圆（*Dimocarpus longan* Lour.）喻"月中折桂"；荔枝（*Litchi chinensis*）红果喻"吉利"；核桃（*Juglans regia* Linn.）红褐色材质喻"高材"（图3—190）。

B. 庭院配置法：荔枝、核桃、桂圆三种果树作为庭院景观树，配置在"三元登科"考场旁，或孤赏，或丛植，都具有象征意义和遮阴纳凉功能。

C. 植配注意事项

（A）三元会树种选择标准较高，一般要求"干直高大、冠阔浓郁、硕果累累、无病无虫"；

（B）荔枝、核桃、桂圆在庭院中，以"点"配置，以境会意。

3.13.3.6 禅寺山门朝案植配法

我国禅宗寺院视大树为根本，素有"一树一经文"、"一树一境致"、"一树一标榜"之说。《五灯会元》记载，"禅宗五祖弘忍'蕲州黄梅人也'，先为破头山中栽树道者'，临济禅师一日'栽松次，（黄）檗问：深山里栽许多松作什么？临济曰：一与山门作境致，二与后人作标榜'。"[18]禅寺山门外绿地，自古称为"净地"。按照禅寺"净地"规划要求，又有"苦道"、"轮回道"之说。凡悟"道"者为之"觉悟"。据传：佛教创始人释迦牟尼就是在菩提树下而悟道，因此菩提树梵语（Bodhivrksa）意为"觉悟树"。道教鼻祖张道陵（34～156年，尊称张天师）在青城山在创建"五斗米道"（即天师道）时，也具同理。只不过，此"觉悟树"改为樟树、楠木、柏树、松树、竹子、银杏等。如"他（注：张天师）当时在白龙洞旁（注：四川峨眉山系普贤菩萨道场）建造金龙寺时，于佛寺四周广植樟、楠、

图 3-190

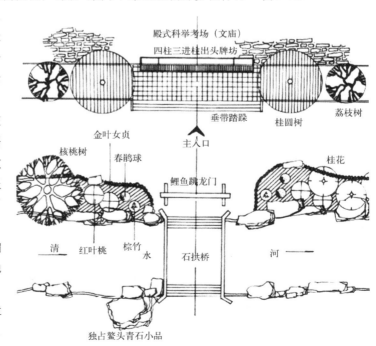

柏、杉。每种一株树，辄诵《妙法莲花经》一字，并作礼拜。《妙法莲花经》共有 69777 个字，他也种了 69777 株树。"[18] 常见设计手法有：苦道植配法、轮回道植配法等两种。

A.苦道植配法：苦道，指禅寺主山门前顺山脊而上的直形梯道。人生好比登山道，一步更比一步难（图 3-191）。自古苦道两侧配置混交山林。如青城山天师道"斑竹、柳杉、楠木、银杏"混交林，陕西楼观台天师道"翠竹万竿、古柏"混交林，江西龙虎山天师道"香樟、罗汉松"混交林，武当山天师道"银杏、青果树、水青树、桂花、天竺桂"混交林，安徽齐云山天师道"松林、竹林、果树、榔梅"自然林相景观，广东罗浮山天师道"金桂、丹桂、米兰、九里香水松、木棉树、梅林"混交林，江苏茅山天师道"松、桧、柏、糙叶树、构骨、金边玉兰"混交林，青岛崂山天师道"银杏、榆树、柏树、凌霄、盐肤木、山茶、耐冬、紫薇、玉兰"混交林，河南嵩山天师道"松、柏"混交林等。

B.轮回道植配法：轮回道，即佛教教义"鹿野苑初转法轮"道。常指禅寺主山门前的循环登山道。人生几何，天地轮回（图 3-192）。轮回道两旁植物配置按照教规要求，首选"五树六花"。五树：菩提树（*Ficus religiosa* Linn.）、大青树（*Ficus altissima* Bl.）、贝叶树（*Corypha umbraculifea* Linn）、槟榔（*Areca*

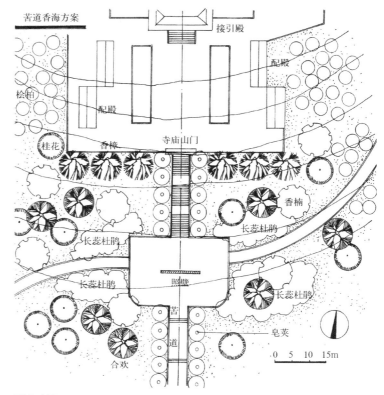

图 3-191

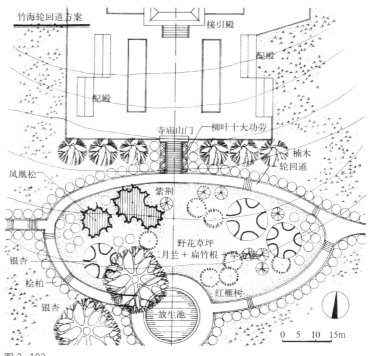

图 3-192

catechu L.）、铁力木（*Mesua ferrea* L.）或椰子（*Cocos nucifera* L.）；六花：荷花（*Nelumbo nucifera*）、地涌金莲（*Musella lasiocarpa*（Franch.）C. Y. Wu ex H. W. Li）、鸡蛋花（*Plumeria rubra* L. cv. Acutifolia）、黄姜花（subgen. *Hedychium*）、黄缅桂（*Michelia champaca* L.）、文殊兰（*Crinum asiaticum* L. var. *sinicum*（Roxb. ex Herb.））。然后，再选择竹类、名木古树等。如黑竹（*P.nigra* （Lodd.）Munro）、龙头竹（*Bambusa vulgaris* Schrad .ex Wendl.）、黄金间碧竹（var. *vittata* A.et C.Riviere）、楠竹（*Phyllostachys edulis*（Carr.）H.de.Lehai）、佛肚竹（*Phyllostachys heterocycla*）、斑竹（*P.bambusoides* Sieb.et Zucc.）、七叶树（*Aesculus chinensis*）、普陀鹅耳枥（*Carpinus putoensis*）、金丝楠木（*Phoebe sheareri*）、银杏（*Ginkgo biloba* L.）、桂花（*Osmanthus fragrans*）、雪松（*Cedrus deodara*（Roxb.）G. Don）等。

C. 植配注意事项

（A）我国古代禅寺山门朝案树种均有名份，皇帝所植者，谓之"封树"；道长所植者，谓之"保全生气树"；凡人与居士所植者，谓之"自乐树"；

（B）古代朝廷规定：禅寺山门朝案植物代表着"圣地"、"禁地"和"净地"，故不得"斫毁"。如佛教《毗尼母经》规定："有五种树不得斫：一菩提树，二神树，三路中大树，四尸陀林中树，五尼拘陀树"。道教《上清洞真智慧观身大戒文》规定："道学不得以火烧田野山林，道学不得教人以火烧田野山林"。

3.13.3.7 古代墓冢封树植配法

我国古代坟茔土葬"封树制度"，源于西周《周礼·春官》："冢人掌公墓之地……以爵等为封丘之度与其数树。"以封爵大小论树种，论品质，论数量。如《古纬书·礼纬·稽命征》："天子坟高三刃，树以松；诸侯半之，树以柏；大夫八尺，树以栗；士四尺，树以槐；庶人无坟，树以杨柳。"常见设计手法有：皇室陵寝植、庶民坟茔植等两种。

A. 皇室陵寝植：皇室陵寝常配置松树、柏树。《礼记》："其在人也，如竹箭之有筠，如松柏之有心，二者居天下之大端矣，故贯四时而不改柯易叶。"五代山水画家荆浩《笔法记》："松之生也，枉而不屈……如君子之德风也。"北宋韩纯全《山水纯全集》："且松者，公侯也，为众木之长。"常见设计手法有：松柏御道植、松柏华盖植等两种。

（A）松柏御道植：皇室陵寝常于风水朱雀方位设置笔直"御道"或"神道"，用以彰显"龙盘根基拥天下，虎踞四势朝案美"的权势地位。道旁自然配置松柏"万株"，谓之"仪树"青林护佑。如北京十三陵中"景陵（康熙陵）植仪树 29500 株，裕陵（乾隆陵）植 11007 株，定陵（咸丰陵）植 11848 株；从皇帝陵通向皇后陵的神路，也都植满仪树。慈禧定东陵就植有松树 10234 株，其他妃陵也各植仪树。"[18]

（B）松柏华盖植：皇室陵寝常于北玄武、东青龙、西白虎三个方位密林配置松柏树林，谓之"海树"青林护佑，以彰显"浓荫华盖聚金井，盘纡前结天子岗"的权势地位。如"清东陵'前圈'48 平方千米处，遍植翠柏苍松。"[18]

B. 庶民坟茔植：按照我国古代民俗礼仪规定，庶民坟茔多植杨、柳、梧、楸、竹子等，少有植松柏者。明谢肇淛《五杂组》："古人墓树多植梧楸，南人多种松柏，北人多种白杨。白杨即青杨也，其树皮白如梧桐，叶似冬青，微风击之辄淅沥有声，故古诗云，白杨多悲风，萧萧愁杀人。"杨柳科（*Salicaceae*）植物具有单叶互生、落叶、速生、抗性强等特点，其叶"萧萧作响，悲切风扬"，作为祭祀最妥当（图 3-193）。云南"哈尼族贝玛（祭师）背诵的《嗑竹筒》祭词中有：'人在世间需要竹，到了阴间仍要用，为去世老人出门上山去栽竹。先栽刺竹又栽金竹和毛竹，约收姑娘去栽竹，竹子栽在河谷底，竹子栽在河滩旁，水边竹子长得旺，满山遍谷长起来。'白族人常在坟地上种植松柏为风水树。仡佬族人死埋葬后，在坟地栽植枫树或柏树作风水林或风水树。湖南土家族人墓地四周植以松树。"[18]

C. 植配注意事项

（A）凡是墓冢植物都严禁砍伐。唐朝《唐律疏义·贼盗》："诸盗园陵内草木者，徒二年半，若盗他人墓茔内树者，杖一百。"明朝《明史·刑法志》："发天寿山种树赎罪者：死罪终身；徒、流各年限；杖，五百株；笞，一百株。"

（B）在皇室陵寝松柏中，可适当加入少许杉科植物，但不宜混杂其他杂树。

3.13.3.8　楸树风水植配法

楸树（*Catalpa bungei*），紫葳科梓属高大落叶乔木。因树姿雄伟、高大挺拔、树叶繁茂、白花美艳、抗性强、树冠球形或圆锥形等特点，早在汉朝就被广泛栽植。宋朝陆佃《埤雅》记载："楸，美木也……茎干乔耸凌云，高华可爱。至秋垂条如线，俗谓之楸线。"常见设计手法有：楸庭植配法、楸道植配法、墓冢白虎植等三种。

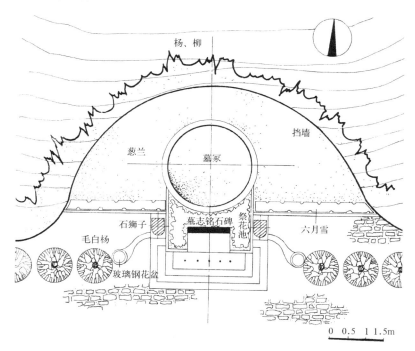

图 3-193

A. 楸庭植配法：古人常将楸树、梧桐、竹子三者配置在庭院中，构建宅庭林荫景观。如晋·任昉《述异记》中"有楸梧成林焉"。又如《汉书·东方朔传》记载长安顾城庙有'萩竹籍田'，唐颜师古注：'萩，即楸字也。言有楸树及竹林可玩'。"[18]楸庭风水传至日本后，日本以其代为白虎植于庭园用作护佑"神树"。如日本《作庭记》载："在居处之四方应种植树木，以成四神具足之地……西有大道为白虎，若无，则可代之七棵楸树。"如四川江安县犀牛望月大茶山"月中落桂"庭院七株楸树替代"白虎"设计方案。

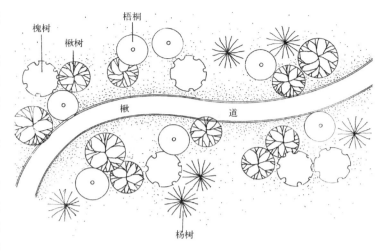

图 3—194

B. 楸道植配法：古代常将楸树、槐树、梧桐以及杨树等混植成行道树，誉为"楸道"。如北魏杨炫之《洛阳伽蓝记》中"皆高门华屋，斋馆敞丽，楸槐荫徒，桐杨夹植，当时为名贵里"；三国曹植《名都篇》中"走马长楸间"；梁元帝《长安道》中"西接长楸道"；唐朝杜甫《韦讽录事宅观曹将军画马图》中"霜蹄蹴踏长楸间，马官厮养森成列"（图 3—194）。

C. 墓冢白虎植：楸树植于墓冢始于唐朝。唐·许浑《金陵怀古》云："松楸远近千官冢，禾黍高低六代宫。"古人常将楸树与同科"梓"树相提并论，取"子"谐音，故植于墓冢隐喻子孙福祉，千秋万代。

D. 植配注意事项

（A）楸树风水在于"量化"配置，或七株丛植，或与梧桐、竹子相配，或与槐树、梧桐、杨树相配等。数量大，基调强。

（B）楸树野性十足，配置时应以自然为趣。

3.13.3.9 枫香风水树法

枫香（*Liquidamba formosana* Hance.），金缕梅科，枫香属落叶大乔木，因高大挺拔、掌状叶繁茂、秋季红叶、适应性强、萌生力强以及红褐色干材纹理交错等特点，自古被用作苗族精神象征以及庭院重要社树之一。常见设计手法有：苗寨风水植、院落风水植等两种。

A. 苗寨风水植：分布于我国西南边陲的苗族，古称蚩尤。他们英勇善战，流动性强。所到之处，便将随身携带的"图米－枫香"栽植于寨门前以之风水护佑（图 3—195）。晋·郭璞："蚩尤为黄帝所得，械而杀之，已摘弃其械，化而为树也，即今枫香树也"。《山海经·大荒南经》："枫木，蚩尤所弃桎梏，是谓枫木。""民间传说远古轩辕时代，黄帝和炎帝被称为中华民族的祖先。黄帝在统一各部落时遇到一个很强的对手'蚩尤'。他有兄弟81人，都是牛头人身、铜头铁须，很难对付。黄帝联合各部落共同将他打败并除以械刑。他死后的鲜

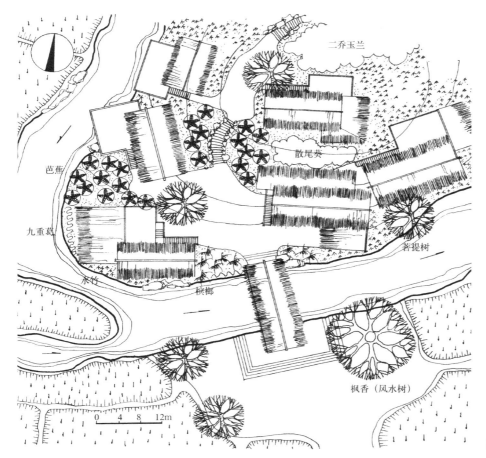

二乔玉兰

散尾葵

芭蕉

九重葛

菩提树

水竹

槟榔

枫香（风水树）

0 4 8 12m

图 3—195

血洒在各地，便长出了红色的树，便是枫香树，故也别名‘蚩血树’……至今苗民在走亲访友时，看到耄耋老人，在敬问时都说：‘看来你家老枫树根还壮，枝叶还茂盛，实在是家里的福气呐！’”[18]

B. 院落风水植：我国西汉宫廷常于殿前配置枫香树用于造景。《花镜》记载："汉时殿前皆植枫，故人号帝居为‘枫宸’。其推崇如此……一经霜后，黄尽皆赤，故名‘丹枫’，秋色之最佳者。"

C. 植配注意事项

（A）苗寨枫香护佑树树龄几乎与建寨时间相同，所以，须加强保护；

（B）苗寨枫香护佑树在秋季落叶时，禁止斫毁。

3.13.3.10　银杏风水树法

银杏（*Ginkgo biloba*），银杏科银杏属植物，又名枰、黄银树、平仲、公孙树、白果、鸭脚树、佛指甲等。因高大落叶、树冠卵圆形、秋季色叶、古干颇多瘿状突起、寿命长以及适应性强等特点，自古被誉为"社树"、"圣树"、"仙树"、"佛树"等而用于风水树配置。常用品种有：垂枝银杏（var.*pendual* Carr.）、大叶银杏（var.*lacinia* Carr.）、斑叶银杏（var.*variegata* Carr.）、黄叶银杏（var.*aurea* Beiss.）、塔形银杏（var.*fastigiata* Mast.）等五个变种。常见设计手法有：

古代宫廷植、古刹护佑植、庭院植、墓冢风水植等四种。

A. 古代宫廷植：银杏，最早文字记载于西汉司马相如《上林赋》："沙棠栎楮，华枫枰栌"。在汉武帝扩建上林苑时，就配置了银杏树若干。"上林苑本是秦代营建阿房宫的一大苑囿，汉武帝加以扩建，建筑了许多宫殿台榭，收集奇树异草，饲养百兽…曾任上林令的虞渊把群臣所献草木的名称两千种告诉了《西京杂记》一书的著者，该书著者把这两千种草木的名称记了下来，借给邻人去看，不料被邻人遗失了，后来只好凭记忆默写出来。这个记载对于研究古代果树和各种异树具有文献价值，这里照列出来……梨十种……黄银树十株……"[24]

B. 古刹护佑植：我国古刹最早使用银杏作为护佑植的是山东省莒县定陵寺。据传：寺内有一株栽植于隐公八年（公元前715年）号称"天下银杏第一树"的古银杏，距今已有2700多年历史。唐·孔颖达《春秋左传正义》："隐公八年九月辛卯，公及莒人萌于浮来。"银杏，集社树、公孙树、果树、长寿树、秋季色叶树等于一体，用于宫观寺院有"净梵居"、"上客裾"、"盖庭除"之功。北宋梅尧臣《依韵和齐少卿龙兴寺鸭脚树》："百岁蟠根地，双阴净梵居；凌云枝已密，似蹼叶非疏。影落邻僧院，风摇上客裾。何当避烦暑，潇洒盖庭除。"以树名志修身净，叶秀蟠龙附虬枝。我国现存古刹中，使用银杏树最为普遍。如安徽省寿县报恩寺古银杏等。

C. 庭院植：银杏，虽为落叶树，但其株、其势、其叶、其色等，深受人们喜爱。常植于庭院中用以遮阴纳凉，象征吉祥如意、世袭传承。明·文震亨《长物志》："新绿时最可爱，吴中刹宇及旧家名园，大有合抱者。"

D. 墓冢风水植：银杏树具有雄壮挺拔、刚柔相济、色叶醒目以及长寿等特点，所以，古代坟茔墓冢多配之。曾勉之《浙江诸暨之银杏》："此树对于人生，似有神秘思想而达于最有经济价值者。我国旧有之坟墓寺观，常所见及。盖以树达高龄，悠久不衰，姿态雄壮，庞然郁翳，最能表示其庄严气概……且与乌桕杂植……时值秋令，乌桕叶变红，银杏叶变黄，两相辉映，由远望之，不啻一绝妙之丹青。"

E. 植配注意事项

（A）古人常将银杏树与自然、精神与境界相联系。所以，现代使用银杏造景时，应以主景树配置为宜；

（B）银杏株体个性表现十足，其观赏面以开阔为宜。

3.13.3.11　庭院社树植配法

社，在我国古代属于土地祭祀等级。如"《礼记·祭法》则言：王为群社立社，曰太社；王自立为社，曰王社。诸侯为百姓立社，曰国社；诸侯自为立社，曰侯社。大夫以下成群立社，曰置社。而置社还包括县社和里社，《论语·先进》中的费有社稷，就是县社。"[18]社树，作为一种"神物"，在风水上既承载了土地祭祀的威严等级制度，也标注了不同树种在古刹及庭院中的具体用途。《论语·八佾》："哀公问社于宰我，宰我对曰'夏后氏以松，殷人以柏，周人以栗'"；《尚书·逸篇》："大社唯松，东社唯柏，南社唯梓，西社唯栗，北社唯槐。"在我国"周年轮回推演"的古代，凡社树均有其祭祀时间，如《淮南子·时则训》在阐释天子一年十二个月中所祭祀的季节社树分别为：正月为杨树，二月为杏树，三月为李树，四月为桃树，五月为榆树，六月为梓树，七月为楝树，八月为柘树，九月为槐树，十月为檀树，十一月为枣树，十二月为栎树"。[18] 随着社会的发展，社树品种与数量也在不断地增加。到了明清时期，除了松树、柏树、栗树、桃树、栎树、槐树、梓树、榆树、紫檀、李树、楝树、柘树、桑树、枣树等传统"社树"外，又增加了许多与辟邪、长寿、观景等有关的树种，如柳树、楸树、海棠、香樟、银杏、榕树、竹子、梧桐、合欢、桂花、香椿、杏树、玉兰、紫薇、荔枝、槟榔等。社树的开发与应用，可以说"推动了古刹、村落与宅院"植物造景的发展。常见设计手法有：椿庭萱堂植、情窦合欢植、竹林精舍植、金玉满堂植等四种。

A. 椿庭萱堂植：香椿（*Toona sinensis*），楝科香椿属落叶乔木。因树干挺拔、树冠独特、干材赤红色、材质坚硬、适应性强、寿命长、抗性强等特点，在风水中被誉为"吉祥树"、"长寿树"。《庄子·逍遥游》记载："上古有大椿者，以八千岁为春，八千岁为秋。"所以，我国古代"以椿祝寿，以椿命名"：椿年、椿龄、椿同、椿岁、椿寿、仙椿、庄椿等。当子女祝福老人长寿时，常在父母庭院中栽植香椿与萱草。南庭植椿喻为父，谓之"椿庭"；北堂植萱喻为母，谓之"萱堂"。唐朝牟融《送徐浩》："知君此去情偏切，堂上椿萱雪满头。"（图 3-196）

B. 情窦合欢植：合欢（*Albizzia julibrissin* Durazz.），含羞草科合欢属落叶乔木。又名马缨花、绒花、合昏、夜合、青裳、萌葛、乌赖树、夜关门。因冠形阔展、树皮灰褐色、小叶昼开夜合、伞房状花序呈缨状半白半红相嵌色、花香、心材红褐色以及抗性强等特点，在风水中被誉为"吉祥树"、"合婚树"。栽植于新婚或闺房庭院中，意义重大。一是"合婚美满恩爱树，独钟风露别有春"如明·吴彦臣《花史》中"逊顿国有树昼开夜合，亦云有情树，若各自种则无花"，明王野有《夜合》中"远游消息断天涯，燕子空传到妾家。春色不知人独自，庭前开遍夜合花"；二是"吉祥忘忧和心志，绒花吐艳落人间。"常见品种有：山合欢（*A.kalkora* Prain.）、大叶合欢（*A.lebbek* Benth.）、阔荚合欢（*A.lebbeck*（L.）Benth.）、南洋楹（*A.falcataria*（L.）Fosberg）、楹树（*A.chinensis*（Osbeck）Merr.）等五种。清李渔《闲情偶寄·种植部·合欢》："凡植此树，不宜出之庭外，深闺曲房是其所也。此树朝开暮合，每至昏黄，枝叶相互交接，是名合欢。植之闺房者，合欢之花宜置合欢之地，如椿萱宜在承欢之所，荆棣宜在友于之场，欲其称也。此树栽于内室，则人开而树亦开，树合而人亦合。人既为之增愉，树亦因而加茂，所谓人地相宜者也。使居寂寞之境，不

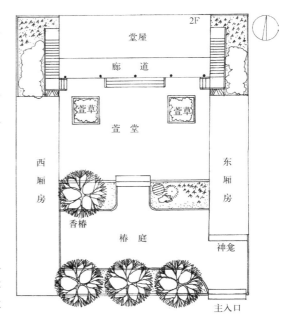

图 3-196

亦虚负此花哉！"[18]

C. 竹林精舍植：竹类，禾本科（*Gramineae*）竹亚科（*Bambusoideae*）植物的总称。我国有 37 属 500 多个品种，是世界竹类最多的国家。我国佛、道二教自古皆以竹铭志。虚心秆直有节度，韧本坚节傲霜雪。不与众木争荣华，中立不依具美德。相传：佛祖释迦牟尼出道于迦陵竹园之中，以"竹林精舍"名之。此后，佛家广植紫竹，以竹修德。明·吴承恩《西游记》中观世音"紫竹林下修正果"即为此意。道教崇尚美竹，源于梁·宗懔《荆楚岁时记》，书中记载："正月一日，是三元之日也。鸡鸣而起，先于庭前爆竹，以辟山魈恶鬼。"竹子空节燃爆时的声响，可以驱邪除恶。此后，道观山林及洞天福地等遍植竹林。如四川省青城山供奉圆明道母的圆明宫"栽竹栽松，竹隐凤凰松隐鹤；培山培水，山藏虎豹水藏龙"[18]；陕西省楼观台"竹园相接鹿成群"；徽州齐云山华林坞骆驼峰竹林；广东省罗浮山道观竹林以及青岛崂山华楼宫竹林等。

D. 金玉满堂植：玉，指木兰科木兰属植物。其品种有：山玉兰（*M. delavayi* Franch.）、厚朴（*M. officinalis* Rehd.et Wils.）、天女花（*M. sieboldii* K.Koch）、荷花玉兰（*M. grandiflora* L.）、玉兰（*M. denudata* Desr.）、黄山木兰（*M. cylindrica* Wils.）、紫玉兰（*M. liliflora* Desr.）、白玉兰（*M. denudata*）、凹叶木兰（*M. sargentiana* Rehd.et Wils.）等。因树冠卵形如盖、未叶先花、花蕾如笔、宛似玉树、富贵怡人、吉祥如意以及适应性强等特点，古称"社树"，广植于庭院之中。所植庭院谓之"木兰院"、"木兰柴"。《花疏》："玉兰千干万蕊，不叶而花，其盛时可称玉树，树有极大者，笼盖一庭。"其中，玉兰与牡丹相配，谓之"玉堂富贵"。如苏州狮子林"燕玉堂"中的二株玉兰与牡丹配置；玉兰与桂花相配，谓之"金玉满堂"或"金干玉桢"。如苏州网师园"清能早达"玉兰与金桂配置；曲园"乐知堂"玉兰与金桂配置等。

E. 植配注意事项

（A）古代将社树比拟成"神树"，是因为某些传记所故。如《神仙传》中"天上见老君，赐羲枣二枚，大如鸡子"，拟枣树为社树；《玄中记》中"东南有桃都山，上有大树曰桃都"，拟桃树为社树；《十洲记》中"扶桑生碧海中，树长数千丈，一千余围"，拟桑树为社树等。因此，社树配置应具有地方特色、思乡之情和一定文化品位。

（B）用于庭院中的社树，树种不宜太多。

3.13.3.12　禅寺圣殿风水树法

我国禅寺圣殿选址均对风水树要求较高，既护佑保平安，亦借古厚重文化。如建于北魏时期的太原晋祠圣母殿，它选址在距太原市西南 25km 处的悬瓮山下距今已有 3000 余年的两株侧柏之间。"一棵形似俯瞰大地的苍龙，故名'龙头柏'，一棵因像凤尾翎毛披覆地面，故称'凤尾柏'[32]"。遗憾的是，在清朝道光年间，因"凤尾柏"上长出了一颗毒瘤，人们怕影响"龙头柏"而将其砍掉了。现仅存有北侧一株树围 5.6m，树高 18m，向南呈 45° 倾斜的"龙头柏"（图 3-197）。

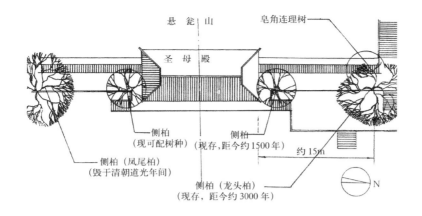

皂角连理树

圣 母 殿

侧柏
（现可配树种）（现存，距今约1500年）

侧柏
（凤尾柏）
（毁于清朝道光年间）

侧柏（龙头柏）
（现存，距今约3000年）

约15m

N

图3-197 晋祠圣母殿
护佑树示意图

围绕着晋祠圣母殿至今还保留着20余株千年古树。有隋、唐朝栽植的国槐（俗称"隋槐"和"唐槐"）、侧柏（俗称"长龄柏"）和银杏等。

3.14 草坪植

3.14.1 定义

我国草坪应用源于汉武帝上林苑，司马相如描写上林苑为"布结缕，攒戾莎"，即栽植结缕草和莎草。到了元朝，忽必烈更是不忘蒙古草原情怀，一路引草入宫。此时热河避暑山庄万树园所植羊胡子草（*Carex rigescens*）面积已达500亩。功能上，既满足了皇庭野炊饮宴、牧马驯鹿需求，亦绿意造景。难怪清乾隆帝赞道："绿毯试云何处最，最惟避暑此山庄，却非西旅织装物，本是北人牧马场。"

草坪，按照《园林基本术语标准》CJJ/T 91—2002："指草本植物经人工种植或改造后形成的具有观赏效果，并能供人适度活动的坪状草地。"园林草坪具有以下五大功能：

A. 改善区域小气候：因草坪呼吸、吸热以及吸附等功能，故可以调节区域小气候。据测定：夏季草坪表面气温低于裸露地约3～5℃；冬季草坪表面气温高于裸露地约3～5℃；空气湿度白天明显比裸露地略高；草坪风速比裸露地略低10%左右。如"据杭州植物园于1978年测定的花港观鱼公园草坪上的气温比延安路柏油路面上的低2.3～4.8℃，而相对湿度却高12.8%"[11]。

B. 滞尘：草坪叶片表面积（即叶片展开面积）是草坪用地面积的十几倍，功能上可以滞留或吸附空气中更多的悬浮尘埃和PM2.5霾，从而提高空气质量。

C. 杀菌：禾本科中许多草种（如：红狐茅、薰衣草、风信子等）都含有一定量的杀菌素，在修剪时散发出来，起到空气净化作用。其中，尤以红狐茅（*Festucarubra*）杀菌力最强。

D. 减弱城市噪声：因草坪叶片表面积较大及叶片组织结构等特点，能够吸收或反射一定量声波，从而有效降低城市噪声。据测定：草坪可以减弱声音约1～3分贝。

E. 固土护坡：草坪根系十分庞大，能与土壤颗粒形成一种较为完美的结构关系，从而起到固土护坡作用。

3.14.2 构景原理

(1) 利用草坪不同功能直接造景。

(2) 利用草种热敏温感不同的特点，应用暖季型草坪与冷季型草坪造景（表 3-13）。

我国常见冷（暖）季型草种一览表　　　　　表3-13

地区	冷季型草坪植物	暖季型草坪植物
华北	野牛草、紫羊茅、羊茅、早熟禾、白三叶等	结缕草
东北	野牛草、紫羊茅、林地早熟禾、草地早熟禾、加拿大早熟禾、早熟禾、小康草等	结缕草
西北	野牛草、紫羊茅、羊茅、苇状羊茅、林地早熟禾、草地早熟禾、加拿大早熟禾、早熟禾等	结缕草、狗牙根
西南	羊茅、苇状羊茅、紫羊茅、草地早熟禾、加拿大早熟禾、早熟禾、小康草、白三叶等	百喜草、狗牙根
华东	紫羊茅、草地早熟禾、早熟禾、小康草等	狗牙根、结缕草、中华结缕草等
华中	羊茅、紫羊茅、草地早熟禾、早熟禾等	狗牙根、假俭草、百喜草等
华南		地毯草、假俭草等

(3) 利用不同草种比例配方，优势互补造景。

(4) 利用草坪"底界面"衬托，塑造植物景观。

3.14.3 常见设计手法

3.14.3.1 草坪坡度植配法

景观草坪一般有三种坡度。①平坝（运动场）草坪：坡度0.2%～1%。如田径场草坪坡度不大于1%；网球场草坪坡度为0.2%～0.5%。②缓坡草坪：坡度1.5%～9.99%。如高尔夫球场草坪、草坪渐入式驳岸以及最佳观赏草坪等。③陡坡草坪：坡度不小于10%。如山地滑雪场、高坡草甸、高原牧场地等。常见设计手法有：草坪舒适度设计、草坪排水坡度设计、草坪坡度安全设计等三种。

A. 草坪坡度舒适度设计：是草坪造景的重要指标内容。人们钟情于草坪活动，就是因为草坪自然坡度起伏变化的特点。"关于草坪的坡度，必须适合游人活动。一般不宜超过10%（局部地区遇有特殊情况时，可以不受此限）。通常3%～5%左右的缓坡，对排水和草皮的生长以及人们的活动，均属有利。故此种坡度，常被普遍采用"[25]。按照《公园设计规范》CJJ 48—1992规定，草坪最大坡度为33%，最小坡度为1%，最适坡度为1.5%～10%。

B. 草坪排水坡度设计：草坪属于浅根性植物，地表的一点积水，都会直接影响其根系正常生长，甚至死亡。所以，草坪排水体系的建立至关重要（表3-14）。采取顺沿草坪自然坡度的方式，设置树枝状排水系统。尽可能将草坪中所有可能积水区域的地表水，通过预埋管道彼此连接后，汇集于低洼处排水窨井之中，组织排放（图3-198）。

各类地表的排水坡度（%）　　　　　　　　　　表3-14

地表类型	最大坡度	最小坡度	最适坡度
草坪	33	1	1.5～10
运动草地	2	0.5	1
栽植地表	视土质而定	0.5	3～5
平原地区	1	0.3	—
丘陵地区	3	0.3	—

　　C.草坪坡度安全设计：每一种土壤在不同含水量条件下，均有自己相对固有的安全坡度要求（即土壤安息角，表3-15）。当草坪坡度超过土壤自然倾斜角时，土壤自然稳定性减弱，甚至滑坡。此时，就需要采取工程挡墙的方式进行技术护坡（图3-199）。

土壤自然倾斜角一览表　　　　　　　　　　表3-15

土壤名称	干土（度）	潮土（度）	湿土（度）	土粒大小（cm）
砾石	40	40	35	2～20
粗砂	30	32	27	1～2
中砂	28	35	25	0.5～1
细砂	25	30	20	0.05～1
黏土	45	35	15	小于0.001
壤土	50	40	30	—
腐植土	40	35	25	—
卵石	35	45	25	20～200

图3-198（左）
图3-199（右）

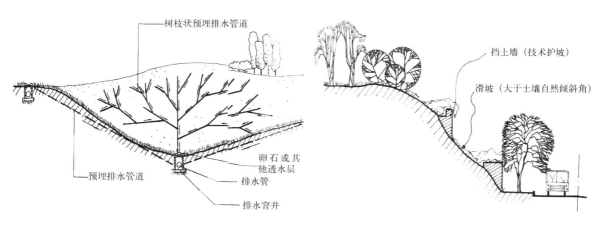

树枝状预埋排水管道

预埋排水管道

卵石或其他透水层

排水管

排水窨井

挡土墙（技术护坡）

滑坡（大于土壤自然倾斜角）

D. 植配注意事项

（A）草坪建植坡度与草坪预埋排水管道坡度是两回事，后者一般不小于 3% 即可。

（B）草坪树枝状排水体系的建设，不能留有死角。

3.14.3.2 草坪林冠线植配法

草坪林冠线，指由草坪设计边缘树群所组成的天际线。特点：生态自然、形态完美、层次分明、地域性强。它的存在使草坪形态设计更加优美。常见设计手法有：林冠线端景法、林冠线层叠法等两种。

A. 林冠线端景法：林冠线植物的地标性很强，如针叶林冠线具有"犬齿跳跃、竖向力度感强、边缘清晰"的特点。其在凹地形中表现出一种空间"补白"效果，使草坪边缘与旁侧地貌结合更加紧密；而在凸地形中则表现出一种空间"冠顶"效果，使草坪向上的动感增强（图 3-200）。

阔叶林冠线具有"朵云变化、横向覆盖、边缘模糊"的特点。其在凹地形中表现出一种空间"补白"效果，使草坪横向扩展明显；而在凸地形中则表现出一种空间"冠顶"效果，使草坪"绿叶裹顶"层叠效果更加突出（图 3-201）。

B. 林冠线层叠法：当草坪视线较为开阔时，采用林冠线层叠方式可以有效组织草坪规划设计层次，从而提高草坪的观赏性。如平坝草坪纵深层叠感强，具有平面艺术构图效果，浅丘草坪结合地形层叠感强，具有竖向空间组景效果（图 3-202）。

C. 植配注意事项

（A）草坪林冠线形态设计，是草坪景深构成的基础条件。所以，"为了丰富草坪的景色，草坪边缘常配置观赏树木。树木必须采用自然式种植，才可与草坪协调。"[11]

（B）有时为了强化草坪边缘设计感，还可在林冠线的底部再加入一些地被植物，"因地被植物能将地面上所有的植物组合在一个共同的区域内，这个普遍的方法适合于环绕开放草坪的边缘作为'边缘种植'"。[10]

3.14.3.3 草坪造型植配法

草坪造型，主要指草坪平、立面设计。包括林缘线设计、野趣设计、草坪景观空间塑造等三个方面。

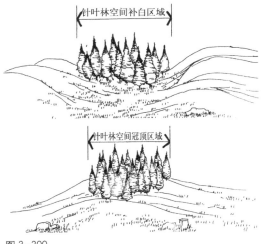

图 3-200

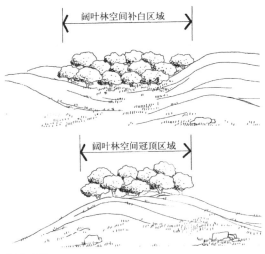

图 3-201

林冠线　馒头云状此起彼伏

图 3-202

A. 林缘线设计：草坪林缘线，主要指草坪设计区范围内所有植物投影轮廓线。特点：弧线投影、自然重叠、边缘模糊。设计师常通过林缘线设计组合，塑造出不同植物景观空间形象。常见设计手法有：云团式、围观式、框景式、依托式等四种。

（A）云团式：指草坪树丛呈云团状的稀疏配置方式。特点：林缘紧缩、郁闭度低（不大于草坪总面积的50%）、自然圆滑、透视线良好（图3-203）。从林缘线重叠结构来看，静风时的林缘线表现为冠幅自然重叠；风吹时的林缘线表现为枝条自然摆动重叠（参见3.3.5.6自由栽植法"云团自由式"）。

（B）围观式：指树丛沿着草坪边缘呈围观状的配置方式。特点：林缘自然围合、向心组景构图、空间郁闭度高（不小于草坪总面积的50%）、自然圆滑、透视线较差（图3-204）。

（C）框景式：指草坪树丛呈对峙状的配置方式。特点：林缘线对峙呈框景状、透视方向性强（图3-205）。

（D）依托式：指草坪树丛依托背景树的配置方式。特点：林缘线自然团状、树种优势强、景深设计明显（图3-206）。

B. 野趣设计：草坪野趣包括原始性、沙荒性两点。原始地貌与野花生态的自然组合，最具原始性。如"起源于十四世纪的英国苏格兰滨海纯自然式林克斯式（Links）的高尔夫球场"[26]原始草坪，野花烂漫，景象野趣。常见野花草坪品种有：紫云英、波斯菊、鼠尾草、二月兰、苜蓿、旱金莲、虞美人、花葵草、婆婆纳、美人蕉、薰衣草、紫花地丁、蛇霉花、三色堇、百里香、杂交矮牵牛、毛地黄、万寿菊、报春花、观赏谷子、岩生庭芥、小角堇、向日葵、麦仙翁、格桑花、扁竹根等。

C. 草坪景观空间塑造：草坪景观除了林缘线自然围合构成景观空间外，还可以通过主景树配置、边缘植物处理等塑造景观。

（A）草坪主景树配置："园林中的主要草坪，

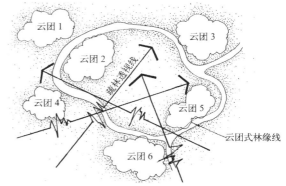

图3-203

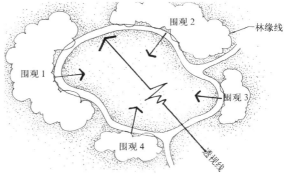

图3-204

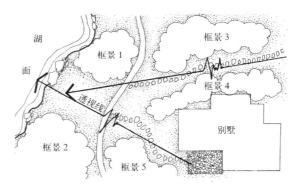

图3-205

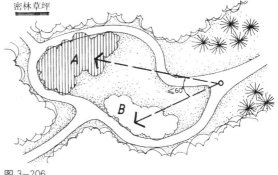

图3-206

一般都有主景。但随草坪的作用与位置而定。如有的草坪位置偏僻，其作用仅仅是使地面覆盖，或在观赏上起陪衬作用。[11]" 设计师常通过草坪主景树配置强化主题内容。如重庆鸿恩寺公园草坪主景树银杏。常见草坪主景树有：七叶树、香樟、朴树、马尾松、桂花、无患子、杨树、玉兰、白皮松、梨树、雪松、椰子、海枣、芭蕉、乌桕、柳叶桉、柳树、桃花、梅花、鸡爪槭等，其中尤以名木古树为宜。

（B）草坪边缘植物处理：一座优美的草坪边缘除了树丛自然林缘线外，还可以通过花灌木、地被以及景石等边缘自然组合，构成景观。"少取块石置园中，生色多矣"[5]。如重庆鸿恩寺公园草坪边缘紫薇＋海桐球＋红檵木＋桂花＋杜鹃＋蜡梅＋景石（图3-207）。1852年，美国景观设计师奥姆斯特德在参观了英国利物浦伯肯黑德公园大草坪后，对草坪边缘处理大加赞赏。在他的《一个美国农民在英国的散步和谈话》中写道："惊奇的是由于在艺术上从自然中获得如此多的美"[27]。

D. 植配注意事项

（A）草坪造型，应动静结合，相趣为妙。静观其形，动观其势（图3-208，宜昌三峡公园草坪造型）。

（B）草坪造型，宜简不宜繁。"草坪中间则不宜配置层次过多的树丛，树种要求单纯，林冠线整齐。边缘树丛前后错落，不要形成一堵绿墙，而要又稳又透，这样便能显出一定的深度来"[11]。

3.14.3.4　草种耐踏压实验法

一些体育运动项目（如足球场、网球场、高尔夫球场等）由于功能需要而设置草坪。在选择草种时，除了耐修剪、适应性强、品种优良等要求外，抗踏压频度便是最重要的指标。草坪按照抗踏压频度划分为：观赏性草坪、休闲性草坪、运动性草坪等三种。

A. 适度踏压有助于草坪自然生长

（A）"多侔、山野"法：根据日本植物学家多侔、山野边实于1961年共同对日本结缕草（*Zoysia Japonica*）踏压频度与生育关系的实验得出以下五个结论：

图3-207 （左）
图3-208 （右）

①每日 3 ~ 5 次轻度踏压，促进直立茎的分蘖；

②每日踏压 3 次，茎的数量增加 154%；

③每日踏压 3 次，叶片数量增加 107%；

④每日踏压 5 次，草的高度降低一半，分蘖增强，更矮生；

⑤每日踏压 5 ~ 7 次，草的叶片光泽有所减退，叶色加浓，叶片生育更旺盛，叶片变细、变短、厚度增加，其结构更致密。

(B) "小泽、北村"法：根据日本植物学家小泽雄、北村文雄于 1961 年共同对牧场早熟禾（*Poa pratensis* L.）踏压频度与生育关系进行的实验，得出以下三个结论（当每日 50 ~ 55kg 踏压不大于 7 次时）：

①草的鲜重和干物重量均有所增加；

②地上部草的高度降低、分蘖增加；

③地下部根的长度减低、数量增加等。

B. 过度踏压不利于草坪正常生长

(A) "多侔、山野"法：根据日本植物学家多侔、山野边实于 1961 年共同对日本结缕草踏压频度与生育关系的实验得出以下四个结论：

①每日踏压频度大于 7 次时，草的直立茎生长受阻，分蘖减少；

②每日踏压频度大于 7 次时，叶片受损，叶鞘脱落、叶端破裂、下叶枯黄；

③每日踏压频度大于 7 次时，地下茎暴露，生长受阻；

④每日踏压频度大于 7 次时，土壤板结，影响草坪生长。

(B) "小泽、北村"法：根据日本植物学家小泽雄、北村文雄于 1961 年共同对牧场早熟禾踏压频度与生育关系进行的实验，得出以下四个结论（当每日 50 ~ 55kg 踏压不大于 7 次时）：

①每日踏压频度大于 7 次时，草的直立茎生长受阻，分蘖减少；

②每日踏压频度大于 7 次时，叶片受损，叶鞘脱落、叶端破裂、下叶枯黄；

③每日踏压频度大于 7 次时，地下茎暴露，生长受阻；

④每日踏压频度大于 7 次时，土壤板结，影响草坪生长。

C. 草坪踏压频度临界值为 7 次。即每日踏压超过 7 次时，草坪必须封坪圈养 15 ~ 30 天后才能继续使用。常见耐踏压草种有：本特草（*Agrostis nebulosa*）、结缕草（*Zoysia japonica*）、海滨雀稗草（*Salam*）、匍匐剪股颖（*Agrostis tenuis*）、草地早熟禾（*Poa pratensis*）、多年生黑麦草（*Loliumperenne* L.）、百喜草（*Paspalum natatum*）、高羊茅（*Festuca arundinacea*）、小糠草（*Agrostis alba* L.）等。

D. 植配注意事项

(A) 按照踏压频度选择草种，是建植运动场草坪的关键。草坪踏压频度临界值虽为 7 次，但不同品种、季节、养护水平等仍有较大差异；

(B) 一般来说，耐盐性、耐旱性以及管理粗放的草种耐踏压频度高些。如由美国南方草坪公司筛选出来的 Salam 系列（包括：Sea Isle 1 海滨雀稗、Aloha 海滨雀稗、Sea Dwarf 海滨雀稗、Sea Isle Supreme 海滨雀稗）品种均以其极强的耐盐性（可用海水浇灌）、耐旱性、耐踏压性、耐寒性和耐荫性等而广泛用于高尔夫球场。

3.14.3.5　草坪游步道成形法

人们在草坪上行走的轨迹，具有一定的成形道理。了解这一点对游步道线形设计大有帮助。归纳起来有草坪踏痕理论、游步道渐入理论等两个。

A. 草坪踏痕理论：又称为door-to-door游步道几何模型理论。由日本东京农业大学农学部造园学科金井格教授提出。核心内容为：人们在自然状态下从绿地A点出发到B点，一路行走并不停地自然校正行进方向，其轨迹呈自然曲线形，即踏痕。如果再从B点返回到A点，这种行进轨迹会发生一些变化，但依然是自然曲线形（即踏痕修正步行道）。二者线形明显不同（图3-209）。如果将其整理并艺术性地配置一些园林植物，则可构成一种自然可变的浪漫之景。"自然界的每一个过程都有其必要的形式，这些过程经常导致功能性形式……运动产生了自身的运动形式……每一种技术形式都有一种能量形式相对应。每一种技术形式都能从自然形式中推出……所以人可以用迥异于以往的方法控制自然"[2]。

B. 游步道渐入草坪理论：英国民间有句谚语："英国草坪，无路"。其实，并不是无路，而是踏痕逐渐消失于草坪之中。按照设计师理解，游步道消失之处，要么"路断"而融入大草坪；要么组成了新的"端景"。以此为景，可以推演出多种方案（图3-210）。

C. 植配注意事项

（A）草坪踏痕是"点"与"点"之间的游步道自然曲线联系，曲线半径不可能相等；

（B）游步道渐入草坪设计，应以"端景"设计为主。

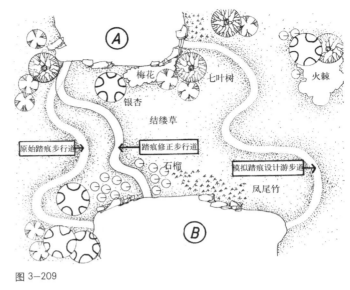

图3-209

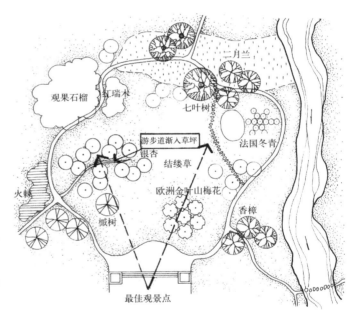

图3-210

3.15　田园风光植

3.15.1　定义

1962 年国际造园联盟（International Federation of Landscape Architecles）简称 "IFLA" 在以色列海法召开第八届主题为 "在将来的景观形式上造园家的任务" 的会议上，由意大利威尼斯大学建筑学系塞维（B.Zeve）教授提出了：都市地域景观，是由都市景观（Townscape）和田园景观（Landscape）交织而成的地区性景观。造园家不应停留于浪漫派的保守主义上，而必须走向时代的前面。言下之意，景观设计师不应局限于城市，而应更多地去关注大地田园景观。

以农作物自然季相生态景象为主题的田园风光，具有物种统一、季相分明、面积大、时效性强、耕作性强、功能典型等特点。无论从种植到收割，还是从形态到布局都具有观赏价值。

3.15.2　构景原理

（1）利用农作物大田耕作壮观场景，塑造田园自然风光。

（2）通过农作物生产过程，适时造景。

3.15.3　常见设计手法

3.15.3.1　梯田风光型

梯田（Tanada），日本称千枚田、棚田等。山区水稻田的自然梯级景象，蔚为壮观。从不同的视角，均能获得 "大地景观" 般的感受。日本梯田造景运动与宗教 "祈祷丰收、祈祷太平、期盼气候温和" 等紧密联系。金黄色的田园丰收景象通过一种 "大地史诗" 般的艺术集群模式，构建出人文社会伦理。常见设计手法有：田埂风光式、生长律动式、图案收割式等三种。

A. 田埂风光式：在耕作前，由层层田埂围合水田的自然分梯现象，宛若 "大地肌理"。如云南侗族高山田埂风光。1999 年 7 月 16 日，日本农林水产省从全国 134 个地区中筛选出 100 座特色梯田作为旅游产业化样板进行观光项目开发。让游客在参与插秧、施肥、割稻等一系列体验活动中，直接获得人文生态享受。英国《每日邮报》报道："近日，日本能登半岛一处靠海的梯形稻田被 2 万盏 LED 灯泡点缀，在夜晚显得异常炫丽。该举动打破了吉尼斯世界纪录，于 2011 年被评为世界农业文化遗产。" 从观赏角度上，梯田埂具有等高曲线、厚薄不一、里外分明、自然层叠、高差不定、光影闪烁以及场景壮观等七大特征。

B. 生长律动式：插秧后的梯田随着水稻生长，开始产生了 "由小到大，由绿到金黄" 等一系列的缓慢生长律动变化（图 3-211）。

秧苗期，水浅苗嫩，一片嫩绿色，时间约为半个月；扬花期，为了使秧苗茁壮成长，田水深度开始注入式增加。开始扬花时，进入成熟期，叶色变成油绿色，时间约为半个月；金穗期，谷穗成熟，金黄一片，时间约为 1 ~ 2 个月（注：以上时间产稻区气候不同则有差异）。

C.图案收割式：与自然地貌紧密结合的金黄色水稻梯田，仿若一块画板，通过收割可以形成各种大场景精美图案（图3-212）。另外，稻谷收割高低也可以构成图案式景观。

D.植配注意事项

（A）梯田风光是一种大规模农事活动，所以，观光期仅局限于水稻农耕生产期间；

（B）梯田风光旅游应纳入我国名胜旅游区保护法规体系中，建立健全相应法案。如日本为了实施梯田景观建设计划，农业部于1999年就针对性地评选出了"日本最佳水稻梯田100座"。2001年列入《文化财产保护法》的1004块水稻梯田被列为风景名胜。2004年日本文化产业省建立了完善的水稻梯田景观保护区域评估系统。

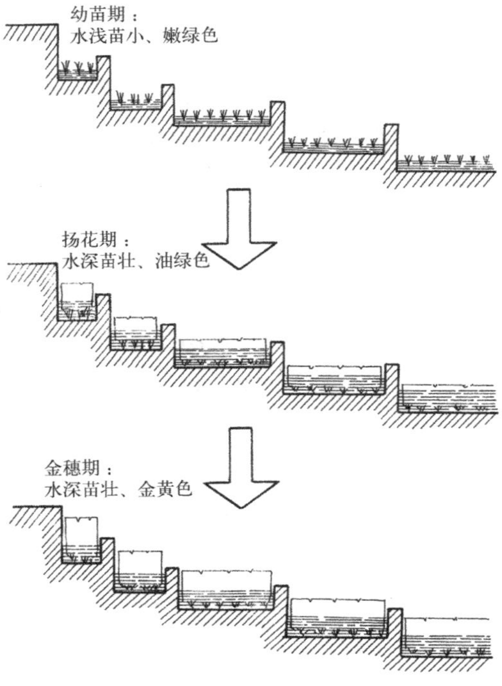

3.15.3.2 平坝稻田风光型

顾名思义，指平原地区水稻田景观。2009年，沈阳建筑大学在迁建新校区时，首次将"稻田风光"纳入了校园规划之中。通过水稻田道路网结构体系以及在"育秧如育人"的设计理念下，巧妙地融生产于教育，融景观于生活。沈阳建筑大学浑南新校区地势平整，总占地面积1500亩。在国内外校园景观与时俱进的大背景下，提出了"变绿草坪为稻田，此一举措创先先。育德学子思乡土，绘美景观壮校园。体验耕犁无限苦，方得食口尽香甜。求实善教结硕果，桃李满天处处颜"的校园文化理念。我国

图3-211

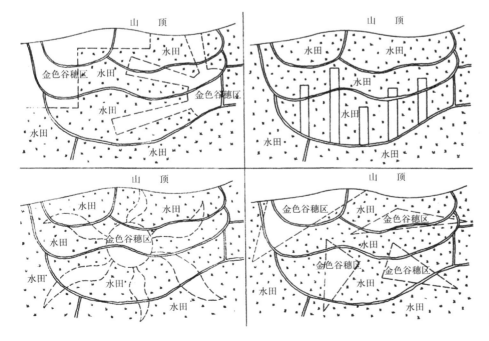

图3-212

水稻之父袁隆平评价为："稻香飘校园，育米如育人。""中国的食品危机和生态环境危机已经引起景观设计师的关注，并在他们的设计作品中给出了相应的解决措施。同时，城市废弃地和被忽视的角落也受到了越来越多欧美设计师的重视。并将他们改造转化为受人们欢迎的空间。[28]"基于此，为世界造园界所关注。"沈阳建筑大学稻田校园景观设计"被收录在《URBN LANDSCAPE DESIGN》刊物之中。常见设计手法有：田埂路网式、滨水自然式、汇水喇叭式等三种。

A. 田埂路网式：平坝区规划设计稻田的最大优势，就是用地条件良好。在建立路网体系中，可以按照"最短距离法则"，联系各个功能空间。"自然界的每一个过程都有其必要的形式。这些过程经常导致功能性形式。他们遵循了两点之间最短距离法则……每一种技术形式都能从自然形式中推出。[2]"沈阳建筑大学浑南新校区在稻田规划时，以稻田直线构图关系串联校园内各个功能区，使宿舍 - 食堂、教室 - 食堂、宿舍 - 实验室、宿舍 - 教室等彼此间有机联系，在路网体系中编排稻田景观和坐憩点。

B. 滨水自然式：位于溪流冲积平原的水稻田，常表现出自然弧形、宽窄不一的特点。田埂构图形态形成了稻田风光的基本特色（图3-213）。

C. 汇水喇叭式：位于山地汇水区域的平坝水稻田，常表现出自然喇叭形、宽窄不一的特点。田埂构图形态形成了稻田风光的基本特色（图3-214）。

D. 植配注意事项

（A）平坝稻田风光景观构图，可参照梯田"田埂风光式、生长律动式、图案收割式"等三种设计手法；

（B）平坝稻田中可通过设置"沟、渠、池、井"等附属集（节）水设施的方式，加强景观艺术构图。

3.15.3.3 油菜地风光型

油菜（*Brassica capestris*），又称芸苔。十字花科芸薹属一年生或多年生草本植物，花两性，辐射对称，花瓣四枚，呈十字形排列，雄蕊通常6枚，4长2短，通常称为"四强雄蕊"。三四月间，茎梢着花，总状花序，花萼四片，黄绿色，花冠四瓣，黄色，呈十字形。果实为长角果，到夏季，成熟时开裂散

图3-213（左）
图3-214（右）

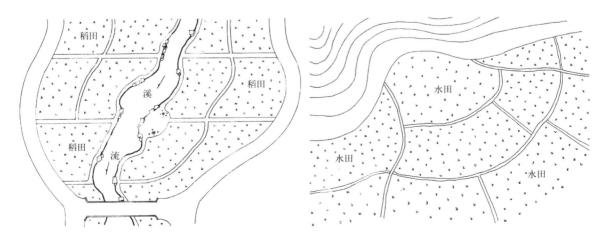

出种子，紫黑色，也有黄色。油菜以适应性广、耐寒、耐旱、对土壤的要求不高而成为充分利用土地、发展经济的重要作物。它既可清种，又可套种，还可育苗移栽。功能上因花色金黄、高度一致、花期集中、适应性强以及栽培面广（几乎覆盖全国）等特点，自 1999 年云南省罗平县"油菜花节"后，掀起了全国性"油菜地造景"的浪潮。常见设计手法有：溪水风光型、山水风光型、国画风光型等三种。

A. 溪水风光型：指成片栽植于自然溪畔的油菜地设计类型。特点：随形就势、水映金黄、自然入画、层次分明。

B. 山水风光型：指成片栽植于自然山地的油菜地设计类型。特点：随坡就势、金黄装点、自然入画、层次分明。

C. 国画风光型：指成片栽植于平坝的油菜地设计类型。特点：天际金黄、景象壮观。

D. 植配注意事项

（A）油菜地风光应以大面积、自然壮观景象为宜；

（B）在油菜地中套种其他农作物时，须注意观赏画面的完整性不至于受到较大影响或破坏。

3.15.3.4　麦圈风光型

2014 年 7 月 9 日，"CCTV10"在《真相·迷案追踪——外星人之谜》中报道：1926 年，在秘鲁纳斯卡（Nazca）高原上发现了占地面积约为 80 平方公里的"纳斯卡线条"，以客观角度描述了人类之外的第二种生物力量——"外星人"的存在。接着，2011 年 5 月 27 日，美国航天飞机拍摄了两座大型生态麦圈图片。由此揭开了"生态麦圈"的话题。如英国威尔士特郡埃夫伯里"麦圈"、荷兰 图 3-215

Robbert Var den Broeke"麦圈"。因成因奇特，而众说纷纭。有的说是龙卷风所为，有的说是人为所致，有的说是太空人干预形成，林林总总，无法定论，故被称为"现代世界景观之谜"。英国 Julian Richardson 被称为"大地艺术家""麦田怪圈创造者。"他科学化精确计算、巧妙结合、完全对接、浑然天成般地在夜间悄悄地潜入麦田，利用特殊工具或独特的定位系统，创造出了不少的直径约为 80m 的几何形麦田怪圈。他说："英国的麦田怪圈，就像便利店一样多。"麦圈特点：郊野开阔麦地、巨大圆心渐变状图案、具有明显拖痕、成形时间短等。常见设计手法有：虚幻麦圈型、功能麦圈型等两种。

A. 虚幻麦圈型：指人类尚且无法解释的庞大自然麦圈类型。如面积不小于几平方公里，甚至几十平方公里的特大型生态麦圈。各国设计师都在按照自己的理解进行设计。如太空人麦圈、太极麦圈、星象麦圈、拼图麦圈、迷宫麦圈、脸谱麦圈、地球图案麦圈等（图 3-215）。

B. 功能麦圈型：指临摹生态麦圈的景观用地规划类型。沈阳市浑南新区政府于 2012 年与市城建局共同签订了"在浑南新城打造盛京绿谷生态苗圃，以再现自然界神奇的麦圈景观"的协议书，由沈阳市园林规划设计院设计。"生态麦圈"位于沈丹高速公路与四环路交会处，总面积 137.1 万 m²。利用它来连接南北向四条城市干道与东西向三条城市干道，组织城际交通。项目采取功能划圈的方式，共设置了两个功能区，即生态旅游区（包括杏花村、葡萄沟、苹果庄、桃花源、梨花坞、百花坡）等六个"以生态采摘为主"的景区和苗圃生产区两个部分。

C. 植配注意事项

"生态麦圈"神秘之处妙于自然，所以，任何人为设计干预都将使其黯然失色。美国斯坦利·怀特（Stanley White）认为："新的景观若要在高度艺术形式方面，在永恒性、历史性的意义上称得上是一件艺术品，必须对原始的各种形式进行提炼或升华，这一规律不能违背。[2]"

实训 3-1

（1）实训名称：某庭院植物造景配置设计训练

（2）场地概况

该庭院西北隅与湖畔相邻。用地东高西低，相对高差约为 3.2m。东端为一座自然小丘，由南门可直接登临。西侧为平台绿地，中部自然式水域蜿蜒流长。用地内无园林观赏树木（图 3-216）。

（3）作业要求

1）根据已知场地条件、要求等，进行园林规划布局初稿并配置园林植物，绘图比例按照 1# 图纸要求进行打印出图，按图中比例尺直接量取。

2）场景设计基本内容：简单园内道路与铺地平面构图、花坛及绿地平面

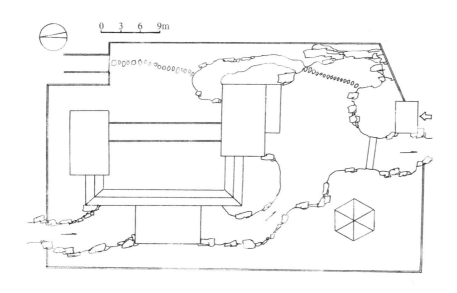

图 3-216

艺术构图、园林植物配置设计等。图纸右下角须附注″植物配置一览表″（含：植物编号、品名、图例、规格、数量等）。

3）作业评定标准：分 A（±）、B（±）、C（±）、D（±）等八个等级进行评判。以 A+ 为最佳，D– 为最差。当作业为 C– 时须重新做一遍后，再予以评定该次作业成绩。

4）若学生第一次做描、制图作业，建议将本实训课时有机地划分成前、后期两个阶段。即前期在课堂上做作业，以便于老师现场指导；后期则可在课余时间完成。

实训 3–2

（1）实训名称：编制某市园林草坪造景普查资料

（2）能力目标：

1）掌握园林草坪造景用途调查过程；

2）通过草坪普查进一步掌握草坪造景设计技法。

（3）实训方式：编制″某市园林草坪造景设计普查一览表″（表 3–16）

（4）教学课时：8 ～ 12 学时

（5）实训内容

某市园林草坪造景设计普查一览表　　　　表3–16

编号	庭院类型	草坪品名	草坪设计手法	草坪栽植方式	草坪面积（m²）	备注
1						
2						
3						

填表要求：

1）表中″庭院类型″指前庭、中庭、后庭、山庭、水庭、屋顶花园等。

2）表中″草坪品名″指草种名称、学名等。

3）表中″草坪设计手法″指各种草坪造型设计具体手法，如利用季相色叶树而造型，利用园路线形而造型等。

4）表中″草坪栽植方式″指草皮块铺植、播种等具体栽植方式。

5）表中″草坪面积″指庭院中不同品名草坪的实际面积。

6）对于不同的庭院，可采取分别统计的方式进行调查。最后，在对草坪普查内容进行逐项分析后，得出本地区最适草坪建造依据。

4

教学单元 4　规则式植物配置及造景设计

教学目的：

了解植物各种造景应用技法，基本掌握规则式园林植物配置及造景设计任务和要领。

规则式植物应用，源于东西方两条历史文脉现象。一条是我国道教"太极生两仪，两仪生四象，四象成中轴"的风水植物功用；另一条是欧洲文艺复兴运动所掀起的规则式植物构图及整形运动。归纳起来，两者共同特点是：轴线规划、几何形构图、植物整形、拟态构景。主要设计手法有：对称植、行列植、绿篱植、花坛植等四种。

4.1 对称植

4.1.1 定义

对称植，又称为对植。按照《园林基本术语标准》CJJ/T 91—2002："指两株树木在一定轴线关系下相对应的配植方式"。在实际应用中，对称植应是一种轴线几何规划中的等量或均衡构图配置。数量上或为2株，或为4株⋯⋯成双成对。

4.1.2 构景原理

（1）利用轴线构图关系，均衡地配置植物。

（2）通过空间艺术编排，强化主入口景观。

（3）通过节奏韵律性植物配置，构成特色景观。

4.1.3 常见设计手法

4.1.3.1 主入口对称植配法

主入口，即空间起始端主要出入口。人们在进入某空间之前，普遍有一种心理均衡感需求，上下左右打量着主入口各种外在配置。当这些配置与心理期望值基本相符时，则表现为亢奋；否则，会产生一种莫名其妙的抵触心情，不屑一顾。其中，以主入口植物对称式配置最为典型（如重庆市人民大礼堂黄桷树对称植）。

（1）设计原理

A．a、b两株植物连线垂直于主入口规划中轴线，且$a=b$，$D_1 \neq D_2$。

B．$\angle E \leqslant 60°$（图4-1）。

（2）设计手法

常见设计手法有：建筑植配法、坐憩点植配法、墓冢植配法等三种。

A．建筑植配法：由对称式建筑物所构成的中轴线，将人们观赏视线自然地吸引到主入口处。此时，若在中轴线主入口处对称配置两株体量、树种、树姿等几乎相同的植物时，则建筑物形象将大大提升（图4—2）。

假设对称树至建筑物的垂直距离为 D_1，至最佳观赏点（甜蜜点）的垂直距离为 D_2。当 $D_1 \leqslant D_2$ 时，则轴线框景仰视画面效果增强，建筑物表现出"高大、雄伟、壮观、气派"的形象；当 $D_1 > D_2$ 时，则建筑物表现出"端景、轮廓、统治"的形象。当 $D_1 \geqslant 130m$ 时，则建筑物与对称树都将随着距离的增加而变得越来越模糊。常见树种有：桂花、黄桷树、小叶榕、菩提树、法国梧桐等。

B. 坐憩点植配法：坐憩点作为绿地空间规划中的一种"三维空间平衡点"，在构图上应按照场地总体流向进行诸如"远近平衡、虚实平衡、熟悉和陌生的平衡、主导和隐退的平衡、主动和被动的平衡、流动和凝固的平衡"等一系列理念进行主入口设计。其中，采取造型植物对称式配置最为妥当（图4—3）。常见树种有：侧柏、垂榕柱、小叶女贞柱、圆柏、龙柏等。

C. 墓冢植配法：我国自古风水"四象"定八卦，将陵寝、墓冢方位确定为：北玄武，南朱雀，东青龙，西白虎。晋郭璞《葬经》："经曰地有四势，气从八方。故葬以左为青龙，右为白虎，前为朱雀，后为玄武。玄武垂头，朱雀翔舞，青龙蜿蜒，白虎驯頫。形势反此，法当破死。故虎蹲谓之衔尸，龙踞谓之嫉主，玄武不垂者拒尸，朱雀不舞者腾去，土圭测其方位，玉尺度其遐迩。以支为龙虎者，来止迹乎冈阜，要如肘臂，谓之环抱。以水为朱雀者，衰旺系形应，忌夫湍流，谓之悲泣。"于墓冢立向两侧对称配置植物，谓之"四神相应"。常见树种有：龙柏、笔柏、侧柏、圆柏、雪松、冷杉、南洋杉、黑松、五针松等。

D. 其他植配法：对于一些建筑主入口、厂大门、办公楼大门以及梯道入口等处的两侧，也常对称配置植物。常见树种有：棕竹、海桐球、

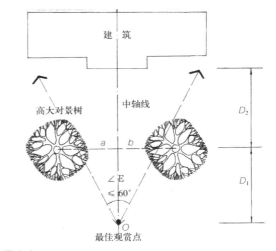

图4—1

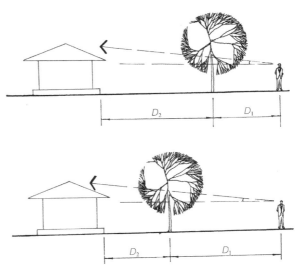

图4—2

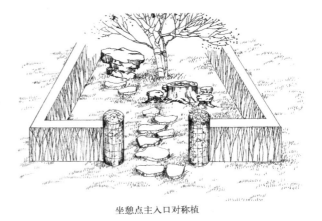

坐憩点主入口对称植

图4—3

含笑球、杜鹃球、红檵木球、樱花、梅花、小叶榕、紫荆、鸡蛋花、蒲葵、棕榈、凤尾竹、红枫、红叶石楠等。

E. 植配注意事项

（A）建筑主入口对称植的观赏主体是"建筑"，透过树枝框景所看到的是建筑物景观，两者之间主次分明。"一株长势良好的椴树，如果是孤植的，我们就会观察其枝干的结构、细枝、嫩芽、叶子、光影图案及其优美的外轮廓和精致的细部。但如果它与一条显著的轴线关联，我们就只能在大背景下对同一株树一掠而过，其细微、自然、独一无二的个性都丧失在这条轴线上[2]"。

（B）主入口对称植虽属于静态设计，但轴线所产生的视景"运动感"却很强，有起点、终点。因此，在植物构图方面，须重视均衡设计效果。

4.1.3.2 非对称植配法

又称为植物均衡感设计。一些看起来截然不同的两种植物，通过同一条轴线彼此相关。人们对这种相关性最直接的感受，就是均衡感。配置于轴线两侧的不同植物，通过人脑对其树形、树姿、叶色、花色以及落叶等进行一系列判断和加工后，获得一种"权重平衡感"或"隐含平衡感"，当心理确认适应后，即对这种配置产生兴趣。"平衡可同样存在于不相似的物体或不相似布置的物体中，但这种选择、安排应使得垂直轴线一侧的吸引力等同于另外一侧。这种平衡被称做非对称平衡或隐含平衡。[2]"如孤植大乔木黄桷兰与5株小乔木红叶李相配（图4-4）；孤植大乔木香樟与10株小乔木红枫相配；孤植大乔木桂花与9株紫薇相配。

（1）设计原理

A. a、b 两株植物连线垂直于中轴线，且 $a \neq b$。

B. $\angle E + \angle G \leqslant 60°$；$\angle E \neq \angle G$。

C. 大株植物距离轴线稍微近些，小株植物则远些，即 $b > a$。

（2）设计手法

常见设计手法有：地形视线修正法、斜角视线修正法、月洞门视线修正法等三种。

A. 地形视线修正法：位于坡地形前的景观小品，由于山脊"暗背景"视线的影响而产生不均衡感。通过非对称植配设计可以进行有效调整，使景观画面重心重新获得均衡感（图4-5）。

B. 斜角视线修正法：当道路与建筑物呈斜角相交时，由于建筑物体量的严重影响而产生不均衡感。通过非对称植配设计可以进行有效调整，使景观画面重心重新获得均衡感。

C. 月洞门视线修正法：于月洞门两侧采取非对称植物配置，在修正观赏视线的同时，获得艺术美感（图4-6）。

D. 植配注意事项

（A）非对称规划的植物品种，在树姿、造型等选择上应有较大区别；

（B）D_1 与 D_2 的确定，应视具体场景设计条件而定。

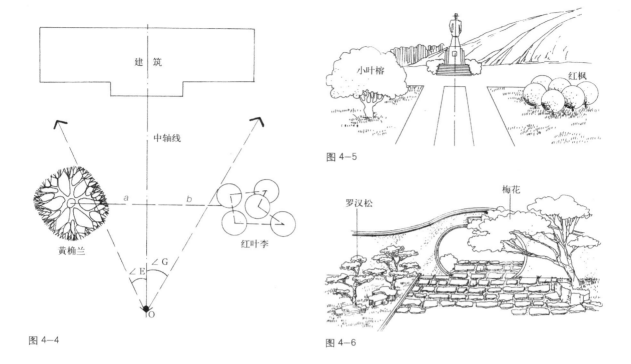

图 4—4

图 4—5

图 4—6

4.2　行列植

4.2.1　定义

　　行列植,又称为列植、阵列植、树阵植、竹阵植等。按照《园林基本术语标准》CJJ/T　91—2002：″指沿直线或曲线以等距离或按一定的变化规律而进行的植物种植方式。″特点：品种一致、等距成行、规格较统一、群体美。常用于行道树、广场树阵、绿地竹阵、生态停车场阵列植等。

4.2.2　构景原理

　　(1) 利用植物株行等距离配置方式,构成线形或阵列群体美景观。
　　(2) 利用高大树种阵列配置,构成广场植物景观特色。
　　(3) 利用植物阵列群植,构成防护林体系。
　　(4) 利用植物列植方式,构成陵寝、公墓以及纪念地绿色护佑景观。

4.2.3　常见设计手法

4.2.3.1　行道树植配法

　　城市道路系统具有交通组织、街区骨架、景观走廊、遮阴纳凉、城市形象等五大功能。作为道路线形风景构图主体的行道树,高大形优、冠阔浓郁、抗性优良等是必备的设计条件。

(1) 设计原理

A. 株高规定：按照《公园设计规范》CJJ 48—1992 第 6.2.6 条："成人活动场地的种植应符合下列规定……枝下净空不低于 2.2m"。

B. 株距规定：按照植物学要求，正常生长的行道树应以"冠幅互不重叠、枝干互不影响"为最佳效果。但因条件限制以及长势快慢等客观因素，株距均做了缩短调整（表 4-1）。

我国常见行道树株距一览表　　　　单位：m　　　表 4-1

树种类型	准备移植		定植		备注
	市区	郊区	市区	郊区	
快生树种	4～6	4～6	4～6	4～8	冠幅＜15
中慢长树种	4～5	4～5	5～10	5～10	冠幅 15～20
慢长树种	4～4.5	2～3	5～7	3～7	
窄冠幅树种	—	—	3～5	3～4	
说明	1. 行道树株距应充分考虑苗木规格、生长速度、市容要求、交通状况、道路性质等具体要求 2. 行道树株距应充分考虑树木自然分枝、分枝角度以及第一级分枝等对交通的影响				

C. 株相规定

(A) 宜选适地适生树种；慎（忌）选未经引种驯化、试（育）种的树种。

(B) 宜选冠形较整齐、主干结构良好、枝叶较浓密的树种。

(C) 宜选冠浓、花多、芳香、常绿、耐修剪、抗性强的树种。慎（忌）选挂果、异味、过敏、带刺的树种。

(D) 慎（忌）选我国风水不宜的树种，如松科、杉科、柏科等。

(2) 设计手法

常见设计手法有：街区同种绿带式、韵律混种绿带式等两种。

A. 街区同种绿带式：指同一街区采用同一种树种的配置方式。特点：品种统一、绿带整齐、构图简洁。如重庆海峡路银杏大道。

B. 韵律混种绿带式：指同一街区（或滨岸）采用两种以上树种的配置方式。特点：交替列植、韵律成景、节奏感强、骨干树醒目。如重庆市两路雪松＋海桐球＋紫薇大道（图 4-7）。常见设计手法有：一高一低式、一高二低式、一高群低式、三高五低式等四种。

(A) 一高一低式：指行道树按照 1 株大（或中）乔木、1 株小乔木或灌木的节奏韵律配置方式。特点：对比强烈、林冠线节奏感强、空间紧凑。常见树种组合有：垂柳＋碧桃；棕榈＋毛叶丁香球；香樟＋海桐球；银杏＋红檵木球等。

(B) 一高二低式：指行道树按照 1 株大（或中）乔木、2 株小乔木或灌木的节奏韵律配置方式。特点：对比强烈、林冠线节奏感较强、空间尚紧凑。常见树种组合有：雪松＋紫薇；老人葵＋毛叶丁香球；银杏＋红檵木球；桂花＋棕竹等。

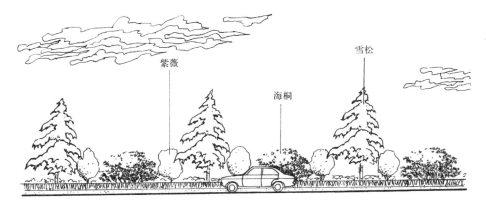

图4-7 重庆两路雪松、海桐、紫薇大道

(C) 一高群低式：指行道树按照1株大（或中）乔木、几株小乔木或灌木的节奏韵律配置方式。特点：对比强烈、林冠线节奏韵律感强、空间尚紧凑。常见树种组合有：雪松＋海桐球＋紫薇；蒲葵＋黄花槐＋红檵木球；银杏＋木槿＋紫薇＋含笑球等。

(D) 三高五低式：指行道树按照3株大（或中）乔木、5株小乔木或灌木的节奏韵律配置方式。特点：对比强烈、林冠线节奏韵律感强、空间尚紧凑。常见树种组合有：棕榈＋杜鹃球；老人葵＋红叶石楠球；天竺桂＋金叶女贞球等。

C. 植配注意事项

(A) 用作街景节奏韵律的同一种行道树规格须相对统一；

(B) 用作街景节奏韵律的行道树配置距离须相对统一。

4.2.3.2　道路板带植配法

道路板块空间形态，具有"潜意识对话"功能。驾驶员各行其道，循规蹈矩；设计师以人为本，权衡利弊。两者所关注的设计因素越统一，越完美，效果就越好。"规划过程可以很好地解释成一系列的潜意识对话……问题提出来了，因素权衡了，然后是作出的结论。考虑得越明了，构思的表达能力就越通畅连贯，规划就越成功。[2]"板，即车行道板块；线，则为绿化带。常见设计手法有：一板二带式、二板三带式、三板四带式、四板五带式等四种。

(1) 一板二带式植配法

参见4.2.3.1行道树植配法。

(2) 二板三带式植配法

在交通干道板块设计中，通常于道路中央设置绿化隔离的方式将板块一分为二，再连同两侧行道树共同构成"二板三带式"交通系统。如高速公路、高等级公里、城市主干道、国道等。

A. 行道树设计：参见4.2.3.1行道树植配法。

B. 中央绿化隔离带设计

(A) 设计原理：一是组织交通；二是避免或减轻双向道路在会车时所造成的眩光效应，以减少隐患；三是增加道路绿化面积。

（B）设计手法

a.乔、灌木分段植配法：于不大于2.0m的道路中央隔离带中，分段交替配置2～3种乔、灌木，构成节奏韵律感。即一段长度为30～60m的灌木篱带中的乔木等距离列植；而另一段为长度30～60m的花灌木篱。绿篱控制高度不大于0.75m。常见植配组合有：金叶女贞篱带＋香樟——红檵木篱带（图4-8）；鸭脚木篱带＋银杏——毛叶丁香篱带；红檵木篱带＋桂花——蚊母篱带；红檵木篱带＋老人葵——红叶铁篱带等。

b.大小乔木、灌木分段植配法：于不大于2.0m的道路中央隔离带中，分段交替配置2～4种乔、灌木。即一段长度为30～60m灌木篱带中乔木等距离列植；而另一段长度为30～60m花灌木篱上则列植小乔木。绿篱控制高度不大于0.75m。常见植配组合有：佛顶珠桂花篱带＋香樟——金叶女贞篱带红叶李；鸭脚木篱带＋银杏——红檵木篱带＋紫薇；红檵木篱带＋桂花——金叶女贞篱带＋红千层；金叶女贞篱带＋老人葵——金边虎皮兰篱带＋老人葵等。

c.灌木篱带小乔木点缀植配法：于不大于2.0m的道路中央隔离带中，配置灌木篱带及等距离列植小乔木。绿篱控制高度不大于0.75m。常见植配组合有：金叶女贞篱带＋黄花槐；红檵木篱带＋紫薇；蚊母篱带＋紫荆等。

d.钢网（植物）编篱＋篱带植配法：于不大于2.0m的道路中央隔离带中，采取钢网编篱或与篱带结合的方式设置篱带。篱带控制高度不大于0.75m。常见植配组合有：钢网小叶女贞编篱＋杜鹃篱带；钢网油麻藤编篱＋六月雪篱带；钢网紫藤编篱＋红檵木篱带；钢网九重葛编篱＋金叶女贞篱带等，如重庆石桥铺白马凼街景绿化。

e.景观大道植配法：当道路中央绿化隔离带宽度大于2.0m时，植物配置除了保持纵向节奏韵律外，在横向上增添了地被及色块植物的艺术构图，打造景观大道。如重庆市铜梁区白龙大道，在10m宽的中央绿化带中配置雪松骨干树及红檵木、金叶女贞、杜鹃等色块图案。

（3）三板四带式植配法

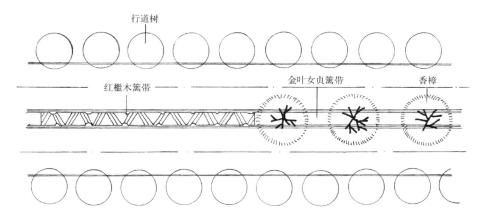

图4-8 二板三带式示意图（乔、灌木分段植配法）

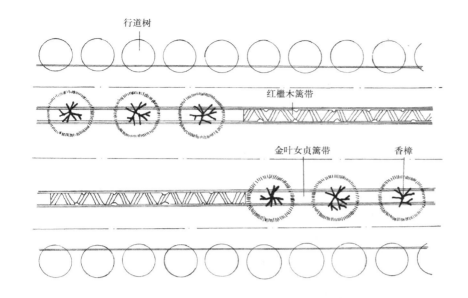

图4-9 三板四带式示
意图（乔、灌木分
段植配法）

在交通干道板块设计中，通常于道路中央设置绿化隔离的方式将板块一分为三，再连同两侧行道树共同构成"三板四带式"交通系统（图4-9）。

（4）四板五带式植配法

在交通干道板块设计中，通常于道路中央设置绿化隔离的方式将板块一分为四，再连同两侧行道树共同构成"四板五带式"交通系统。

（5）植配注意事项

（A）同一条道路板带"节奏韵律"植配设计，应注意连续性；

（B）道路中央隔离带在严格控高的前提下，应注意一定的通透性。

4.2.3.3　鲜花大道植配法

鲜花集中配置于城市干道的做法，源于欧洲17世纪后半叶法国造园家勒诺特尔（Andre le Notre，1613～1700年）的"六种花坛"（即：刺绣花坛、组合花坛、英国式花坛、分区花坛、柑橘花坛以及水花坛）的综合应用。勒诺特尔出生于园艺世家，自幼嗜爱绘画，钟情于法国浪漫田园画家克劳德·劳伦（1600～1682年）的作品。中年在游学意大利期间，受文艺复兴思潮的影响，开始将鲜花进行"艺术拼装"用于凡尔赛宫花园（Verailles）干道组景。作品深得法王喜爱，被誉为"王之园师，园师之王"。勒诺特尔的鲜花大道设计理念传入英国后，因装饰性强而又深受英国维多利亚女王喜爱，被冠以"英国式花坛"。常见设计手法有：主题式、山野式、花坛式、公园式等四种。

A．主题式：指以主题命名的鲜花大道。如北京2008年"迎奥运"街景鲜花大道，处处围绕着"五洲四海喜庆奥运盛会，改革开放共谱和谐篇章"的设计主题。据统计：2008年北京"迎奥运"街景鲜花大道共使用了7000余万盆、605种鲜花。其中，本土花卉品种有：一串红、四季海棠、矮牵牛、美人蕉、牡丹、芍药、日日春、半枝莲、长春花、夏堇、金光菊、花烟草、月季、蔷薇、一品红、海棠、百合、荷花、翠菊、凤仙等；引进花卉品种有：蝴蝶兰、郁金香、香石竹、马蹄莲、火鹤等；野花品种有：紫红色棘豆、黄花甘野菊、白花野鸢尾等。

B. 山野式：指郊野鲜花大道。如云南省安（宁）楚（雄）高速公路九重葛、波斯菊装点成的郊野鲜花大道。花带飘逸山野间，一路花海浪漫情。常见花卉品种有：九重葛、波斯菊、二月兰、杜鹃、红虾花等。

C. 花坛式：指配置成花坛的鲜花大道。常用于世博会、园博会等大型绿地中。在花卉配色技术上，讲究：橙色系暖色调设计与蓝紫色系冷色调设计等两种。在平面构图上，讲究：场景有序，配套规划。如 2011 年西安世博园花坛（参见 4.4 花坛植）。

D. 公园式：指布置于公园中的鲜花大道。以花配色，以景引导。如重庆鸿恩寺矮牵牛＋石竹鲜花大道。

E. 植配注意事项

（A）鲜花大道应以主题配花、配色、配调子。重构图，讲形式。

（B）利用鲜花大道带状布局特征，做到构图"繁简适宜"。

4.2.3.4 高速公路匝道动态引导植配法

高速公路匝道口绿地除了植物造景外，还可采用植物动态构图辅助引导驾驶员安全通行。常见设计手法有：变角色带式、梯形色带式、动感色带式等三种。

A. 变角色带式：利用色块植物角度变形的构图方式引导行驶方向。行驶在高速公路匝道口的驾驶员对正前方弧形区域最为敏感，他们在不断调整速度的同时，也在欣赏着优美的绿地构图景观。植物"动感"色带按照行驶方向"由低而高"配置（图 4-10）。常见植物品种有：红叶石楠、柳叶十大功劳、南天竹、杜鹃、红檵木、金叶女贞、春羽、佛顶珠桂花、野花草坪等。

B. 梯形色带式：利用色块植物阶梯状的构图方式引导行驶方向。顺应方向，前低后高的植物梯度色块配置，有利于快速视线的景观捕捉和减缓驾驶疲劳（图 4-11）。

C. 动感色带式：利用绿篱与色块植物共同动感构图方式引导行驶方向。模拟"龙"形图案，任龙须飘带自然蜿蜒指引行驶方向（图 4-12）。

D. 植配注意事项

（A）高速公路匝道植物导向艺术构图，应有较明显的构图规律性，结合场地条件进行设计。图案中若需配置乔木时，须严格控制。

（B）植物导向配置区域面积宜大，不宜小。

4.2.3.5 树阵植配法

树阵设计理念源于古希腊、古罗马时期欧洲"棋盘式"的公共广场布局设计。古希腊广场统称"Agora"；古罗马广场统称"Forum"。两者都认为：柱廊式建筑包围广场形成政治集权中心。在中心周围应分布着形若士兵列队的一系列"阵列方式"。如坐凳、廊柱、树阵、喷泉、雕塑、灯箱等。场景越大，效果越显著。另一方面，通过庞大树阵体现城市"知觉群（Apperception Mass）"

的公共中心效果。常见设计手法有：广场轴线式、绿荫休闲式、涉水观赏式等三种。

A.广场轴线式：广场树阵，是广场轴线深度设计的一种控制手段。穿过等距离树阵"知觉群"，人们一眼便能判断出广场主体建筑、规划秩序、观景方向以及空间流基本形态。从而使广场空间显得更加有序和气派。在选用植物方面，根据广场性质、用途等配置高大、常绿、市树、古树、名木以及有历史意义的树种等。在规划构图方面，常利用广场中轴线进行总体配置。一般来说，地处广场中轴线上的树阵间距（b）至少应大于或等于广场主体建筑主入口的通道实际宽度（a），即 $b \geqslant a$。而其他树阵间距为：行距 × 列距 =5.0m ～ 8.0m × 5.0m ～ 8.0m。

B.绿荫休闲式：古希腊殖民统治的不断外扩以及意大利文艺复兴运动的影响，使广场树阵迅速传遍了世界。一些城市设计师彷徨于"自然式"与"规则式"之间，在不断地选择。如位于美国纽约市第6大街与第41、42大街之间的布兰特街区公园植物配置设计。"本来布兰特公园是按照当时最流行的不规则式布局设计的，有蜿蜒的人行道、弯曲的草坪以及散植的树木和灌木。由于该地区人口大为增长，这种不规则的公园就不好管理了。人们穿草坪走直道，从这个大门直通那个大门，草坪踩秃，灌木丛林折杆断枝，一片凄凉景象。已完成的新设计，只是把人行道取直，把座位集中设置在成行的林荫之下，就做到能够控制人群，成为一个能保持其美观的公园。所以，照一般规律，越是拥挤，越是需要规则式布局……新方案是规则式平面，把草坪放低并围以栏杆，以免把公园仅当成一个通道；沿规则式的步行道集中放置板凳，梧桐密植。浓郁的树荫掩蔽着足够的座席设备。[28]"（图4-13）设计师根据游人行为心理分析，游客疲劳时需求坐憩点的"磁性"规律是：由近及远。树阵布局形态有方形、矩形、弧形、长短结合形、异形等。树

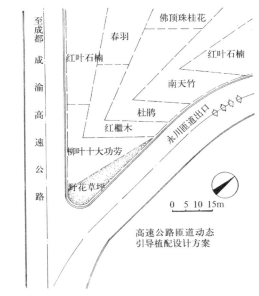

图 4-10

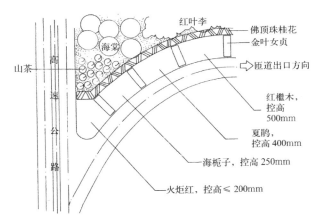

图 4-11

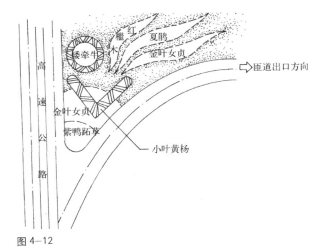

图 4-12

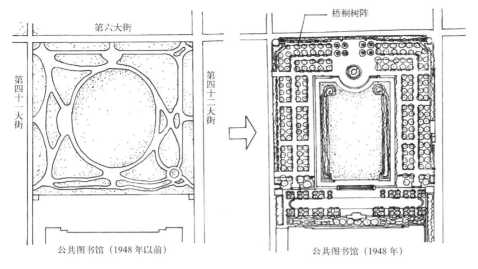

第六大街

第四十一大街

第四十二大街

公共图书馆（1948年以前）

梧桐树阵

公共图书馆（1948年）

图4-13 美国纽约布兰特公园树阵成形图

注：此图引自美．托伯特．哈姆林著《建筑形式美的原则》

阵设计间距为：行距 × 列距 =4.5 ～ 6.0m×4.5 ～ 6.0m。

C．涉水观赏式：将广场树阵延伸至水中，组成特色景点。此法源于何时，无从考究。一说"补风水"。"水口外部的树林……称为'案'……通过植树、挖池、改变入口等，创造理想的地理环境"[21]。二说"拟态湿地"造景。涉水树阵一般位于休闲广场边缘靠近陡坡、悬崖等处。树阵设计间距为：行距 × 列距 =3.0 ～ 5.0m×3.0 ～ 5.0m。树种选择要求为湿生：选择树干基部膨大，同时具有膝状根、呼吸根、支柱根的湿生树种，如水松、池杉、杞木属（Alnus）、枫杨、垂柳、马尾松、水团花属（Adina）等（图4-14）。

D．植配注意事项

（A）树阵配置形态因场地具体条件而定；

（B）涉水树阵虽然地处池中，但不能浸泡在水中。树池防水要求高。

4.2.3.6　竹阵植配法

竹阵，又称绑竹。指竹类成行成列的配置方式。绑竹做法，源于我国北宋的火药装填"爆竹"技术。编竹成串，成为"编爆"即现代"鞭炮"。"爆竹声声一岁除"，即源于此。将竹子绑扎成行成列后，防风功能及阵列景效等均明显增强。常见设计手法有：功能式、遮掩式、阶梯式、背景式、游乐式等五种。

A．功能式：经成行成列绑扎后的竹林，可以构成一种相对稳定的抗风结构体。特别是滨水抗风竹阵配置。将竹阵顺应主导风方向布置，使迎风面受力最小，抗风性最强（图4-15）。横栏绑扎高度不小于1.2m，竹阵厚度为1.5 ～ 3.0m，相邻间距为3.0 ～ 5.0m。给风一个通道，保护整个竹林。常用品种有：楠竹、硬头黄、琴丝竹、慈竹、水竹、黑竹佛肚竹等。

B．遮掩式：通过设置竹阵方式，巧妙遮掩绿地中各种不利于景观的构筑

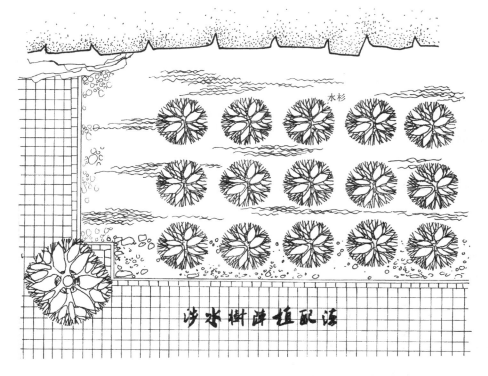

水杉

沙水树群植配景

图 4-14

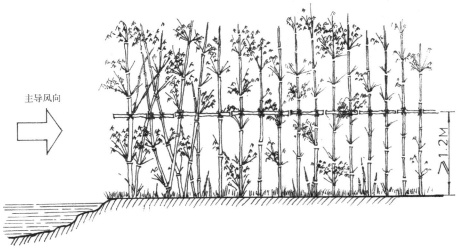

主导风向

≥1.2M

图 4-15

物（如：垃圾台、通风口、管道等，图 4-16）；为了柔和生硬堡坎线条，通常于堡坎绿地中配置竹阵，巧妙遮掩堡坎。横栏绑扎高度不小于 1.2m。

　　C. 阶梯式：顺沿梯道两侧自然坡度呈阶梯式配置竹阵，可以构成园路景观。竹阵方式有平坡式、顺坡式两种。前者，指沿等高线呈水平状设置的竹阵；后者，指垂直于等高线呈阶梯状设置的竹阵。竹阵之间通道宽度为 1.2 ～ 2.0m，横栏绑扎高度不小于 1.2m（图 4-17）。

　　D. 背景式：将竹阵配置于小品、花坛后面，构成特色背景。横栏绑扎高

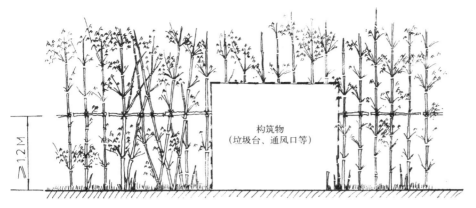

构筑物
（垃圾台、通风口等）

≥12M

图 4—16

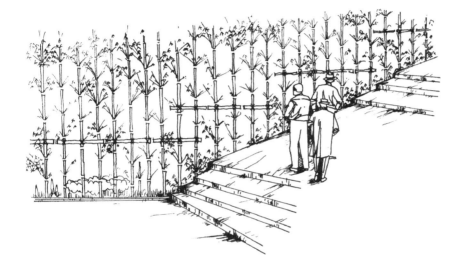

图 4—17

图 4—18

度不小于 1.2m（图 4—18）。

　　E. 游乐式:选择广场一角,通过集中设置竹阵的办法,组成儿童游戏区（图 4—19）。

　　F. 植配注意事项

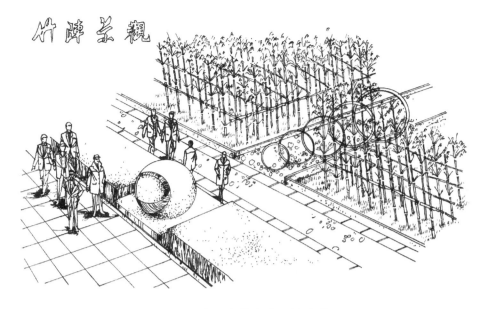

竹阵景观

图 4—19

（A）相同绿地中的竹阵品种、绑扎高度，均应统一；

（B）同一竹阵中的行、列距离可以相同，也可以不同，具体视场景地形而定。

4.3 绿篱植

4.3.1 定义

又称绿墙（Hedge 或 Green Fence），指由小乔木、花灌木或地被植物等，按一定株行距呈单行、双行或多行密植的种植篱带。特点：植物篱带控宽、控高、功能防范、空间分隔、构成景观、组织交通等。我国常划分为：树篱（$H \geqslant 1.6m$）、高绿篱（$H=1.2 \sim 1.59m$）、中绿篱（$H=0.5 \sim 1.19m$）、矮绿篱（$H < 0.5m$）、常绿篱、落叶篱、彩叶篱、观果篱、观花篱、刺篱、平口剪绿篱、弧形剪绿篱、脊形剪绿篱、阶梯剪绿篱、造型剪绿篱、藤蔓篱、编织篱、单排篱、双排篱等近 20 种类型；欧洲有两种划分：一是由瑞典造园家甘纳尔·依瑞克森（Gunnar Ericon）提出的"六级分类法"，即大乔木篱（$H=10 \sim 30m$）、亚乔木篱（$H=6 \sim 29.99m$）、高灌木篱（$H=4 \sim 5.99m$）、矮灌木篱（$H=1 \sim 3.99m$）、多年生草本篱（$H=0.6 \sim 0.99m$）、草本（$H < 0.6m$）；另一种是丹麦生态学者拉乌克尔（Raunkiaer）提出的"二级分类法"，即高树（$H \geqslant 2m$）、低树（$H=0.25 \sim 1.99m$）。

4.3.2 构景原理

（1）利用植物整形篱带艺术构图，有效组织和防范场地空间。

（2）利用植物整形篱带配置方式，构成绿地景观。

4.3.3 常见设计手法

4.3.3.1 路侧绿篱植配法：指沿着道路两侧布置绿篱的设计类型。在功能上，既可组织交通，又可构成景线。路侧绿篱因修剪而造型，常见设计手法有：水平剪绿篱、弧形剪绿篱、脊形剪绿篱、阶梯剪绿篱、造型剪绿篱、藤蔓篱、编织篱等七种。

A. 水平剪绿篱：指顶部修剪成水平状的整形绿篱。特点：规则整齐、线形景观突出、易于施工。剪口按高度划分为：高绿篱（$H=1.2 \sim 1.59m$）、中绿篱（$H=0.5 \sim 1.19m$）、矮绿篱（$H < 0.5m$）等三种。两侧修剪控宽为 $\geqslant 0.6m$（图4-20）。技术要点：采用竹木（标）尺确定剪口高度→台刈（或电剪）粗剪顶部→台刈粗剪两侧面→手剪细部修理成形。常见树种有：侧柏、红檵木、大叶黄杨、珊瑚、水蜡、毛叶丁香、蚊母、佛顶珠桂花、女贞、金叶女贞、六月雪、栀子、豆瓣黄杨、雀舌黄杨、瓜子黄杨、锦熟黄杨、十大功劳等。

B. 弧形剪绿篱：指顶部修剪成呈圆弧形的整形绿篱。特点：规则整齐、装饰性强、施工难度较大。常用于高绿篱（$H=1.2 \sim 1.59m$）、中绿篱（$H=0.5 \sim 1.19m$）之中。两侧修剪控宽为 $\geqslant 0.6m$（图4-21）。技术要点：采用竹木（标）尺确定剪口高度→台刈（或电剪）粗平剪顶部→手剪细部修理成半圆（弧）形→台刈粗剪两侧面→成形。常见品种：侧柏、红檵木、大叶黄杨、榔榆、毛叶丁香、女贞、金叶女贞、六月雪等。

C. 脊形剪绿篱：指顶平、内直、外斜状的整形（或编织）绿篱。特点：规则整齐、装饰性强、施工难度大。常用于挡墙外侧树篱（$H \geqslant 1.6m$）、高绿篱（$H=1.2 \sim 1.59m$）等造景。两侧修剪控宽为 $\geqslant 1.2m$（图4-22）。技术要点：采用竹木（标）尺确定剪口总高度→台刈（或电剪）粗平剪顶部→利用斜率样板台刈粗剪两侧面→手剪细部修理成形（注：若为编织脊形篱时，则先按图样制作竹木"脊形"构架，再将藤蔓植物栽植外沿并向上牵引绑扎成形）。常见品种：侧柏、大叶黄杨、榔榆、毛叶丁香、珊瑚等。

D. 阶梯剪绿篱：指顶部修剪成阶梯状的整形绿篱。特点：规则整齐、韵律感强、施工难度较大。剪口阶梯高度因场景设计条件分为高绿篱

图4-20 （左）
图4-21 （右）

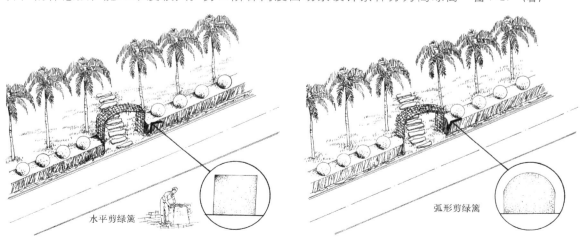

水平剪绿篱　　　　　　　　　　　　弧形剪绿篱

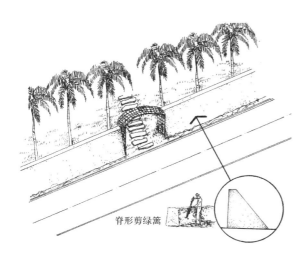

脊形剪绿篱

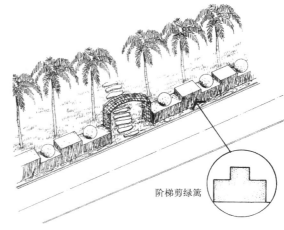

阶梯剪绿篱

（H=1.2～1.59m）、中绿篱（H=0.5～1.19m）两种。阶梯高度与两侧修剪控宽为≥0.6m或按控高协调确定（图4-23）。技术要点：采用竹木（标）尺定剪口高度→台刈（或电剪）粗平剪顶部→手剪细部修理顶部成形→台刈粗剪阶梯侧面→成形。常见品种：侧柏、红檵木、大叶黄杨、珊瑚、水蜡、毛叶丁香、女贞、金叶女贞、六月雪、十大功劳等。

E. 造型剪绿篱：指临摹动植物造型剪的绿篱，是一种特殊复合体。英国称为剪形术（Topiary）。特点：装饰性强、环境主题突出、施工难度大。常用于装饰性强的规则式园林路侧（图4-24）。技术要点：第一步，先确定动植物剪形饰品基本造型→按图样分别采用电剪（或台刈剪）、手剪动（植）物成形（或钢网直接临摹造型→配置藤蔓植物经过蟠扎成形；第二步，按传统水平剪（或阶梯剪）绿篱技术方式与之复合。常见品种：侧柏、大叶黄杨、小叶女贞、六月雪等。

F. 藤蔓篱：指爬蔓于花架上的藤本篱带。特点：立体装饰性强、软硬质景观相映成趣、藤蔓植物造景。常用于公共绿地、建筑物以及广场路侧（图4-25）。技术要点：第一步，修建花架（如单排柱花架、双排柱花架）；第二步，配置藤蔓植物。常见藤蔓品种：九重葛、紫藤、葡萄等。

图4-22 （左）
图4-23 （右）

图4-24 （左）
图4-25 （右）

造型剪绿篱

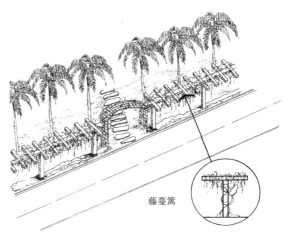

藤蔓篱

G.编织篱：指顺沿路侧编网而成的植物篱带。特点：立体装饰性强、植物编网造景、施工难度较大。常用于城市路景、景观大道或结合广告牌设置（图4-26）。技术要点：等距离列植枝干柔软植物（如植物、九重葛等）→拉横杆（或绳）→蟠（绑）扎成形。常见品种：紫薇、九重葛、海棠等。

H.植配注意事项

（A）绿篱景观须修剪及时，以保持其相对稳定的篱带造型；

（B）路侧篱带以密植为宜。

4.3.3.2 功能植配法

经控高、控宽整形后的绿篱，其似隔非隔的软质景观特征，在绿地空间组织、防范、柔和、过渡等方面功能强大。常见设计手法有：建筑基础配置、挡墙基础配置、隔离带配置、背景配置等四种。

A.建筑基础配置：建筑物无论造型如何，均因体量、材料、尺度、光影以及热辐射等，给人一种"生硬"和"距离"感。在使用时，人们普遍渴望植物绿色能点缀其中，缓冲因视觉疲劳而造成的不舒服感。绿篱用于建筑基础栽植具有三大优点：①带状绿篱自然柔和基础横向线条；②绿篱配置线形及方式，能巧妙地在观赏者前方设置了一段自然过渡区，使建筑"露"者含蓄，"藏"者拾趣；③绿篱与花带可控的高低造型，衬托了建筑物主体（图4-27）。常用品种有：桃叶珊瑚、佛顶珠桂花、榔榆、六月雪、小叶女贞、侧柏、榆叶梅、毛叶丁香、蚊母、十大功劳等。

B.挡墙基础配置：室外工程中的所有挡墙、护坡等，均可采用树篱（$H \geqslant 1.6m$）、高绿篱（$H=1.2 \sim 1.59m$）、中绿篱（$H=0.5 \sim 1.19m$）等基础配置方式，柔和生硬线条，构建带状景观。一般来说，挡墙高度不小于6m时，宜选择树篱（$H \geqslant 1.6m$）；3～6m时，宜选择高绿篱（$H=1.2 \sim 1.59m$）；不大于3m时，宜选择中绿篱（$H=0.5 \sim 1.19m$）。总之，绿篱控高须与挡墙高度在观赏视线比例上相匹配。常用品种有：桃叶珊瑚、佛顶珠桂花、红檵木、六月雪、小叶女贞、侧柏、榆叶梅、红叶小檗、红瑞木、榔榆、蚊母、毛叶丁香、

图4-26 （左）

图4-27 绿篱柔和建筑基础功能示意图（右）

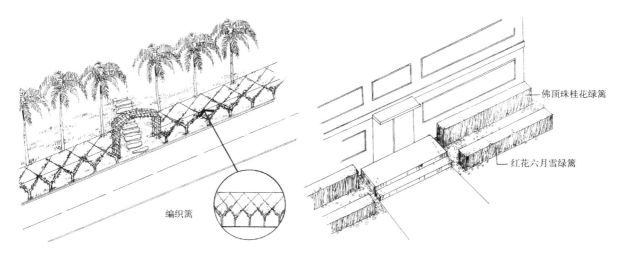

编织篱

佛顶珠桂花绿篱

红花六月雪绿篱

金叶女贞、十大功劳、南天竹、红叶石楠、棕竹、榔榆、园林蒲葵等（图4—28）。

C. 隔离带配置：指用于道路及广场等地的隔离带整形绿篱。在功能上，既可有效组织交通，又可构成"点状"或"绿线景观"。绿篱造型因其位置不同而造型多变。如道路板块或广场隔离带多采用"水平剪"造型（参见4.2.3.2道路板带植配法）；梯道隔离带采用顺坡"脊形剪"造型，如武汉大学医学院侧柏整形绿篱或"阶梯剪"造型等。绿篱控宽可不受限制。常用品种有：桃叶珊瑚、佛顶珠桂花、红檵木、六月雪、小叶女贞、侧柏、红叶小檗、红瑞木、榔榆、蚊母、十大功劳、南天竹、四季栀子等。

D. 背景配置：景观设计师为了烘托小品造景需求，常于草坪中的小品背景处设置绿篱或色叶篱带，构成景观。当小品造型及色彩过于复杂时，背景绿篱适当后置，在两者之间留出一些草坪绿色来调和彼此关系，如太原长风文化广场小品背景植；当小品造型或色彩均较为简单时，则背景绿篱可适当前移靠紧设置，通过绿篱造型来烘托小品造型。常用品种有：桃叶珊瑚、佛顶珠桂花、红檵木、六月雪、小叶女贞、侧柏、红叶小檗、红瑞木、榔榆、蚊母、十大功劳、南天竹、园林蒲葵等。

E. 植配注意事项

（A）绿篱功能配置的主题宜清晰，形式宜优美；

（B）为了强调绿篱配置功能，其密度必须提高。即密度覆盖、栽植后无缺、露、洞、败等不良现象发生。

4.3.3.3 篱坛植配法

篱坛，指整形绿篱覆盖于整个花坛的设计类型。于1595年由法国人克洛德·莫莱（Claude Mollet，1563～1650年）首创（参见4.4.3.2刺绣式花坛）。因面积小、主题明确、独立性强、规则式、绿篱配色、浮雕感强、方向感强等特点，常位于广场以及道路端景或"节点"处。常见设计手法有：阶梯式、渐变式、字纹式等三种。

A. 阶梯式：又称为规则式篱坛。指围绕设计轴线视线组织关系，采取"前低后高"的植物色块配置方式。当主题位居轴线端部时，植配阶梯层次纵深加大，观赏面阶梯层次自然增加，整体景观表现出：丰富多彩，有序复杂（图4—29）；当主题居于篱坛中央时，因观赏面前移和空间紧缩，使得植配阶梯层次自然减少，整体景观表现出：简约构图，有序阶梯。总之，说明篱坛植配阶梯层次与主题距前方坛缘的距离（D值）有关。

图4—28　挡墙基础栽植绿篱示意图（上）

图4—29　（下）

佛顶珠桂花篱带

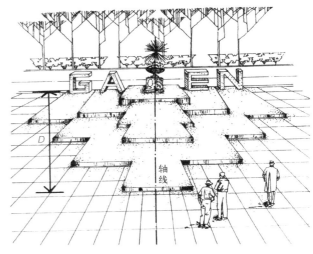

轴线

B．渐变式：又称为自然式篱坛。指
篱坛中植物浮雕曲线，围绕着坛内某一
点呈渐变式构图的类型。在表现形式上，
常利用"图形渐变"的方向性构成城市
交通岛导向景观。如重庆上清寺街心绿
坛。而利用"彩球"移出的设计方式，
强化浮雕艺术感染力（图4-30）。常见
彩球植物有：金叶女贞球（金黄色）、
红檵木（紫红色）、红叶石楠（红色）、
海桐球（绿色）、杜鹃球（绿色）、红叶
小檗（紫红色）、蚊母球（绿色）、棕竹
球（绿色）等。

C．字纹式：指采用绿篱配置成汉
字的篱坛设计类型。常用于主入口和主
题绿地中，用以刻画主题内容。如武汉
黄鹤楼"千禧年"篱坛。

D．回纹式：指利用绿篱配置成回纹
形态的篱坛设计类型。常用于装饰性强
的公共绿地中。如武汉汉口湿地公园回
纹篱坛（图4-31）。

E．植配注意事项

（A）篱坛边缘处理对于整个构图至
关重要，应做到饱满、清晰和干净；

（B）阶梯式构图浮雕篱坛应设置主
题，且位置宜在轴线上；

（C）渐变式篱坛动态曲线应"有头
有尾"，首尾自然衔接。

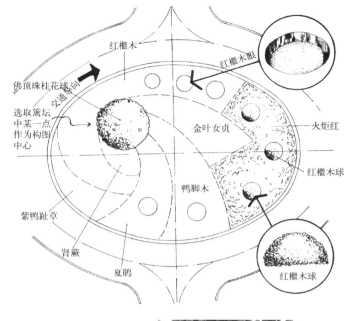

图4-30　（上）
图4-31　（下）

4.3.3.4　篱坪植配法

随着草坪维护成本的不断提高，一些观赏面重要且难以栽培管理的绿地
（如陡坡、主入口、游步道、坐憩点等）开始采用植物篱带整体覆盖的方式进
行造景。篱坪，顾名思义，指以绿篱替代草坪进行全面覆盖绿地的配置方式。
特点：随坡就势、覆盖性强、整齐划一、控高成形造景。如重庆鸿恩寺公园篱
坪。常见设计手法有：阵列式、飘带式、云片式、相嵌式等四种。

A．阵列式：指顺沿游步道两侧呈阵列状的篱坪设计类型。通过篱坪修剪"控
高整形、叶色搭配"等构成景观。特点：①篱坪阵列长轴平行于等高线；②相
邻两阵列之间不留缝隙（图4-32）。

B．飘带式：指顺坡呈飘带状的篱坪设计类型。通过篱坪修剪"控高整形、
叶色搭配"等构成景观。特点：①篱坪飘带为自然式动态平面构图，其长轴略

平行于等高线；②相邻两阵列之间不留缝隙；③游步道两侧或通带配色，或错带配色，或波纹配色皆可（图4-33）。

C. 云片状式：指顺坡呈云片状的篱坪设计类型。通过篱坪修剪"控高整形、叶色搭配"等构成景观。特点：①篱坪云片自然层叠；②相邻两阵列之间不留缝隙（图4-34）。

D. 相嵌式：指顺坡呈自然相嵌状的篱坪设计类型。通过篱坪修剪"控高整形、叶色搭配"等构成景观。特点：①篱坪或色叶自然相嵌（如红檵木中相嵌金叶女贞）、株形自然相嵌（如春鹃中相嵌肾蕨）、叶形自然相嵌（如鸭脚木中相嵌红檵木）；②相邻两阵列之间不留缝隙。

E. 植配注意事项

（A）所有篱坪剪口高度均应控制在0.8m以内，且整齐划一；

（B）为了植物组景需要，可在篱坪中适当散配其他乔木，但不得有碍篱坪景观。

4.3.3.5 绿篱迷宫植配法

绿篱迷宫，又称迷阵式绿篱。它与篱坛不同之处，在于人们可以随意进出和玩趣。其做法源于公元5世纪的意大利"罗马园魔"。"到5世纪时，罗马帝国造园达到极盛时期，据当时记载罗马附近有大小园庭宅第1780所。《林泉杂记》（考米拉著）曾记述公元前40年罗马园魔的概况，发展到400年后，更达到兴盛的顶峰。罗马的山庄或园庭都是很规整的，如图案式的花坛，修饰成形的树木，更有迷阵式绿篱，绿地装饰已有很大的发展，园中水池更为普遍。[29]"景观设计师利用整形绿篱"似隔非隔、线形可控、构图轻快、赋予玩趣"的艺术布局特点，或成形，或成带，或成图，构成游戏迷宫。如重庆园博园桃叶珊瑚篱带迷宫。常见设计手法有：字纹式、回文式、万字式等三种。

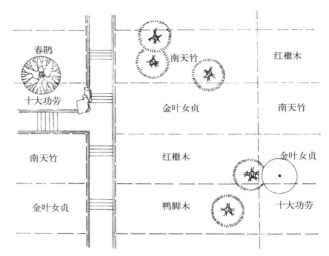

图4-32

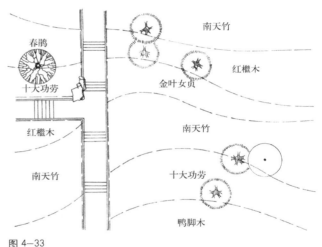

图4-33

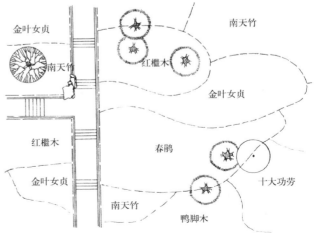

图4-34

A．字纹式：景观设计师受汉字"描红"启发，通过绿篱勾勒字形，构成迷宫。繁体字因笔画多、结构合理、宜成字形、布局玩趣寓等，而成为字纹式植物迷宫首选。其中以大篆体、小篆体、琥珀体、黑体、微软雅黑体、青鸟华光综艺体、经典细空艺体、楷体等最为常用。一般字纹控高不大于1.2m，控宽0.5～1.2m。字里行间设置砖、瓦、卵石、雨花石、青石板以及混凝土透气砖等艺术铺地通道。坐憩点巧妙穿插其中。字纹式迷宫进出口位置视环境交通状况而定。汉字内容选择，根据具体场景、功能以及文化背景需求等进行甄选。常见汉字有：龍（龙，图4-35）、閣（阁）、寶（宝）、筆（笔）、禪（禅）、壽（寿）、麗（丽）、當（当）、禱（祷）、惠（德）、關（关）、畫（画）、車（车）、園（园）、莊（庄）、樂（乐）等。

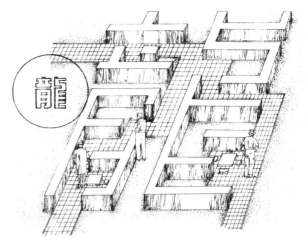

图4-35　字纹式绿篱迷宫示意图

B．回纹式：围绕场地呈环状逐层引领的回纹式迷宫，具有一定的向心属性和构图规律性。通过篱带控高（不大于1.0m）和控宽（0.5～1.2m）以及"收－张－开－合"的艺术布局方式，构成迷宫空间趣味性（图4-36）。

C．万字式：万字，即天空银河系中呈右旋规律状排列的闪烁行星群。景观设计师以其为设计背景，通过篱带控高（≤1.2m）和控宽（0.5～1.2m）等，构成玩趣性植物迷宫。因篱带布局随意、高低组合、转角阔宽、坐憩方便等，而应用广泛（图4-37）。

图4-36　万字式绿篱迷宫示意图

D．植配注意事项

（A）同一座迷宫的绿篱使用品种应统一；

（B）尽量选用慢生树种，少用速生树种。

4.3.3.6　刺篱植配法

对于一些防范性绿地（包括：苗圃、园地、工地、保护区等），常通过设置一些具有枝刺、皮刺或革质硬叶刺的植物品种进行设防。常见枝刺树种有：野山楂（*Crataegus cuneata* Sieb.et Zucc.）、火棘（*Pyracantha*

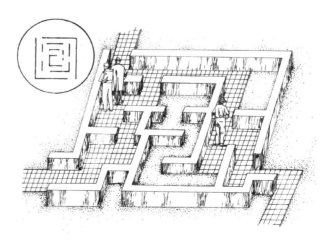

图4-37　回纹式绿篱迷宫示意图

fortuneana）、楼木石楠（*Photinia davidisoniae* Rehd.et Wils.）、贴梗海棠（*Chaenomeles speciosa* (Sweet) Nakai）、皂荚（*Gleditsia sinensis* Lam.）、云南皂荚（*Gleditsia delavayi* Franch.）、刺榆（*Hemiptelea davidli* (Hance) Llanch.）、枳壳（*Fructus Citri Aurantii* Amarae）、海南榄仁（*Terminalia hainanensis* Exell）、硬核（*Scleropyrum wallichianum* (Wight et Arn.) Arn.）、文竹（*Asaraqus plumosus*）、中国沙棘（*Hippophae rhamnoides* L.subsp.sinensis Rousi）、胡颓子（*Elaeagnus pungens* Thunb.）、宜昌胡颓子（*Elaeagnus henryi* Warb.）、枳（*Poncirus trifoliate* (L.) Raf.）、蠔猪刺（*Berberis julianiae* Schneid.）、箣竹（*Bambusa blumeana* Schult.）、虎刺梅（*Euphorbia splendens*）、九重葛（*Bougaimillea glabra*）、黎檬（*Citrys limonica* Osb.）等；皮刺树种有：多花蔷薇（*Rosa multiflora* Thunb.）、金樱子（*R.laevigata* Michx.）、月季（*Rosa chinensis* Jacq.）、刺梨（*Rosa roxburghii* Tratt.）、高粱泡（*Rubus lambertianus* Ser.）、刺桐（*Erythrina orientalis* (L.) Murr.）、刺楸（*Kalopanax pictus* (Thunb.) Nakai）、刺五加（*Acanthopanax senticosus* (Rupr.et Maxim.) Harms）、刺葡萄（*Vitis davidii* (Roman.) Foex.）、花椒（*Zanthoxylum bungeanum* Maxim.）、两面针（*Zanthoxylum nitidum* (Roxb.) DC.）、鱼骨木（*Canthium dicoccum* (Gaertn.) Teysm.et Binnendijk）等；革质硬叶刺树种有：枸骨（*Ilex conuta* Lindl.）、十大功劳（*Mahonia fortunei* (Lindl.) Fedde）、刺葵（*Phoenix hanceana* Maud.）、龟甲刺桂（var.*subangulatus* Makino）等。常见设计手法有：高刺篱环植法、矮刺篱环植法等两种。

A. 高刺篱环植法：常用于园林苗圃、保护区等防护篱。栽植高度及厚度视保护内容与级别要求而定。一般来说，保护区防护刺篱（乔木或灌木）不得低于三行（注：行距≤1.5m，株距≤1.0m），必要时，还需在篱带外侧增设一些较低矮的灌木刺篱作为补充防范；园林苗圃刺篱可直接采取扦插刺桐的办法进行设置。扦插株距不大于25cm，刺桐篱控制高度不大于3.0m。刺桐，蝶形花科刺桐属落叶乔木，生长力十分旺盛，特别适于栽植防范刺篱。

B. 矮刺篱环植法：常用于园林苗圃、园地、工地或保护区等灌木型防护篱设置。通过密植的方式配置带刺小乔木或灌木。矮刺篱分为两种：一种整形矮刺篱，其修剪控制高度及厚度因品种而异，如海南省三亚南山寺九重葛整形刺篱控高0.8m，控宽1.2m；另一种为实生苗矮刺篱，如枳壳实生苗刺篱通过密植，防范性能相当好，俗称雀不占。

C. 植配注意事项

（A）刺篱因其安全性应尽量少用于公共绿地中，以避免不必要的事故；

（B）刺篱可结合花架、景墙等共同设施防范（图4-38）。

图4-38

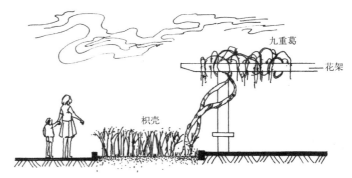

刺篱可结合花架、景墙等防范设施配置，
使其巧妙融入其中，既为景观，亦其功能

4.3.3.7　绿墙（柱）植配法

绿墙（Wall of Green），又称为垂直花园。即垂直悬挂式的植物生态墙体。源于21世纪法国园林，是当代欧洲城市景观设计手法之一。"2001年，帕特里克·布兰克（Patrick Blanc）在巴黎Andre Putman的Pershing Hall酒店内部设计了第一个垂直花园……最终，绿墙在景观设计师眼中仿佛是普通景观的90～100℃的垂直调换：从平铺的地毯变成垂直的挂毯。[33]"此法须按照设计图案进行艺术配置。常见设计手法有：PVC毛毡插袋法、玻璃纤维网格法、钢网插花钵法、阶梯植绿法、构架外裹法、壁柜半嵌植绿法、种子柱植绿法等。

A.PVC毛毡插袋法：由法国景观设计师帕特里·布兰克（Patrick Blanc）首创，被誉为是"独创的艺术作品"。"在经久耐用的PVC、金属和不可降解的毛毡框架上运用无土栽培技术种植绿色植物。内置式水泵灌溉系统可以保证这些植物生长多年而无缺水之忧。墙体设计运用了1cm厚的PVC板材和毛毡。用'U'形钉将毛毡固定在PVC板材上之后，将绿色植物插入毛毡做成的袋子中，然后再用'U'形钉牢牢地将绿色植物固定在板材上"[33]。如法国Pershing Hall酒店外墙垂直绿化。另外，还有先采用毛毡紧缚在墙体上，然后再用高强PVC板材固定。常见植物品种有：槲蕨（*Drynaria fortunei* j.）、扁豆、常春藤、爬根草、翠云草、苔藓、虎耳草、吊兰、文竹、万年青（*Rohdea japonica* Roth.et Kunth.）、蟹爪兰、令箭荷花、鸟萝、牵牛花、仙客来、含羞草、紫茉莉、半枝莲、一串红、报春花、天竺葵、四季海棠、吊钟海棠、康乃馨、紫罗兰、花毛茛、芍药、百合、玉簪、朱顶红、晚香玉等（图4-39）。

B.玻璃纤维（钢）网格法：于建筑外墙体设置玻璃纤维（钢）网格，然后配置藤蔓植物。此法类似于花格架方法，在欧洲还有一种在"内幕墙"外设置绿化网格，称之为"双层植被立面"景观。如由智利Enrique Browne Borja Huidobro设计的Consorcio公司圣地亚哥大厦外墙垂直绿化。常见植物品种有：紫藤、九重葛、多花蔷薇、油麻藤、花叶常春藤等（图4-40）。

C.钢网插花钵法：类似于立体花柱做法。将钢网固定在外墙上，然后插入地被植物（参见4.4.4.9彩柱花坛）。

D.阶梯植绿法：类似于挡墙花坛绿地做法（参见3.10.3.7山地挡土墙植配法）。此法流行于日本、韩国和欧洲等国。如由Emilio Ambasz and Associates.Inc.设计的日本Acros福冈大厦外墙垂直绿化（图4-41）。

图4-39　（左）
图4-40　（中）
图4-41　（右）

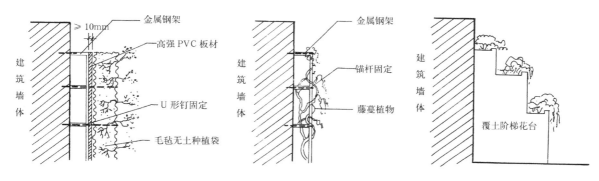

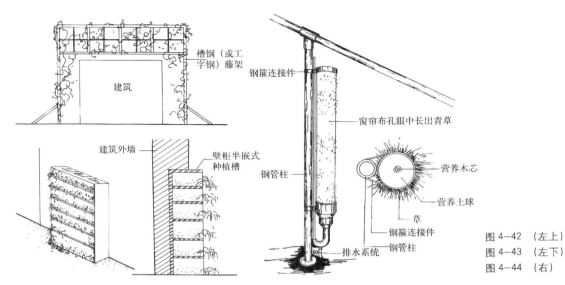

槽钢（或工字钢）藤架
建筑
钢箍连接件
建筑外墙
壁柜半嵌式种植槽
窗帘布孔眼中长出青草
钢管柱
营养木芯
营养土球
草
钢箍连接件
排水系统
钢管柱

图 4—42 （左上）
图 4—43 （左下）
图 4—44 （右）

E. 构架外裹法：又称为"都市花棚"（Urban Arbour）。采用建筑物外全部构架外裹的办法进行藤蔓绿化，具有建筑隐蔽性。此法流行于欧洲各国。如由Planergeminschaft MFO—Park burckhardtpartner,raderschallpartnerag 设计的瑞士苏黎世 MFO 公园大厅外墙垂直绿化。常见植物品种有：紫藤、九重葛、多花蔷薇、油麻藤、花叶常春藤等（图 4—42）。

F. 壁柜半嵌植绿法：结合建筑外墙装饰设置半嵌式垂直绿墙。此法流行于欧洲各国。如由 Husler and Associes architects paysagistes 设计的瑞士洛桑Edipresse 大楼外墙垂直绿化。常见植物品种有：蕨类、菖蒲、火炬花、凤梨科、沿阶草、灯芯草、景天科等植物（图 4—43）。

G. 种子柱植绿法：面对钢结构建筑越来越多的外露钢架，由美国设计师研发了一种"种子柱"的垂直绿花设计方法。即将有花边的窗帘布包裹成一根直径 15 ～ 20cm 的"内置种植土＋草种"的圆柱。然后，平行于钢结构立柱进行景观遮挡性布置。此法流行于美国。如由美国 Michele Brody 设计的纽约城（图 4—44）。

H. 植配注意事项

（A）绿墙（柱）必须根据建筑造型、风格以及装饰面要求等，进行外挂件植物配置设计。

（B）外挂件必须注意安全可靠。

4.4 花坛植

4.4.1 定义

花坛（Flower Bed），指在一定几何形状的植床内，以明快对比、烘托协调的华丽纹样以及装饰图案等手法，集中展示地被、花灌木或草本的绿地总称。公元 5 世纪，强大的罗马贵族在征服了意大利东海岸后，以庞贝城为中心建造了罗马帝国。皇家受古西亚和古希腊传统文化的影响,在宫廷中大量运用花卉,布置花坛, 修建了 "罗马园魔"。"罗马的山庄或园庭都是很规整的, 如图案式的花坛, 修饰成形的树木……" [29]。到了 15 ~ 17 世纪, 随着意大利罗马帝国的不断外侵、罗马巴洛克式 (Barque) 造园以及文艺复兴思潮的影响, 促使花坛向 "对称式、几何式、图案式、纹样式、刺绣式、浪漫式" 方向发展, 并形成了欧洲独特的规则式造园风格。如由圣高罗和拉菲尔为红衣教主邱里渥设计的别墅 "对称式花坛";西班牙红堡园的 "图案式花坛";由被法国尊称为 "王之园师, 园师之王" 的勒偌特尔 (Andrele Notre, 1613 ~ 1700 年) 为法王路易十四建造的巴黎凡尔赛宫苑 "几何式花坛";由勒偌特尔为法国尼福奎 (Nicolas Fouquet) 建造的沃·勒·维贡府邸庄园 (又称为沃园, Vaux—le—Vicomte) "刺绣式花坛" 以及法国亨利四世王后玛丽 (Marie de Medici, 意大利佛罗伦萨人) 在定居法国十多年后, 为思乡之情要求建筑师布劳斯 (Solomon de Brosse) 于 1573 ~ 1642 年期间仿造意大利佩梯宫建造的卢森堡宫花园 (Luxambourg) "刺绣式花坛";英国大主教伍勒赛 (Thomas Wolsey, 1475 ~ 1530 年) 于 1515 年在伦敦建造的私家花园并在 10 年后奉献给了英王亨利八世的汉普敦宫(Hampton Court palace) "纹样式花坛" 等, 不胜枚举。到目前为止, 花坛类型已经发展到了 20 余种之多。如独立式花坛、组合式花坛、英国式花坛、分区式花坛、柑橘式花坛、水花坛、单面观赏花坛、双面观赏花坛、三面观赏花坛、模纹式花坛、镶嵌式花坛、毛毡式花坛、彩结式花坛、浮雕式花坛、主题式花坛、字纹式花坛、象征式花坛、景物式花坛、刺绣式花坛、肖像式花坛、饰物式花坛、彩柱花坛、时钟式花坛、日历式花坛、饰瓶式花坛、小品式花坛、花丛式花坛、盛花式花坛、立体花坛, 如 2013 年 7 月加拿大蒙特利尔国际立体花坛设计大赛等。花坛设计形式, 在欧洲普遍被誉为 "是将人类与植物联系在一起的最好方法"。

4.4.2 构景原理

(1) 通过花坛植配设计, 标识花坛 "空间流" 运动方向, 从而获得动态美构图效果。

(2) 以花为圄, 绘之心源。通过时令花卉集中艺术布置, 彰显主题设计理念。

(3) 通过场景装饰性配置, 获得花卉造型美艺术效果。

4.4.3 设计原理

A. 单色花应用

(A) 花色温度感配置:我国花坛传统配花, 常以暖色系为主, 表现 "温暖、喜悦、欢快、奔放" 的心理活动。欧式花坛传统配花, 常以冷色系为主, 表现 "浪漫、凝思、收缩、低调" 的心理活动。我国花坛常用花卉品种有:矮牵牛 (红)、百日草 (玫瑰红)、半枝莲 (粉红)、金盏菊 (金黄)、雏菊 (粉红)、翠菊 (粉红)、非洲菊 (金黄)、凤仙花 (红)、旱金莲 (红)、黑心菊 (黄)、鸡冠花 (红)、金鸡菊（橙）、金鱼草（粉）、孔雀草（金黄）、蟛蜞菊、蒲包花（金黄）、千日红（粉红）、三色堇（黄）、万寿菊（金黄）、向日葵（金黄）、小丽花（玫瑰红）、大丽花（粉红）、一串红（红）、虞美人（红）、月见草（淡黄）、金光菊（粉）、百合（粉）、大岩桐（粉红）、风信子（粉）、美人蕉（红、黄）、仙客来（红）、萱草（金黄）、郁金香（红、黄）、朱顶红（红）、长春花（粉）、刺玫（玫瑰红）、杜鹃（玫瑰红）、非洲芙蓉（红）、月季（红、黄）、彩叶草（枣红）、爆竹花（红）、红粉佳人（粉红）、红掌（粉）、金鱼花（金黄）、丽格海棠（红）等。欧式花坛常用花卉品种有：英国报春花（白、蓝、淡紫、粉、金黄、红等）、波斯菊（白、红、粉、紫等）、福禄考（蓝紫、粉、白）、藿香蓟（蓝紫）、桔梗（紫）、麦秆菊（白）、美女樱（紫）、蜀葵（墨紫）、跳舞草（粉紫）、勿忘我（紫）、水仙（白）、晚香玉（白）、萼距花（粉紫）、狗牙花（白）、九里香（白）、曼陀罗（白）、硬枝老鸦嘴（蓝紫）、非洲紫鸭跖草（紫、白、粉）、矮牵牛（深紫、白、红白相间）、风铃草（白、桃红、兰、紫）、飞燕草（粉、紫、黄、兰、白）、古代稀（粉、紫、红）、旱金莲（黄、红、紫、乳白）、长春花（白、桃红、红、紫、黄）、长寿花（猩红、粉、橙、黄）、凤仙花（粉、白、紫、洒金）、彩叶草（褐、紫、红、黄）、瓜叶菊（白、粉、红、紫、兰）等。

(B) 花色距离感配置：暖色系花卉具有"色扩散"感，配置在花坛中极易形成空间饱和度感。而冷色系花卉则具有"色凝聚"感，配置在花坛中极易形成透视感。

(C) 花色运动感配置：暖色系花卉具有"亲和、靠近"的运动感，配置在花坛中极易形成"向前、向上、热度"的运动感。如文化活动场所、广场等处；而冷色系花卉则具有"向后、收缩、冷静"感，配置在花坛中极易形成清静感。如疗养院、医院等场所。

(D) 花色方向感配置：在灰色调铺地为主的广场花坛中，配置暖色系花卉可以增强场地运动的方向感。而在以绿色地界面为主的（如草坪）花坛中，配置冷色系花卉可以获得场地运动方向感。

(E) 花色面积感配置：利用暖色系花卉热度所产生的面积扩散感特征，配置在花坛中烘托主景。

(F) 花色重力感配置：利用暖色系花卉热度所产生的重力感特征，配置于花坛中衬托小品主景。

(G) 白色花应用。通过白色花卉的底界面配色，可以有效增强场景目标感。如重庆园博园在白花郁金香底界面配置中，增强了蝶形小品的目标感。另外，当花坛冷暖色调对比度太强时，可通过点缀白色花卉的方式调色，趋于缓和与明亮起来。常见白花品种有：珍珠花、矮牵牛等。

B. 对比花色应用

(A) 冷暖色调花坛的对比色应用。指处于色相环中相对应花卉色调的应用。通过花色对比产生心理和视觉互补。如红色－青绿色；黄色－蓝紫色；黄绿色－紫色等。如美人蕉（红）＋大八仙花（蓝）＋桔梗（蓝）；三色堇（紫）＋金盏菊（橙）；蝴蝶豆（青）＋槭叶茑萝（大红）；金盏菊（橙）＋三色堇（紫）等。

（B）冷暖色调花坛的邻补色应用。指处于色相环中相邻花卉色调的应用。通过花卉邻补色应用，产生渐变、协调与浪漫之感。如美人蕉（红）＋美人蕉（黄）；风信子（蓝）＋喇叭水仙（白）等。

（C）冷暖色调花坛的类似色应用。又称渐层色处理。指从一种花色渐变到另一种花色的渐变或过渡应用。常用于大面积纯种中的变种、变形配置。如在金盏菊大型花坛中，可以通过橙色金盏菊与金黄色金盏菊等深浅渐变的混栽，获得景观。常见类似色的花卉品种有：五彩石竹、虞美人、福禄考、凤仙花、蜀葵、金鱼草、杜鹃、半枝莲、郁金香、大丽菊、菊花等。

C. 花坛用苗量计算：

花坛实际用苗量 ＝ 花坛总面积 ×1m^2 所栽植株数 +5% ～ 15% 耗损量。

4.4.4　常见设计手法

4.4.4.1　主题式花坛

指围绕某种主题设计的花坛类型。位于城市中心的公共广场，是开展各项主题活动（包括政治集会、节日庆典、公共娱乐等）的重要场所。为了满足某种主题活动需求，主办方常通过设置主题花坛的方式，烘托气氛。除此之外，在一些特殊场地（包括竞赛场地、舞台、公园、休闲地等），也可通过设置主题花坛的方式，打造文化内涵。常见设计手法有：广场主题式、浪漫主题式、竞赛主题式等三种。

A. 广场主题式：指位于城市广场上的主题式花坛。以主题而立意，以构图而成景。如北京 2005 年国庆节"万众一心"主题花坛。于天安门广场南北中轴线上，设置了一座直径 72m 的"一点三环状"巨大圆形花坛。一点，即在直径 30m 的中央喷池中，围绕着 25m 高单射流主喷泉水柱设置了 20 多种水型变化喷泉，寓意"海纳百川，万众一心"主题。三环状，指由内而外为三层"中国结"平面艺术构图。即包裹于中央喷泉外的第一层，由暖色系植物组成了 16 条 1.5m 高的架空彩带编篱；第二层为冰柱程控喷泉；第三层又是暖色系植物组成的巨型彩带编篱。整座花坛共使用了 50 余万盆花卉。

B. 浪漫主题式：与东方设计风格完全不同的西方主题花坛，则大量采用了冷色调花卉配置技术，创造出"诙谐、幽默、浪漫、戏剧性"。如 2013 年 7 月加拿大蒙特利尔国际立体花坛设计大赛主题词为："要求参赛者设计的作品能够体现人与自然的相互依赖、城市中的自然景观、濒临灭绝的物种或者生态系统等"。在参赛的 25 个国家的 100 余件设计作品中，均大量使用了冷色系花卉品种。如设计主题为"希望的土地"立体花坛最为引人注目（图 4-45，引自中国日报网）。

C. 竞赛主题式：由英国皇家花卉协会主办的一年一度的泰通公园（Tatton）国际花坛设计大赛，都通过不同的视角和设计主题领导着国际花坛设计潮流。如 2005 年荣获"金奖"和"最佳展示奖"的"圣·海伦斯精神的反思"主题花坛通过配置冷色花卉的方式刻画主题。据《中国花卉报》2005 年 9 月 14 日报道："由英国圣·海伦斯委员会设计的'圣·海伦斯精神的反思'……作品用雕塑纪念碑体现工业化城市的过去，利用纪念碑底部延伸出的花径表现出年轻人的梦想。纪念碑用镜面玻璃平台做支撑，表现了反思的主题。整个花坛共用了六种草花。设计清新脱俗、内涵深远"（图 4—46）。

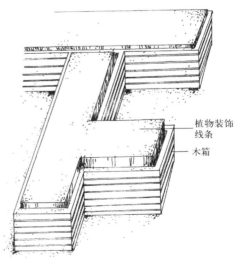

图 4—45

　　D. 植配注意事项

　　（A）花坛主题设计形式多种多样，标题命名宜雅俗共赏；

　　（B）花坛观赏面应以东西向为宜。南面光照太强影响观赏，北面逆光模纹不太清晰；

　　（C）花坛特殊主题纹样（如国徽、地图、象征物等）须按比例认真配置；

　　（D）因受欧洲花坛设计影响，主题花坛中可适当加入绿篱模纹强化造型；

　　（E）主题花坛设计图中的"植配表"，应标注出：中文名、拉丁学名、株高（或控高）、花色、花期、观赏特征、用花量、备注等八个基本信息；

　　（F）主题花坛设计说明：简述花坛主题设计背景、缘由、寓意、基本手法、植物材料要求（如育苗计划、用苗量计算、育苗方法、定植要求、管理要求等）；

　　（G）花坛配置以不露地面或土壤为宜。在计算花卉总用苗量时，须考虑不同品种间的冠幅大小差别。实际用苗量应根据施工及运输条件等，适当增加总用量的 5% ~ 15% 作为耗损量。

　　4.4.4.2　刺绣式花坛

　　指采用整形篱带模拟刺绣精美图案的花坛设计类型。由法国人克洛德·莫莱（Claude Mollet，1563 ~ 1650 年）首创。1595 年克洛德·莫莱在圣日耳曼昂莱建造花园时，采用木箱作为装饰线条进行造型摆放（图 4—47）。

图 4—46 （左）
图 4—47 （右）

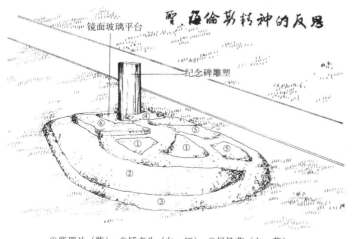

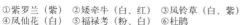

①紫罗兰（紫）　②矮牵牛（白、红）　③风铃草（白、紫）
④凤仙花（白）　⑤福禄考（粉、白）　⑥杜鹃

然后，于箱中布置花卉纹样，构成模纹花坛雏形。使用木箱最大的好处，就是可以随意进行组合。"自从刺绣花坛出现后，木箱的使用、各类沙石的填充等变得十分普遍。"（引自《法国现代园林景观的传承与发展》(Ineritance Development of Modern Landscape Architecture in France)），紧接着，他又将从西班牙布衣纹样中所学到的"刺绣图案"，用草花代替，栽植成花坛，名曰：刺绣花坛。为此，人们尊称克洛德·莫莱为"园饰匠"。后来，克洛德·莫莱又从国王刺绣御匠瓦莱 (Pierre Vallet) 那里领悟到：草花纹样不宜做到精细和持久，绿篱可以弥补这一切。所以，克洛德·莫莱将"刺绣花坛"纹样开始转移到了"黄杨绿篱勾勒刺绣纹样"的做法：在铺满彩色岩岩或沙子的基床上，先采用小叶黄杨绿篱勾勒出刺绣纹样图案，然后再于其中配置草花。1652 年，克洛德·莫莱于所著《Theatre des plans et jardinages》中将此定义为"刺绣花坛"。后来，由法国造园家勒偌特尔 (Andrele Notre，1613 ~ 1700 年) 为沃·勒·维贡特府邸 (Vaux-le-Vicomte) 花园设计的刺绣花坛被公认为是"欧洲贵族中最时髦"、"最美丽"的刺绣花坛样板 (图 4—48)。常见设计手法有：涡形绣眼式、涟漪绣眼式、波浪绣眼式等三种。

A. 涡形绣眼式：使用小叶黄杨作为刺绣模纹，采取临摹"动水漩涡状"的办法进行总体平面艺术构图。通过涡形"卷眼"的方式，形成花坛"主绣眼"和"次绣眼"。其中，"主绣眼"构成模纹骨架；"次绣眼"则陪衬。一般来说，一座刺绣花坛中的"主绣眼"不少于 3 个；"次绣眼"数量不定。"绣眼"植物有：小叶黄杨、地被、花灌木、草花等 (图 4—49)。

B. 涟漪绣眼式：使用小叶黄杨作为刺绣模纹，采取临摹"动水涟漪状"的办法进行总体平面艺术构图。通过涡形"卷眼"方式，形成花坛"主绣眼"和"次绣眼"。其中，"主绣眼"波纹大而明显；"次绣眼"不甚明显。"绣眼"植物有：小叶黄杨、地被、花灌木、草花等 (图 4—50)。

C. 波浪绣眼式：使用小叶黄杨作为刺绣模纹，采取临摹"动水波浪状"的办法进行总体平面艺术构图。通过涡形"卷眼"方式，形成花坛"主绣眼"

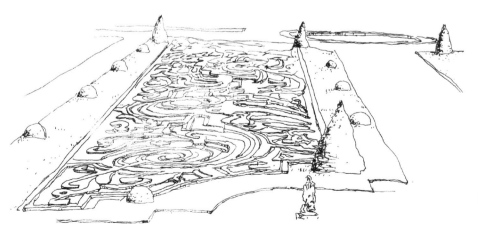

图 4—48　法国沃·勒·维贡特庄园刺绣花坛示意图

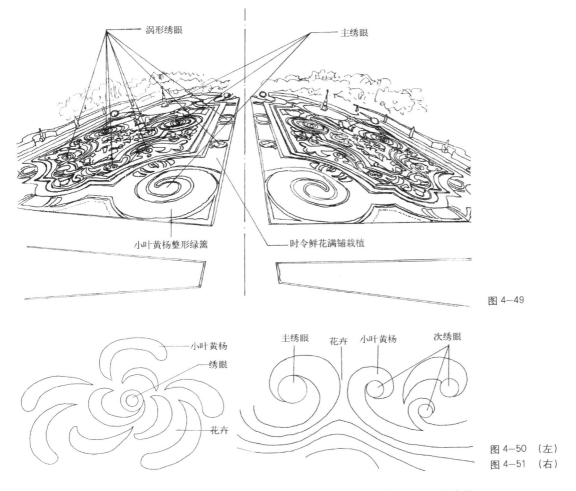

涡形绣眼 主绣眼

小叶黄杨整形绿篱 时令鲜花满铺栽植

图 4—49

小叶黄杨
绣眼
花卉

主绣眼 花卉 小叶黄杨 次绣眼

图 4—50 （左）
图 4—51 （右）

大，"次绣眼"小的特点。"绣眼"植物有：小叶黄杨、地被、花灌木、草花等（图 4—51）。

D. 植配注意事项

（A）花坛整体绣面控高（不大于 0.6m）平服、线迹精致、主次绣眼清晰、富有立体感、模纹之间草花填充；

（B）从动感上，三者区别是：涡形绣眼式"平服、温柔、有序、绣感强"；涟漪绣眼式"水花、跳点、突兀、浮雕感强"；波浪绣眼式"浪花翻卷、绣眼多样"。

4.4.4.3 组合式花坛

由法国造园家勒偌特尔（Andrele Notre）于 17 世纪首创。最初指在开阔草坪中，由涡形篱带图案、花丛、花节等三种简单设计要素所组成的花坛。以后，随着东西方植物造景的快速发展和融合，最终成为一种花坛组合体。如花坛＋喷泉；花坛＋雕塑＋建筑小品；花坛＋石景＋水景；花坛＋树丛。如重庆上清寺街心组合式花坛。常见设计手法有：涡形内旋变式、涡形外旋变式。

A. 涡形内旋变式：指涡形篱带呈内旋变式的花坛设计类型。特点：①围绕着花坛内某一中心区域，涡形篱带向外呈圆弧状不断扩展，规律性较强；②篱

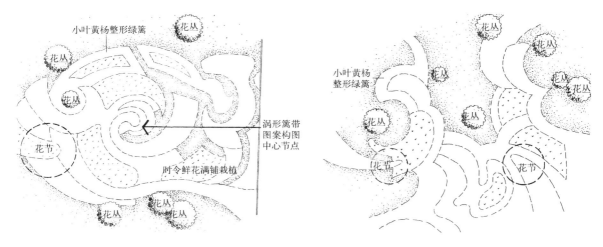

带宽窄不一，修剪控高（0.4～0.8m）；③"花节"自然散落其中；④"花节"随着涡形自然相嵌；⑤喷泉及其小品等与涡形巧妙组合（图4-52）。常见篱带植物有：红檵木篱、红叶小檗篱、红瑞木篱、俏黄栌篱、大吊竹花篱、红粉佳人篱、朱蕉娃娃篱等；黄叶篱有：金叶女贞篱、黄金叶篱、粉黛叶篱、木茼蒿篱等；花叶篱有：银边翠篱、单药花篱、花叶假连翘篱、花叶木薯篱、千年木篱、白网纹草篱、彩叶草篱、地毡海棠篱、银丝草篱、豆瓣绿篱、粉黛叶篱、哈莫草篱、荷包猪笼篱、金边龙舌兰篱、冷水花篱、玫瑰竹芋篱、述兰篱、西瓜皮椒草、艳山姜篱、银苞石海棠篱、竹芋篱等；常见"花丛"植物有：月季、火炬红、美人蕉、报春花、九重葛、仙客来、金鱼草、矮牵牛、百日草、波斯菊、黑心菊、金盏菊、藿香蓟、鸡冠花、桔梗、锦葵、孔雀草、麦秆菊、蒲包花、三色堇、大丽花、秋海棠等；常见"花节"植物有：所有草花。

图4-52 （左）
图4-53 （右）

B. 涡形外旋变式：指涡形篱带呈外旋变式的花坛设计类型。特点：①围绕着花坛内某一中心区域，涡形篱带向内呈圆弧状不断内缩，规律性较强；②篱带宽窄不一，修剪控高（0.4～0.8m）；③"花节"自然散落其中；④"花节"随着涡形自然相嵌；⑤喷泉及其小品等与涡形巧妙组合（图4-53）。常见篱带植物有：红檵木篱、红叶小檗篱、红瑞木篱、俏黄栌篱、大吊竹花篱、红粉佳人篱、朱蕉娃娃篱等；黄叶篱有：金叶女贞篱、黄金叶篱、粉黛叶篱、木茼蒿篱等；花叶篱有：银边翠篱、单药花篱、花叶假连翘篱、花叶木薯篱、千年木篱、白网纹草篱、彩叶草篱、地毡海棠篱、银丝草篱、豆瓣绿篱、粉黛叶篱、哈莫草篱、荷包猪笼篱、金边龙舌兰篱、冷水花篱、玫瑰竹芋篱、述兰篱、西瓜皮椒草、艳山姜篱、银苞石海棠篱、竹芋篱等；常见"花丛"植物有：月季、火炬红、美人蕉、报春花、九重葛、仙客来、金鱼草、矮牵牛、百日草、波斯菊、黑心菊、金盏菊、藿香蓟、鸡冠花、桔梗、锦葵、孔雀草、麦秆菊、蒲包花、三色堇、大丽花、秋海棠等；常见"花节"植物有：所有草花。

C. 植配注意事项

（A）花丛起花坛篱带景观组合的具体调控作用，大小、规格、数量、配置等均可进行设计；

（B）现代组合花坛中的"花丛"可位移在外，独立成球状景观，而原有位置做"眼"。

4.4.4.4　英国式花坛

由法国造园家勒偌特尔（Andrele Notre）于17世纪首创。指草坪游步道边缘控宽花带（不大于3.0m）的设计类型。因战争、历史、地理等原因，英国最初靠外来引种建造花坛。如维多利亚时期（1820～1880年）向中国、意大利、法国、西班牙等国引进了杜鹃、熊耳草（*Ageratum houstonianum*）、金鱼草（*Antirrhnium majus*）、秋海棠、翠菊、矢车菊、日本花柏、大滨菊（*Chtysanthenmum maximum*）、石竹、冬青卫予（*Euonymus japonica*）、伞状屈曲花（*Iberis umbellata*）、凤仙花、万寿菊、异叶铁杉（*Tsuga heterophylla*）、百日草等。其中，原产于中国的杜鹃属英国最宠。英国造园界普遍认为"没有中国的杜鹃花，就没有英国园林"。2005年9月由英国《太阳报》《园艺周刊》、《园林新闻》等多家媒体在盖茨黑德地区索特韦尔公园（Saltwell park）内共同主办的欧洲最佳公园评选活动中，该公园内典型英国式的"纪念花坛"最引人注目（图4-54）。常见设计手法有：牧场环道式、规则环道式等两种。

A. 牧场环道式：由勒偌特尔首创。指配置于牧场游步道边缘的自然式花带。在宽度不大于3m的花带中配置时令花卉或野花。从表面上看，花坛形式不太明显（图4-55）。在花坛配色上，强调冷暖花卉"互补对比"的应用。如冷色调花卉镶边＋暖色调花卉加芯；冷色调花卉勾勒图案＋暖色调花卉点缀；冷色调花卉打底＋暖色调花卉主调。两者因近乎1：1的比例关系，使得暖色调花卉"加芯"效果富有浪漫情调。

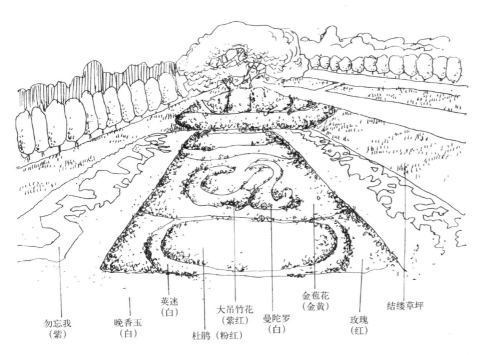

勿忘我（紫）　晚香玉（白）　荚迷（白）　杜鹃（粉红）　大吊竹花（紫红）　曼陀罗（白）　金苞花（金黄）　玫瑰（红）　结缕草坪

图4-54　索特韦尔公园（Saltwell Park）典型现代英国式花坛示意图

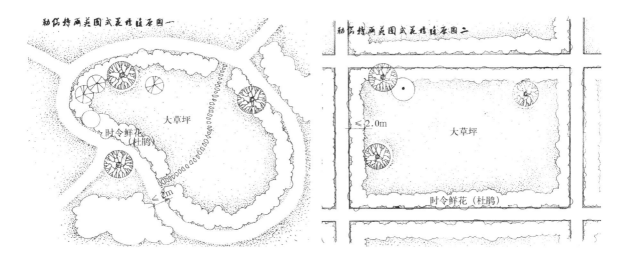

B. 规则环道式：按照欧洲文艺复兴规则式园林设计手法，于游步道两侧的草坪边缘配置宽度不大于 3m 的时令花卉边带（图 4-56）。从表面上看，花坛形式不太明显。

图 4-55　（左）
图 4-56　（右）

C. 植配注意事项

（A）顺沿游步道与草坪之间通长配置花带，虽然体现了英式浪漫情调。但是，花带并不是杂乱无章的；

（B）花带配色以"互补对比"为主。

4.4.4.5　彩结式花坛

结，又称绾结、系结、打结、结扣等。意为带状物体系绾之结。明·何景明在《悼亡》中"裁为双中衣,罗带纷绾结"中的结即为衣衫扣节。常见"绳结"系法有:单套结、八字结、平结、丁香结、鲁班结、圆材结、拖木结、单花结、旋圆双半结、渔人结、吊板结、中国结、绳头反结、舢板结、桅顶结、水手结、缩绳结等 10 余种。

图 4-57　石为结花坛
图示

于草坪中以花为"结"的景观现象，源于法国勒偌特尔设计的沃·勒·维贡特庄园（Vaux-le-Vicomte）中刺绣式花坛。随着东西方园林文化的相互渗透和影响，花坛"彩结"形式朝着"多元化"设计方向发展。常见设计手法有:石为结、水为结、罐为结、台为结、树为结、墙为结等六种。

A. 石为结：自然石块的硬质景观特征，在花带中做"结"时，极易构成"形状百类，浮露于山[5]"的景观。"石"为结的艺术构图形式为"领结状"（图 4-57）。选石标准:名旧孤石，玩夯圆润、卧姿谐趣、纹拙缝奇。常见石材有:黄蜡石、太湖石、

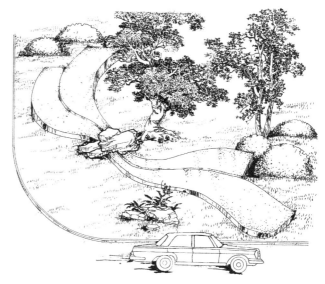

龟纹石、英石、昆山石、宜兴石、龙潭石、青龙石、灵璧石、岘山石、湖口石、散兵石、黄石、旧石、锦川石、江景石等。花卉品种不少于2个，配色讲究：暖色调邻补色的应用。如仙客来（红）+孔雀草（金黄）；大丽花（粉）+大岩桐（红）；美人蕉（红）+美人蕉（黄）；郁金香（红）+郁金香（金黄）；一串红（红）+金苞花（金黄）等。

B.水为结：将卵石小溪引入花坛是近代造园一大特色。"至于驳岸有级，出水留石矶，增人'浮水'之感……使全园处处有'水'可依。园不在大，泉不在广，杜诗所谓'名园依绿水'，不啻为园咏也。以此可悟理水之法"[4]。枕卧花海中的水系软质景观构图，自然而然地成为"结"点。以"结"为点向两侧作自然飘带花卉艺术配置（图4-58）。花卉品种不少于3个，配色讲究：冷、暖色调补色和邻补色的应用。如麦秆菊（白）+火炬红（杂色）+虞美人（红）；万寿菊（金黄）+勿忘我（紫）+天人菊（红心黄边）；三色堇（褐心黄边）+半枝莲（红）+千日红（粉红）等。

C.罐为结：景观设计师常利用草丘顺坡"倒罐流花"，塑造花景。做法：先将红色陶土罐口朝下卧放于草坪中，再自上而下的将几种草花按照设计图案摆放成形。常见艺术构图为"点结状"（图4-59）。花卉品种不少于3个，配色讲究：暖色调补色和邻补色的应用。如万寿菊（金黄）+矮牵牛（紫红）+蜘蛛兰（白）；朱顶红（红）+晚香玉（白）+矮牵牛（紫红）；西洋杜鹃（白）+金花茶（金黄）+龙船花（红）；花叶木薯（相嵌色）+狗牙花（白）+红檵木（红）等。

D.台为结：围绕实木台设置风车状"彩结花坛"，构成景观（图4-60）。花卉品种不少于3个，配色讲究：暖色调补色和邻补色的应用。如一串红（红）+九里香（白）+美人蕉（金黄）；玫瑰（红）+豆瓣绿（浅黄）+红粉佳人（粉）+金鱼花（金黄）；丽格海棠（红）+蟛蜞菊（金黄）+竹芋（花叶）等。

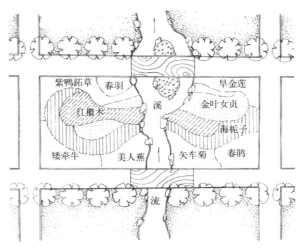

图4-58 水为结花坛图示

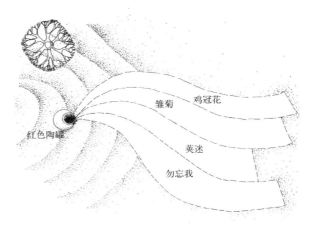

图4-59 罐为结花坛图示

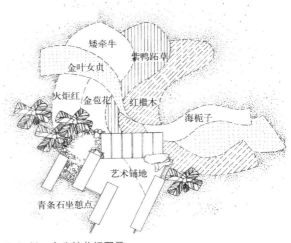

图4-60 台为结花坛图示

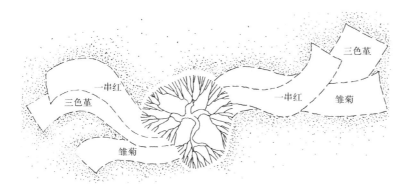

图 4-61　树为结花坛
　　　　图示

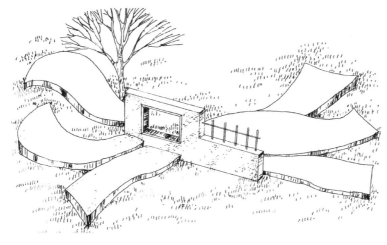

图 4-62

E. 树为结：以树为"结"，构成彩结花坛景观（图 4-61）。花卉品种不少于 3 个，配色讲究：暖色调补色和邻补色的应用。如一串红（红）+ 三色堇（粉红）+ 雏菊（金黄）；石竹（紫红）+ 金苞花（金黄）+ 矮牵牛（粉白）等。

F. 墙为结：以景墙为"结"，构成彩结花坛景观（图 4-62）。花卉品种不少于 3 个，配色讲究：暖色调补色和邻补色的应用。如美人蕉（红）+ 郁金香（粉红）+ 雏菊（金黄）；石竹（紫红）+ 金苞花（金黄）+ 矮牵牛（粉白）等。

G. 植配注意事项

（A）花带"彩结"及边缘处理，应以整洁为度；

（B）彩结形式除了"领结"、"风车结"、"点结"外，还有"并联结"、"凤尾结"等多种；

（C）彩结花坛"多行错窝"的密植度较高（不小于 0.8）。

4.4.4.6　时钟花坛

时钟花坛（Flower Clock），又称花钟、园艺钟、计时花钟、园林花钟等。指利用植物冠幅、叶色、花色等模拟时钟造型的一种花坛设计类型。源于 16 世纪末英国剑桥大学中建校最早（注：建于 1280 年）的彼得豪斯学院（Peterhouse Cambridge）草坪花钟。花钟 12 个罗马数字采用小叶黄杨篱造型而成，指针为紫杉圆木。在每个罗马数字外，还栽植了对应时间开（放）闭（合）的花卉。

17世纪第一座按现代时钟造型的花钟，是诞生于苏格兰爱丁堡（The Towns of Edinburgh）街心花园约4m直径的圆形花钟。钟面12个阿拉伯数字全部采用地栽花卉造型而成。中央有机械传动的空心金属时针、分针和秒针，既逼真又走时准确。到了18世纪，瑞典植物学家林奈（Linnaeus Carolus，1707～1778年）在研究植物生物分类学中发现：一些植物开花或闭合具有一定"波动性"规律。于是，他将46种具有典型波动性的植物分成三组进行细致观察和记录。最终得出的三个结论是：第一组是随着天气变化而开（花）闭（合）的花卉，称为"大气花"；第二组是随着光照长短变化而开（花）闭（合）的花卉，称为"热带花"；第三组是不受昼夜长短的影响而定时开（花）闭（合）的花卉，称为"花钟"。然后，他按照"花钟"开（花）闭（合）的顺序将其摆放于庭院或花园中，组成时钟效果。这些被称为"花钟"的花卉是：3点左右蛇麻花开放；4点左右牵牛花、草地婆罗门参开放（又称为"约翰午休"）；5点左右野蔷薇、蒲公英开放（又称为"牧人钟"）；6点左右斑纹猫耳、龙葵花开放；7点左右非洲金盏菊、芍药、郁金香开放；8点左右莲花、鼠耳紫苑开放；9点多刺苦菜花开放；10点左右半枝莲、乳头状草开放；11点伯利恒之星、大爪草开放（又称为"11点公主"）；12点左右马齿苋、鹅鸟彩、受难花开放；13点左右石竹花闭合；14点深红紫繁缕闭合；15点左右万寿菊开放，小鸢花闭合；16点小旋花闭合；17点左右紫茉莉开放，白荷花闭合；18点左右待宵草、烟草花开放；19点左右月光花、剪秋罗花、丝瓜开放；20点左右夜来香开放；21点左右昙花开放。常见设计手法有：PC式花钟、LC式花钟、欧式浪漫花钟、中式浪漫花钟等四种。

A.PC式花钟：即英国彼得豪斯学院（Peterhouse Cambridge）花钟。简称"PC式花钟"。指临摹时钟造型的花坛设计类型。特点：植床倾斜、配色为主、小品状指针等。形状分为圆形、椭圆形、方形、异形、组合形等五种。其中以圆形为主。如号称"花钟始祖"的瑞士花钟。12个时间数字分为阿拉伯数字、罗马数字、英语大写字母数字、植物球数字、短篱带数字、小品设施数字等5种。

欧洲花钟配色常采用白花色系"底盘"，来衬托红花色系"指针"，通过冷暖色系强对比表现其明亮度、观赏性和戏剧性（图4-63）；而中国花钟或简单色配色，如太极花钟的晚香玉（白花）+勿忘我（兰花）搭配（图4-64）。

B.LC式花钟：即瑞典林奈（Linnaeus，Carolus）花钟。简称"LC式花钟"。指以花卉开（放）闭（合）时间进行顺序编排的花坛设计类型。形状主要为圆形。常位于广场铺地或草坪上。虽然花期不尽统一，但开花或闭合时间却十分有序。特点：植床倾斜、配色为主、小品状指针等（图4-65）。

图4-63 现代英国花钟

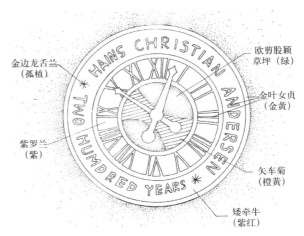

金边龙舌兰（孤植）

紫罗兰（紫）

欧剪股颖草坪（绿）

金叶女贞（金黄）

矢车菊（橙黄）

矮牵牛（紫红）

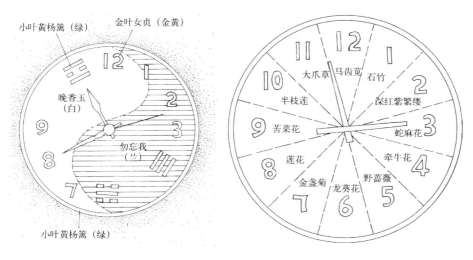

小叶黄杨篱（绿）　金叶女贞（金黄）

晚香玉（白）

勿忘我（兰）

小叶黄杨篱（绿）

大爪草　马齿苋　石竹

半枝莲

深红紫繁缕

苦菜花

蛇麻花

莲花

牵牛花

金盏菊　龙葵花　野蔷薇

图 4-64　中国太极花钟（左）

图 4-65　LC 式花钟（右）

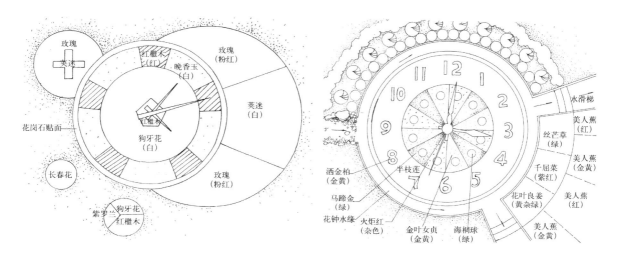

玫瑰

英迷

红檵木（红）

玫瑰（粉红）

晚香玉（白）

花岗石贴面

英迷（白）

红檵木

狗牙花（白）

长春花

玫瑰（粉红）

紫罗兰　狗牙花　红檵木

水滑梯

美人蕉（红）

丝芒草（绿）

千屈菜（紫红）

美人蕉（金黄）

洒金柏（金黄）

马蹄金（绿）

半枝莲

花叶良姜（黄杂绿）

美人蕉（红）

花钟水缘

火炬红（杂色）

金叶女贞（金黄）

海桐球（绿）

美人蕉（金黄）

图 4-66　现代瑞士花钟 1（左）

图 4-67　（右）

　　C. 欧式浪漫花钟：以瑞士为代表的欧式浪漫花钟，除了形态构图朝着"多元化"艺术组合发展外，还在植物配置上更加注重"简约"和"时尚"。至于花钟的斜面与否毫不重要（图 4-66）。

　　D. 中式浪漫花钟：改革开放后的中国，因东西方文化的深度交流而出现了许多形态各异、富有特色的新颖花钟设计。归纳起来有：玩趣式、小品式等两种。

　　（A）玩趣式：利用场景配套规划建造花钟。如将溪流直接引入到花钟圆盘外围，在刻画形态的同时组成特色氛围（图 4-67）。

　　（B）小品式：利用花钟特殊造型组成小品坐憩点。如重庆长寿卡萨时光居住小区花钟设计方案。花钟"3、6、9、12"四个时间数字采用广州市科宝红色陶罐（08C112，D700mm×H750mm）产品进行摆放，用以承接来自于"竹节时针"的滴水。而其他时间数字则采用红檵木球表示。坛缘外围配置兽头吐水和弧形坐凳等（图 4-68）。花钟配花为：半枝莲（杂色）+洒金柏（金黄色）

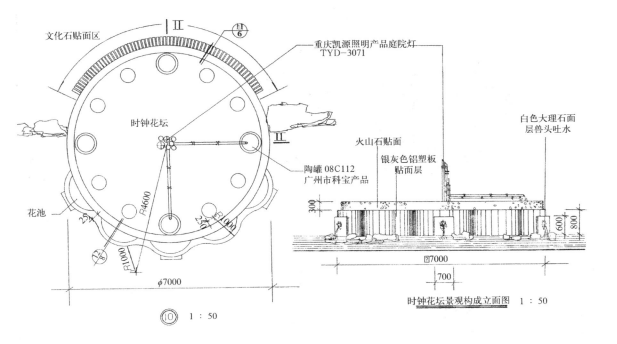

文化石贴面区

时钟花坛

陶罐 08C112
广州市科宝产品

花池

重庆凯源照明产品庭院灯
TYD-3071

火山石贴面

银灰色铝塑板
贴面层

白色大理石面
层兽头吐水

R4600

φ7000

⑩   1 : 50

时钟花坛景观构成立面图   1 : 50

＋马蹄金（绿色）＋金叶女贞（金黄色）＋火炬红（杂色）＋海桐球（绿色）   图 4-68
＋丝芒草（绿色）＋千屈菜（紫红色）＋花叶良姜（黄杂绿色）＋美人蕉（红色、金黄色）。

　　E. 植配注意事项

　　（A）为了全面观赏花钟，钟面倾斜角度为 10°～25°。

　　（B）花钟 12 个时间数字须严格控高和控宽。花钟内所有品种应选择长势慢、耐修剪、观赏期长、耐贫瘠、成形容易、抗性强的品种。

　　4.4.4.7　模纹花坛

　　模纹花坛（Carpet Flower Bed；Carpet Bed；Mosaic Flower Bed），指采用绿篱或花卉按照设计纹样呈几何形配置的花坛设计类型。源于中世纪欧洲的古典模纹花坛，创始人克洛德·莫莱（Claude Mollet，1563～1650 年）在接受了西班牙刺绣花坛做法的同时，也捕捉到了植物整形纹样的其他魅力，如随心所欲地配置花草简洁装饰性图案的″摩尔纹样″和″阿拉伯纹样″等。从做法上看，模纹花坛较刺绣花坛更容易制作一些。所以到了 18 世纪已普及到了英国皇家和贵族府邸的各种花园之中。如苏格兰阿伯丁郡皮特曼丁花园里的模纹花坛。同时期，模纹花坛技术进入法国后，法国人更加爱不释手，推波助澜，几乎达到了顶峰。如法国维兰德里城堡（Chateau de Villandry）就是以″爱″命名的四座精美模纹花坛（图 4-69，悲惨的爱；图 4-70，热烈的爱；图 4-71，温柔的爱；图 4-72，坚贞的爱。图片引自 blog.sina.com.cn/qinyanneler）。特点：主题清晰、勾边构图、花材填芯、中心突出、俯瞰群体美。常见设计手法有：

塞尔式、切割草坪式、巴洛克式、巴拉甘式、毛毡式等五种。

图 4-69 （左上）
图 4-70 （右上）
图 4-71 （左下）
图 4-72 （右下）

　　A. 塞尔式：由法国造园家塞尔（1530～1619年）首创。指建造"俯瞰沉床"办法设置的模纹花坛。于开阔种植区沉床旁设置观景平台，居高俯瞰满足观赏要求（图 4-73）。模纹采用小叶黄杨、欧洲紫杉、桧柏等构图，而图案则采用欧洲常见草花植物。

　　B. 切割草坪式：盛行于英国维多利亚女王时期。指草坪经镂空切割后所构成的模纹花坛。在草坪边缘切割整齐的图案中满植时令花卉。场地周围多配置瓜子黄杨篱进行防范（图 4-74）。

　　C. 巴洛克式：又称为巴洛克艺术（Baroque Art）风格。起源于意大利 17 世纪文艺复兴时期的建筑风格。意为像贝壳一样不规则的曲面奇形怪状。特点：矮绿篱勾边、填充花材、色叶对比、质地对比等。如位于上海延安中路陕西北路口的马勒别墅广场"孔雀开屏"模纹花坛。围绕着圆形构图中心采用了瓜子黄杨、毛鹃、花毛茛等植物配置成"孔雀开屏"状（图 4-75）。

　　D. 巴拉甘式：由 20 世纪墨西哥著名景观建筑师路易斯·巴拉甘（Luis Barragan，1902～1988年）首创。指由动态曲线勾勒花卉图案的模纹花坛。他将墨西哥传统美学与现代艺术相结合，通过景墙与喷泉下的动态曲线花卉模纹图案，共同在水与天空等亮环境的律动对比下，获得独特景观效果。花卉

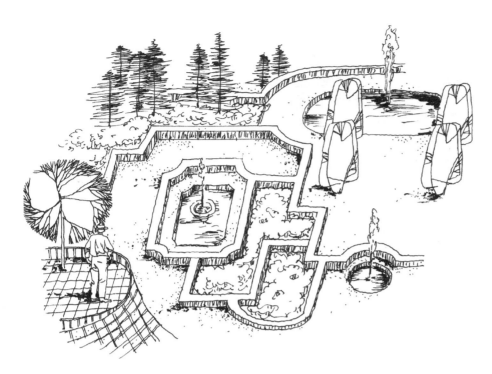

图 4-73 塞尔俯瞰沉床模型示意图

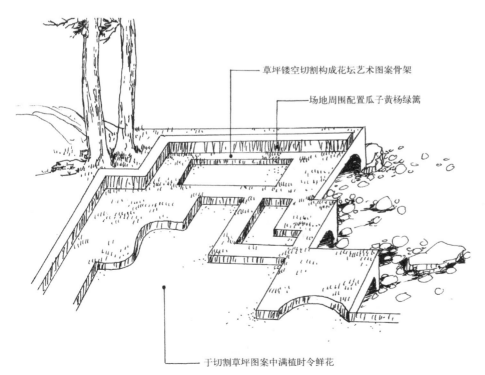

草坪镂空切割构成花坛艺术图案骨架

场地周围配置瓜子黄杨绿篱

于切割草坪图案中满植时令鲜花

图 4-74

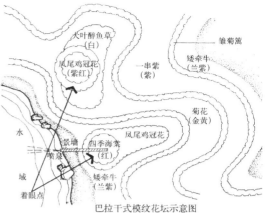

巴拉干式模纹花坛示意图

色彩以强对比（如紫色＋红色＋黄色＋白色等）为主。每座花坛中均设置绿带围合的"着眼点"。常见植物有：雏菊、金黄盏花、万寿菊、孔雀草、郁金香、一串红、一串紫、矮牵牛、凤尾鸡冠花、四季海棠、菊花、大叶醉鱼草等（图4—76）。

图4—75　（左）
图4—76　（右）

E. 毛毡式：又称模样花坛、毛毯花坛、边际花坛等。毛毡一词，起源于欧洲鞋帽商人圣·克莱门特的一段故事："有一天，圣·克莱门特为了躲避敌人追赶进入深山老林。他在树林中不停地奔跑，脚痛难忍。后来他发现林中到处有散落的羊毛可以裹脚，效果挺不错的。在逃出森林后,他发现满脚已是'毡垫缠裹'"。随后他将此法按照宗教习俗制作成各种各样的提花羊毛毯。

毛毡花坛，指矮生花灌木或草花修剪成毛毯状的模纹花坛。特点：株丛紧密、图案清晰、绒面平整、弹性质感、状如地毯（图4—77）。花坛形状分为圆形花坛、带状花坛、平面花坛和立体花坛等四种。常见植物有：红檵木、金叶女贞、紫叶小檗、瓜子黄杨、雀舌黄杨、豆瓣黄杨、锦熟黄杨、匍地柏、三色莲、金盏菊、雏菊、桂竹香、矮一串红、月季、瓜叶菊、旱金莲、筒蒿菊、石竹、百日草、半枝莲、矢车菊、美女樱、风仙、大丽花、翠菊、万寿菊、高山积雪、地肤、鸡冠花、扶桑、五色梅、宿根福禄考、早菊、荷兰菊、滨菊、翠菊、日本小菊、大丽花等。

图4—77

F. 香草边式：香草兰（Vanilla peanigoeia Ancer），兰科香草兰属草质藤本植物，原产于墨西哥、尼加拉瓜、巴拿马、哥伦比亚、委内瑞拉、厄瓜多尔等热带美洲国家。叶大扁平（叶长15～25cm，叶宽5～12cm，叶厚0.5cm），有气生根，芳香，品种繁多（共计110个品种，其中，野生种107个，植配种3个）。

将香草叶纹首次用于造园艺术构图者，系我国明末清初造园家计成。《园冶》卷三

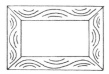

临摹计成《园冶》香草边图

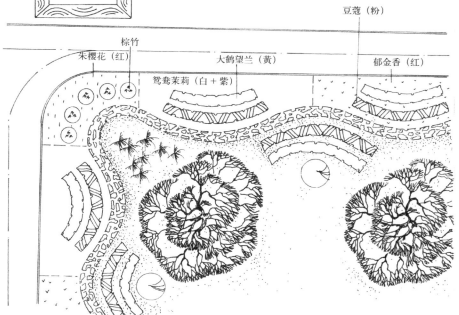

图 4—78

诸砖地："香草边式，用砖边，瓦砌，香草中或铺砖，或铺鹅子。"[5]原意：为用砖砌边、用瓦砌成香草纹的一种园路艺术铺装图案。将其用作花坛植配图案亦为巧妙（图4—78）。

4.4.4.8　水花坛

指布置于水中的整形篱带与草花共同构成图案的花坛设计类型。由法国人勒诺特尔（Andrele Notre，1613～1700年）首创。受意大利文艺复兴运动的影响，整个欧洲以"水文化"造园如火如荼。将水系融入花坛之中，两者均可相互构成艺术图案。篱带镶边，内填草花，水流成形，非常浪漫。常见设计手法有：节点喷泉花坛、浪漫喷泉花坛等两种。

A.节点喷泉花坛：按照轴线规划要求，将整个花坛对称布置于中央"节点"所构成的喷池之中，构成水花坛。在植物配色上，采用绿篱镶边图案中的红花色系配置（图4—79）。

B.浪漫喷泉花坛：按照轴线规划要求，将整个花坛巧妙地布置于浪漫喷池之中，构成水花坛。在植物配色上，采用绿篱镶边图案中的红花色系配置（图4—80）。

C.植配注意事项

（A）水花坛中的小叶黄杨绿篱镶边造型设计尤其重要，因此须注意数量及比例方面的整体控制；

（B）在植物配置设计时，须注意"水"对植物的造景影响。

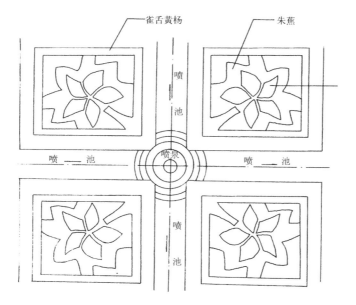

雀舌黄杨　　　朱蕉

喷池

喷　池　　喷泉　　喷　池

喷池

图 4—79

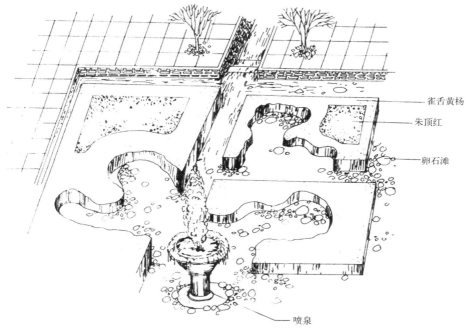

雀舌黄杨

朱顶红

卵石滩

喷泉

图 4—80

4.4.4.9　彩柱花坛

指以多孔插花钢柱构成的花坛设计类型。将五色草或草花连带营养钵一道按照彩柱设计图案安插于孔中构成彩柱景观，是当今花坛设计的一种倾向。常用于广场、街景以及其他公共绿地中。常见设计手法有：彩柱式、小品式、肖像式等三种。

A. 彩柱式：利用圆形或球形多孔插花钢柱构成花坛设计主题。常见设计手法有：彩带柱、彩花柱等两种。柱径不小于1.2m，插花密度高（图4—81）。常见植物有：五色草、矮牵牛、菊花、半枝莲等。

B. 小品式：利用多孔插花钢柱模拟小品造型构成花坛设计主题。常见设计手法有：拟态柱（图4-82，2011西安世博会"玉树柱"）、板墙（如重庆园博园香港"九龙墙"）、装饰物（如西安世博会"会徽"）等三种。常见植物有：五色草、矮牵牛、菊花、半枝莲等。

C. 肖像式：利用多孔插花钢柱模拟各种动物、人物造型构成花坛设计主题。常见设计手法有：大象形（图4-83，2011西安世博会"大象群"）、西游记（如2011西安世博会"西游记"）等两种。常见植物有：五色草、矮牵牛、菊花、半枝莲等。

D. 植配注意事项

（A）多孔插花钢柱（架）结构必须焊接牢固，保证安全；

（B）小品式、肖像式的造型与制作比例均须严格控制。

4.5 树木整形

4.5.1 定义

树林整形又称树木造型（Topiary），指树木修剪造型的一种特殊技术。起源于17世纪末法国洛可可式园林（Rococo Style）。法国宫廷贵族刻意将植物按照自己的想法修剪成形，体现出空虚生活的一面。如法国凡尔赛宫庭园松树造型修剪。

4.5.2 构景原理

（1）通过树木整形修剪，塑造场景艺术氛围。

（2）通过树木整形修剪，组织景观空间。

4.5.3 常见设计手法

4.5.3.1 建筑造型修剪

按照建筑比例要求，通过栽植定位、临摹园林建筑（如亭、廊、花架、门、牌坊等）造型处理，塑造景点。如2012重庆园博园"巴

图4-81

图4-82

图4-83

中园紫薇门"。常见树种有：大花紫薇、罗汉松、海棠、小叶女贞等。

4.5.3.2 几何体造型修剪

指将树木修剪成球体、圆柱体、圆锥体、立方体以及其他较复杂几何体的造型处理。常见树种有：大叶黄杨、侧柏、榕树等。

4.5.3.3 动物造型修剪

指将树木修剪成动物造型处理。如骆驼、孔雀、龙等(图4-84)。常见树种有：大叶黄杨、侧柏、榕树等。

4.5.3.4 蟠扎造型

指将树木采用盆景艺术配置造型处理。如《盆景学》[3]中的"规则型干变亚型、规则型枝变亚型、自然型干变亚型、自然型枝变亚型、自然型根变亚型"等五种基本技法（图4-85）。常见树种有：罗汉松、黑塔子、榕树、红檵木、紫薇等。

图4-84

图4-85

4.5.3.5 提根造型

指将树木通过多年堆土提根造型处理。通过堆土→自然培根→刨土亮根→提根造型等四个过程，获得景观。其中，自然培根时间越长，提根效果就越好（图4-86）。常见树种有：高山榕、小叶榕、红槠木等。

4.5.3.6 绑扎造型

指将10～20株同种树苗紧密地绑扎在一起构成"一株"大树的造型处理。捆绑的时间越久，成丛的效果越好。捆绑材料有：钢（铁）丝、棕麻、钉子等。常见树种有：桂花、天竺桂、小叶榕、红叶李、黄桷兰、黄桷树等（图4-87）。

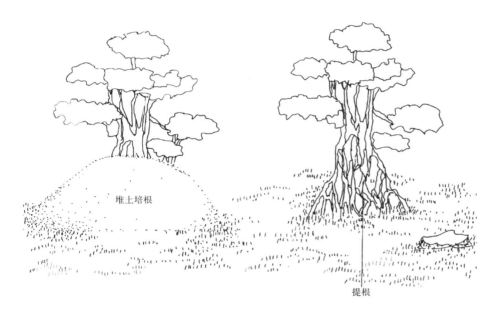

图4-86

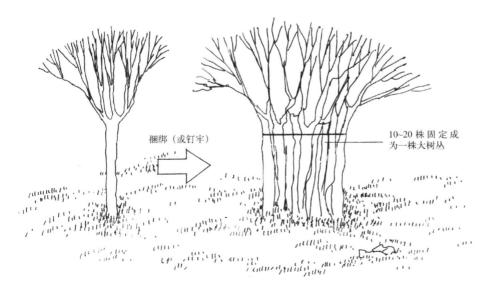

图4-87

实训 4-1

　　(1) 实训名称：花坛配置设计训练

　　(2) 能力目标：

　　1) 掌握园林制图基本技巧

　　2) 掌握花坛植配设计的空间构想与控制能力

　　3) 具备花坛工程设计能力

　　4) 巩固园林植物配置与造景设计综合能力

　　(3) 实训方式：实际操作

　　(4) 教学课时：6～8学时

　　(5) 实训内容（图4-88）

　　1) 根据花坛平面图所给尺寸设计花坛剖、立面图。其设计内容须达到施工图深度。

　　2) 根据花坛所给尺寸要求进行植配设计。

　　3) 图纸右下角须附注"植物配置一览表"（含：植物编号、品名、图例、规格、数量等）。

　　4) 作业评定标准：分A（±）、B（±）、C（±）、D（±）等八个等级进行评判。以A+为最佳，D-为最差。当作业为C-时须重新做一遍后，再予以评定该次作业成绩。

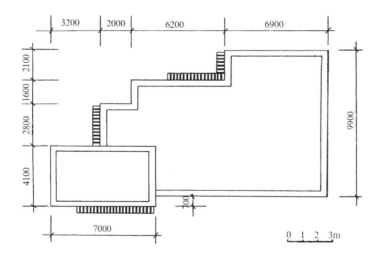

图4-88

参考文献

[1] 张天麟. 园林树木 1200 种 [M]. 北京：中国建筑工业出版社，2005.

[2] （美国）约翰·O·西蒙兹. 景观设计学 [M]. 北京：中国建筑工业出版社，2000.

[3] 彭春生，李淑萍. 盆景学 [M]. 北京：中国林业出版社，2005.

[4] 陈从周. 园林谈丛 [M]. 上海：上海文化出版社，1985.

[5] 陈植. 园冶注释 [M]. 北京：中国建筑工业出版社，1981.

[6] 杜汝俭，李恩山，刘管平. 园林建筑设计 [M]，北京：中国建筑工业出版社，1987.

[7] （清）李渔. 芥子园画谱 [M]. 上海：上海书店，1984.

[8] 凝聚风景园林·共筑中国美梦 [M]// 中国风景园林学会 2013 年会论文集. 北京：中国建筑工业出版社，2013.

[9] 孙贤斌等. 斑块尺度湿地植物群落多样性的维持能力 [N]. 应用生态学报，2009，20（3）.

[10] （美）偌曼·K·布思 (Norman K.Booth). 风景园林设计要素 (Basic Elements of Landscape Architectural Design) [M]. 曹礼昆，曹德鲲译. 北京：中国林业出版社，1989.

[11] 杭州市园林管理局. 杭州园林植物配置（专辑）[J]. 城市建设杂志社，1981.

[12] 张松尔. 园林塑石假山设计 100 例 [M]. 天津：天津大学出版社，2012.

[13] 陈植. 观赏树木学 [M]. 北京：中国林业出版社，1984.

[14] （德国）克劳斯·奥洛魏 (Klaus Ohlwein). 住宅绿化 [M]. 北京：中国建筑出版社，1986.

[15] （日本）新田伸三. 栽植的理论和技术 [M]. 北京：中国建筑工业出版社，1982.

[16] 黑格尔. 美学第三卷上册 [M]. 北京：商务印书馆，1979.

[17] 张家骥. 中国造园论 [M]. 太原：山西人民出版社，2003.

[18] 关传友. 风水景观 [M]. 南京：东南大学出版社，2012.

[19] 彭一刚. 中国古典园林分析 [M]. 北京：中国建筑工业出版社，1988.

[20] 李德华. 城市规划原理 [M]. 北京：中国建筑工业出版社，2001.

[21] 王其亨. 风水理论研究 [M]. 天津：天津大学出版社，1992.

[22] （清）李渔. 闲情偶寄·居室部 [M]. 北京：北京燕山出版社，2010.

[23] （明）宋濂·游钟山记 [M].

[24] （日本）冈大路. 中国宫苑园林史考 [M]. 北京：中国农业出版社，1988.

[25] 楮椒生，陈樟德. 园林造景图说 [M]. 上海：上海科学技术出版社，1988.

[26] 张松尔. 迷你高尔夫球场园林规划设计 100 例 [M]. 天津：天津大学出版社，2012.

[27] 曹瑞忻，汤重熹．景观设计 [M]．北京：高等教育出版社，2005．

[28] （美）托伯特·哈姆林（Talbot Hamlin）．集中形式美的原则 [M]．邹德浓译．北京：中国建筑工业出版社，1984．

[29] 廖建军．园林景观设计基础 [M]．长沙：湖南大学出版社，2009．

[30] 周进．城市公共空间建设的规划控制与引导——塑造高品质城市公共空间的研究 [M]．北京：中国建筑工业出版社，2005．

[31] （美国）约翰·O·西蒙兹（J.O.Simonds）．景观设计学·场地规划与设计手册 [M]．俞孔坚，王志芳译．北京：中国建筑工业出版社，2009．

[32] 杨连锁，杨彦．晋祠胜境 [M]．太原：山西古籍出版社，2000．

[33] （德国）乌菲伦（Uffelen，C.V.）．立面绿化设计 [M]．扈喜林译．南京：江苏人民出版社，2011．